周志华 王魏 高尉 张利军 著

机器学习理论导引

INTRODUCTION TO THE THEORY OF MACHINE LEARNING

图书在版编目（CIP）数据

机器学习理论导引 / 周志华等著 . —北京：机械工业出版社，2020.4（2024.6 重印）

ISBN 978-7-111-65424-7

I. 机… II. 周… III. 机器学习 IV. TP181

中国版本图书馆 CIP 数据核字（2020）第 065564 号

本书旨在为有志于机器学习理论学习和研究的读者提供一个入门导引．在预备知识之后，全书各章分别聚焦于：可学性、(假设空间）复杂度、泛化界、稳定性、一致性、收敛率、遗憾界．除介绍基本概念外，还给出若干分析实例，如显示如何将不同理论工具应用于支持向量机这种常见机器学习技术．

本书可作为高等院校人工智能、计算机、自动化等相关专业机器学习理论课程的教材，也可供对机器学习理论感兴趣的研究人员阅读参考．

出版发行：机械工业出版社（北京市西城区百万庄大街 22 号 邮政编码：100037）

责任编辑：姚 蕾　　责任校对：殷 虹

印 刷：北京铭成印刷有限公司　　版 次：2024 年 6 月第 1 版第 7 次印刷

开 本：210mm × 235mm 1/16　　印 张：13

书 号：ISBN 978-7-111-65424-7　　定 价：79.00 元

客服电话：（010）88361066 68326294

前　　言

机器学习近年来备受关注, 对机器学习理论感兴趣的人士也日渐增多. 然而这方面的专门书籍颇少, 中文读物尤甚.

顾名思义, 机器学习理论研究的是关于机器学习的理论基础, 主要内容是分析学习任务的困难本质, 为学习算法提供理论保证, 并根据分析结果指导算法设计. 虽然这方面的内容对深入理解机器学习技术甚为重要, 但由于内容艰深广袤, 既需对机器学习问题有恰当把握, 又需相当的数学技巧, 且不少内容来源流派颇为不同, 不仅初学者感觉难以下手, 浸淫多年的学者往往也难纵览全貌.

国际上关于机器学习理论的书籍大致有两类. 一类从介绍机器学习具体技术的角度展开, 重点在于告诉读者如何从理论角度来理解这些技术, 学习理论自身的内容则散见于不同机器学习技术的讨论中. 另一类则聚焦于某项具体的学习理论, 其他理论内容则需另寻相关读物.

本书试图为有志于机器学习理论学习和研究的读者提供一个入门导引. 作者以为, 对理论学习和研究来说, 弄清楚基础概念和工具尤为重要. 因此, 本书采取了与上述书籍不同的组织方式. 作者梳理出机器学习理论这个“百宝箱”中的七个重要概念或理论工具, 姑且称之为“七种武器”, 即: 可学性、(假设空间)复杂度、泛化界、稳定性、一致性、收敛率、遗憾界. 本书每章聚焦其一, 除介绍基本概念外, 还给出若干分析实例, 如展示出怎样应用不同的理论工具来分析支持向量机这种常见机器学习技术. 读者今后对具体机器学习问题或技术作分析时, 可根据条件选择适用的“武器”. 需说明的是, “泛化界”与其他内容并列稍有勉强, 因为书中多种理论工具都可用于泛化界分析; 不过, 领头作者作为武侠爱好者, 实难拒绝致敬《七种武器》的诱惑, 况且泛化界本身还真有那么点神似古龙先生未完成的传说中“什么都能往里装”的第七种武器“箱子”.

本书由四位作者合作完成. 周志华规划了全书内容结构并撰写了第 1-2 章, 王魏撰写了第 3-4 章, 高尉撰写了第 5-6 章, 张利军撰写了第 7-8 章, 周志华修订统一了全书风格. 机器学习理论内容浩瀚广博, 本书虽仅为入门一瞥, 成书过程却颇不易. 鉴于中文机器学习理论读物之缺乏, 周志华在 2016 年组织 LAMDA 研究所中专长学习理论的几位教师一起筹备本书. 2017 年春季在 LAMDA 内部学习班第一次试讲, 大部分学生反映困难. 调整内容后, 2017 年秋季在 LAMDA 内部第二次试讲, 仍有部分学生感觉困难. 进一步调整内容后, 2018 年春季学期在南京大学开设了计算机学科研究生选修课“机器学习理论研究导引”. 学期结束后抽样调查显示, 约 1/3 学生感觉难度较大. 再次调整内容后, 在 2019 年春季学期研究生选修课上又讲授一轮, 学生反馈情况大致符合预期. 于是在 2019 年中裁定内容, 又经半年修改完稿, 再于庚子年初之抗疫禁足期间静修定稿.

机械工业出版社温莉芳和姚蕾二位老师十年前赴宁约稿, 此后数次登门、经年常遇, 敬业精神令作者感慨. 陈朝晖老师友情协助封面设计, 使本书蓬荜生辉. 完稿校勘时得到赵鹏、吕沈欢、谭志豪、张腾、王璐、吴锦辉等同学协助, 在此一并致谢.

需强调的是, 本书虽已尽量降低难度, 但由于机器学习理论学习本身的要求, 本书读者必须具备较为扎实的理工科高年级本科生的数学知识, 至少应该有较好的线性代数、数学分析、概率统计、最优化方法的基础. 本书读者还必须具备机器学习的基础知识, 至少应该系统性地学习过机器学习的专门性教科书. 机器学习理论内容学之不易, 且不像机器学习技术工具那样可以立即付诸应用, 学习过程难免有焦躁感, 自学尤易陷入困局, 读者务须有充分的心理准备. 但是深入学习下来, 不仅有助于理解机器学习的重要思想, 更有助于感受和体会这个学科领域的美, 一切努力最终都是值得的.

本书虽经多轮试讲修改, 但由于每轮均有较多内容调整, 且作者学识浅陋, 对博大精深之机器学习理论仅略知皮毛, 因此书中错谬之处在所难免, 若蒙读者诸君不吝指正, 将不胜感激.

作者

2020 年 4 月于南京

主要符号表

x	标量
$\boldsymbol{x}$	向量
$\mathbf{A}$	矩阵
$\mathbf{I}$	单位阵
$\mathcal{X}$	样本空间或状态空间
$\mathcal{H}$	假设空间
$\mathcal{D}$	概率分布
D	数据样本（数据集）
$\mathbb{R}$	实数集
$\mathbb{R}_+$	正实数集
$\mathfrak{L}$	学习算法
$(\cdot, \cdot, \cdot)$	行向量
$(\cdot; \cdot; \cdot)$	列向量
$(\cdot)^{\mathrm{T}}$	向量或矩阵转置
$\{\cdots\}$	集合
$[m]$	集合 $\{1, \cdots, m\}$
$\lvert\{\cdots\}\rvert$	集合 $\{\cdots\}$ 中元素的个数
$\lVert \cdot \rVert_p$	L_p 范数, p 缺省时为 L_2 范数
$P(\cdot),\ P(\cdot \mid \cdot)$	概率质量函数, 条件概率质量函数
$p(\cdot),\ p(\cdot \mid \cdot)$	概率密度函数, 条件概率密度函数
$\mathbb{E}_{\cdot \sim \mathcal{D}}[f(\cdot)]$	函数 $f(\cdot)$ 对 $\cdot$ 在分布 $\mathcal{D}$ 下的数学期望, 意义明确时将省略 $\mathcal{D}$ 和(或) $\cdot$
$\sup(\cdot)$	上确界
$\inf(\cdot)$	下确界
$\mathbb{I}(\cdot)$	指示函数, 在 $\cdot$ 为真和假时分别取值为 $1, 0$
$\mathrm{sign}(\cdot)$	符号函数, 在 $\cdot < 0,\ = 0,\ > 0$ 时分别取值为 $-1, 0, 1$

目　录

第 1 章　预备知识

本章对一些重要基础知识做一个简单回顾. 对这些内容熟悉的读者可以跳过本章. 对本章结尾的习题感觉困难的读者, 建议先补充一些相关知识再进入本书后续章节的学习.

1.1 函数的性质

对集合 C 内的任意两点 $\boldsymbol{x}_1, \boldsymbol{x}_2 \in C$, 若它们之间连线上的所有点仍属于集合 C, 即

$$\theta \boldsymbol{x}_1 + (1-\theta)\boldsymbol{x}_2 \in C \quad (\forall\, 0 \leqslant \theta \leqslant 1)\ , \tag{1.1}$$

则我们称集合 C 为“凸”的, 即 C 是一个**凸集** (convex set). 显然, 图 1.1 中仅有第一个集合是凸的.

图中灰色表示集合内区域, 注意第三个图的底部未封口.

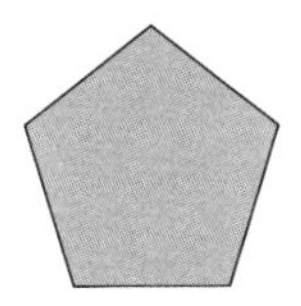
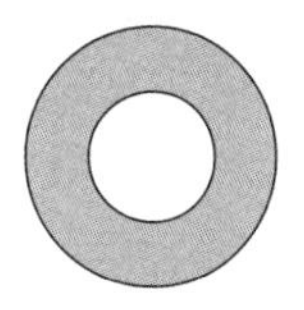
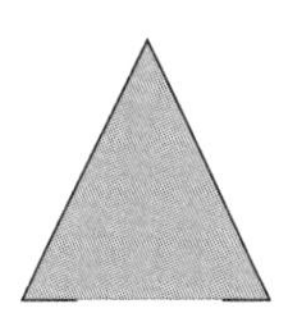

图 1.1　仅有第一个集合是凸的

对定义在凸集上的函数 $f : \mathbb{R}^d \mapsto \mathbb{R}$, 令 Ψ 表示其定义域, 若 $\forall \boldsymbol{x}, \boldsymbol{z} \in \Psi$ 均满足

$$f(\theta\boldsymbol{x} + (1-\theta)\boldsymbol{z}) \leqslant \theta f(\boldsymbol{x}) + (1-\theta) f(\boldsymbol{z}) \quad (\forall\, 0 \leqslant \theta \leqslant 1)\ , \tag{1.2}$$

本书采用了国际通行的定义, 国内有些书籍中凸凹函数的定义恰好相反, 这仅是习惯上的不同.

则我们称函数 $f(\cdot)$ 为凸的, 即 $f(\cdot)$ 是一个**凸函数** (convex function). 这里 $\mathbb{R}$ 表示实数集, d 为维数. 直观来看, (1.2) 意味着函数 $f(\cdot)$ 上任意两点的连线均位于该函数的“上方”, 例如图 1.2(a) 给出了一个典型的凸函数 $f(x) = \frac{1}{2}x^2$.

若 (1.2) 中的不等号反向, 即

$$f(\theta\boldsymbol{x} + (1-\theta)\boldsymbol{z}) \geqslant \theta f(\boldsymbol{x}) + (1-\theta) f(\boldsymbol{z}) \quad (\forall\, 0 \leqslant \theta \leqslant 1)\ , \tag{1.3}$$

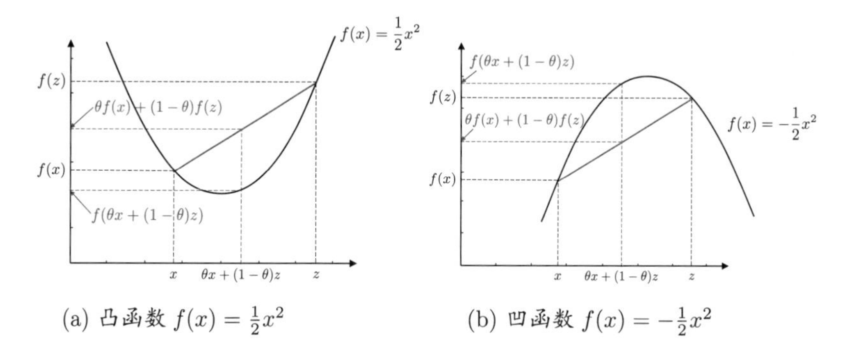

(a) 凸函数 $f(x)=\frac{1}{2}x^2$ (b) 凹函数 $f(x)=-\frac{1}{2}x^2$

图 1.2 典型的凸函数和凹函数

则函数 $f(\cdot)$ 是 **凹函数** (concave function). 图 1.2(b) 给出了一个典型的凹函数 $f(x)=-\frac{1}{2}x^2$. 显然, 若函数 $f(\cdot)$ 是凸函数，则 $-f(\cdot)$ 是凹函数, 反之亦然.

表 1.1 给出了一些常见的凸函数.

表 1.1 常见凸函数

名称	函数形式	定义域	参数
1 维仿射函数	$ax+b$	$x\in\mathbb{R}$	$a,b\in\mathbb{R}$
1 维指数函数	e^{ax}	$x\in\mathbb{R}$	$a\in\mathbb{R}$
1 维幂函数	x^a	$x\in\mathbb{R}_+$	$a\geqslant 1$ 或 $a\leqslant 0$
1 维绝对值幂函数	$\|x\|^p$	$x\in\mathbb{R}$	$p\geqslant 1$
1 维负熵函数	$x\log x$	$x\in\mathbb{R}_+$	——
d 维仿射函数	$\boldsymbol{a}^{\mathrm{T}}\boldsymbol{x}+b$	$x\in\mathbb{R}^d$	$\boldsymbol{a}\in\mathbb{R}^d$, $b\in\mathbb{R}$
d 维范数	$\\|\boldsymbol{x}\\|_p=\left(\sum_{i=1}^d \|x_i\|^p\right)^{1/p}$	$x\in\mathbb{R}^d$	$p\geqslant 1$

函数 $f:\mathbb{R}^d\mapsto\mathbb{R}$ 的 **梯度** (gradient) 记为 $\nabla f(\boldsymbol{x})=\left(\frac{\partial f(\boldsymbol{x})}{\partial x_1};\cdots;\frac{\partial f(\boldsymbol{x})}{\partial x_d}\right)\in\mathbb{R}^d$. 若函数 $f(\cdot)$ 可微, 则它是凸函数当且仅当其定义域 Ψ 是凸集且 $\forall\boldsymbol{x},\boldsymbol{z}\in\Psi$ 都有

$$f(\boldsymbol{z})\geqslant f(\boldsymbol{x})+\nabla f(\boldsymbol{x})^{\mathrm{T}}(\boldsymbol{z}-\boldsymbol{x}) . \tag{1.4}$$

(1.4) 意味着 $f(\cdot)$ 在定义域中任意点的一阶泰勒展开是其下界. 例如, 图 1.3 显示凸函数 $f(x)=\frac{1}{2}x^2$ 及其在 $(1,f(1))$ 处的一阶泰勒展开, 显然满足 (1.4).

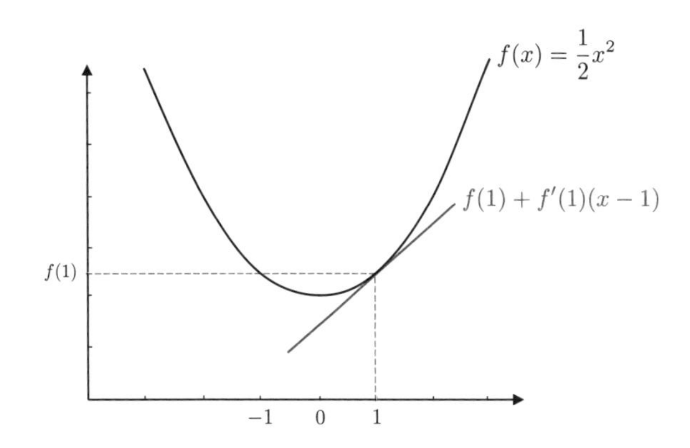

图 1.3 凸函数 $f(x)=\frac{1}{2}x^2$ 及其在 $(1,f(1))$ 处的一阶泰勒展开

对定义在凸集上的函数 $f:\mathbb{R}^d \mapsto \mathbb{R}$, 若 $\exists\lambda\in\mathbb{R}_+$ 使得 $\forall \boldsymbol{x},\boldsymbol{z}\in\Psi$ 都有

$$f\left(\theta \boldsymbol{x}+(1-\theta)\boldsymbol{z}\right) \leqslant \theta f\left(\boldsymbol{x}\right)+(1-\theta) f\left(\boldsymbol{z}\right)-\frac{\lambda}{2}\theta(1-\theta)\|\boldsymbol{x}-\boldsymbol{z}\|^2 \quad (\forall\, 0\leqslant\theta\leqslant 1)\,, \tag{1.5}$$

则称 $f(\cdot)$ 为 λ-**强凸** (strongly convex) 函数. 若 $f(\cdot)$ 可微, 则它是 λ-强凸函数当且仅当其定义域 Ψ 是凸集且 $\forall \boldsymbol{x},\boldsymbol{z}\in\Psi$ 都有

$$f(\boldsymbol{z}) \geqslant f(\boldsymbol{x})+\nabla f(\boldsymbol{x})^{\mathrm{T}}(\boldsymbol{z}-\boldsymbol{x})+\frac{\lambda}{2}\|\boldsymbol{z}-\boldsymbol{x}\|^2\,. \tag{1.6}$$

直观来看, (1.4) 仅要求函数曲线在其切线“上方”, 而 (1.6) 则要求函数曲线不仅在其切线上方, 且始终大于某个距离.

若 $f(\cdot)$ 的局部变动不超过某个幅度, 即 $\exists l\in\mathbb{R}_+$ 使得 $\forall \boldsymbol{x},\boldsymbol{z}\in\Psi$ 都有

$$f(\boldsymbol{z})-f(\boldsymbol{x}) \leqslant l\|\boldsymbol{z}-\boldsymbol{x}\|\,, \tag{1.7}$$

则称函数 $f(\cdot)$ 为 l-Lipschitz **连续**. 进一步, 若可微函数 $f(\cdot)$ 的梯度 $\nabla f(\cdot)$ 满足 l-Lipschitz 连续, 则称函数 $f(\cdot)$ 为 l-**光滑** (smooth).

注意到 (1.4) 依赖于函数 $f(\cdot)$ 的一阶信息 $\nabla f(\cdot)$. 实际上, 我们还可以基于二阶信息来判断函数的凸性. 函数 $f:\mathbb{R}^d\mapsto\mathbb{R}$ 在定义域 Ψ 中 $\boldsymbol{x}$ 处的二阶导数矩阵 (即 Hessian 矩阵) 记为 $\nabla^2 f(\boldsymbol{x})\in\mathbb{R}^{d\times d}$, 其中 $\nabla^2 f(\boldsymbol{x})_{ij}=\frac{\partial^2 f(\boldsymbol{x})}{\partial x_i \partial x_j}$. 若函数 $f(\cdot)$ 二阶可微, 则它是凸函数当且仅当 Ψ 是凸集且 $\nabla^2 f(\boldsymbol{x})\succeq 0$, 即 $\forall \boldsymbol{x}\in\Psi$ 的 Hessian 矩阵都是半正定的. 例如, 二次函数 $f(\boldsymbol{x})=\frac{1}{2}\boldsymbol{x}^{\mathrm{T}}\mathbf{A}\boldsymbol{x}+\boldsymbol{b}^{\mathrm{T}}\boldsymbol{x}+c$ 是凸函数当且仅当 $\mathbf{A}\succeq 0$.

函数的零阶信息为函数值, 一阶信息为函数梯度, 二阶信息为函数的 Hessian 矩阵.

$\mathbf{A}\succeq 0$ 表示矩阵 $\mathbf{A}$ 为半正定矩阵.

一些数学变换能够保持函数的凸性, 例如:

- 若 f 是凸函数, 则 $g(\boldsymbol{x}) = f(\mathbf{A}\boldsymbol{x} + \boldsymbol{b})$ 也是凸函数;
- 若 $f_1, \cdots, f_n$ 是凸函数, $w_1, \cdots, w_n \geqslant 0$, 则 $f(\boldsymbol{x}) = \sum_{i=1}^{n} w_i f_i(\boldsymbol{x})$ 也是凸函数;
- 若 $f_1, \cdots, f_n$ 是凸函数, 则 $f(\boldsymbol{x}) = \max\{f_1(\boldsymbol{x}), \cdots, f_n(\boldsymbol{x})\}$ 也是凸函数;
- 若 $\forall \boldsymbol{z} \in \mathcal{X}$ $f(\boldsymbol{x}, \boldsymbol{z})$ 是关于 $\boldsymbol{x}$ 的凸函数, 则 $g(\boldsymbol{x}) = \sup_{\boldsymbol{z} \in \mathcal{X}} f(\boldsymbol{x}, \boldsymbol{z})$ 也是关于 $\boldsymbol{x}$ 的凸函数.

函数 $f : \mathbb{R}^d \mapsto \mathbb{R}$ 的**共轭函数** (conjugate function) 定义为

$$f_*(\boldsymbol{z}) = \sup_{\boldsymbol{x} \in \Psi} \left(\boldsymbol{z}^{\mathrm{T}} \boldsymbol{x} - f(\boldsymbol{x})\right) \ , \tag{1.8}$$

其定义域

$$\Psi_* = \left\{\boldsymbol{z} \mid \sup_{\boldsymbol{x} \in \Psi} \left(\boldsymbol{z}^{\mathrm{T}} \boldsymbol{x} - f(\boldsymbol{x})\right) < \infty\right\}. \tag{1.9}$$

直观来看, 共轭函数 $f_*(\boldsymbol{z})$ 反映的是线性函数 $\boldsymbol{z}^{\mathrm{T}}\boldsymbol{x}$ 与 $f(\boldsymbol{x})$ 之间的最大差值. 图 1.4 显示函数 $f(x) = \frac{1}{2}x^2$ 的共轭函数 $f_*(z)$ 在 $z = 2$ 处的值, 就是线性函数 $2x$ 与原函数 $f(x)$ 之间的最大差值, 由于原函数可微, 在满足 $f'(x) = 2$ 的点 x 处差值最大.

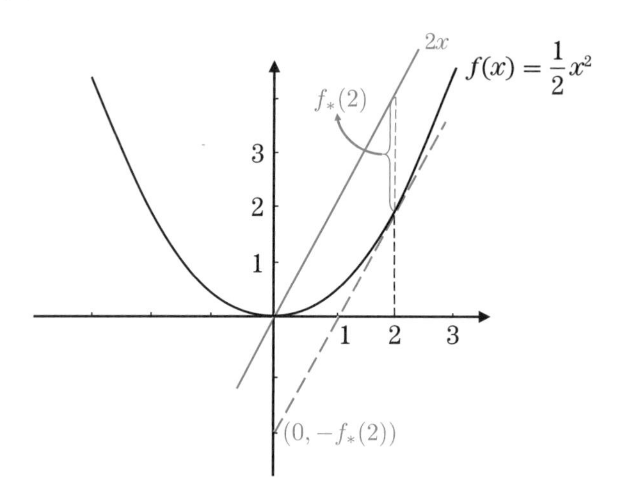

图 1.4 函数 $f(x) = \frac{1}{2}x^2$ 的共轭函数 $f_*(z)$ 在 $z = 2$ 处的值的计算方法示意图

共轭函数有一些很好的性质:

- 无论原函数 f 是否为凸函数, 共轭函数 f_* 一定是凸函数;
- 若函数 f 可微, 则

$$f_*(\nabla f(\boldsymbol{x})) = \nabla f(\boldsymbol{x})^{\mathrm{T}}\boldsymbol{x} - f(\boldsymbol{x}) = -\left[f(\boldsymbol{x}) + \nabla f(\boldsymbol{x})^{\mathrm{T}}(0-\boldsymbol{x})\right] \ . \tag{1.10}$$

1.2 重要不等式

本节不加证明地列出一些在机器学习理论研究中常用的重要不等式. 令 X 和 Y 表示随机变量, $\mathbb{E}[X]$ 表示 X 的数学期望, $\mathbb{V}[X]$ 表示 X 的方差.

【Jensen 不等式】 对任意凸函数 $f(\cdot)$ 有

$$f\left(\mathbb{E}\left[X\right]\right) \leqslant \mathbb{E}\left[f\left(X\right)\right] \ . \tag{1.11}$$

由 Jensen 不等式可知 $(\mathbb{E}[X])^2 \leqslant \mathbb{E}[X^2]$.

若 $p=q=2$, 则 Hölder 不等式 (1.12) 变为 (1.13).

【Hölder 不等式】 对 $p,q \in \mathbb{R}_+$ 且 $\frac{1}{p}+\frac{1}{q}=1$, 有

$$\mathbb{E}\left[|XY|\right] \leqslant \left(\mathbb{E}\left[|X|^p\right]\right)^{\frac{1}{p}} \left(\mathbb{E}\left[|Y|^q\right]\right)^{\frac{1}{q}} \ . \tag{1.12}$$

【Cauchy-Schwarz 不等式】 针对随机变量和向量有不同的形式:

- 对任意随机变量 X 和 Y, 有

$$\mathbb{E}[|XY|] \leqslant \sqrt{\mathbb{E}[X^2]\mathbb{E}[Y^2]} \ . \tag{1.13}$$

- 对任意向量 $\boldsymbol{x} \in \mathbb{R}^d$ 和 $\boldsymbol{y} \in \mathbb{R}^d$, 有

$$\left|\boldsymbol{x}^{\mathrm{T}}\boldsymbol{y}\right| \leqslant \|\boldsymbol{x}\| \, \|\boldsymbol{y}\| \ . \tag{1.14}$$

- 对任意向量 $\boldsymbol{x} \in \mathbb{R}^d$, $\boldsymbol{y} \in \mathbb{R}^d$ 和正定矩阵 $\mathbf{A} \in \mathbb{R}^{d \times d}$, 有

$\|\boldsymbol{x}\|_{\mathbf{A}} = \sqrt{\boldsymbol{x}^{\mathrm{T}}\mathbf{A}\boldsymbol{x}}$, 若矩阵 $\mathbf{A}$ 为单位阵, 则 (1.15) 退化为 (1.14).

$$\left|\boldsymbol{x}^{\mathrm{T}}\boldsymbol{y}\right| \leqslant \|\boldsymbol{x}\|_{\mathbf{A}} \, \|\boldsymbol{y}\|_{\mathbf{A}^{-1}} \ . \tag{1.15}$$

【Lyapunov 不等式】 对 $0 < r \leqslant s$ 有

$$\sqrt[r]{(\mathbb{E}[|X|^r])} \leqslant \sqrt[s]{(\mathbb{E}[|X|^s])} \ . \tag{1.16}$$

【Minkowski 不等式】 对 $1 \leqslant p$ 有

$$\sqrt[p]{\mathbb{E}[|X+Y|^p]} \leqslant \sqrt[p]{\mathbb{E}[|X|^p]} + \sqrt[p]{\mathbb{E}[|Y|^p]} \ . \tag{1.17}$$

【Bhatia-Davis 不等式】 对 $X \in [a, b]$ 有

$$\mathbb{V}[X] \leqslant (b - \mathbb{E}[X])\,(\mathbb{E}[X] - a) \leqslant \frac{(b-a)^2}{4} \ . \tag{1.18}$$

【联合界 (Union Bound) 不等式】

$$P(X \cup Y) \leqslant P(X) + P(Y) \ . \tag{1.19}$$

【Markov 不等式】 对 $X \geqslant 0$, $\forall \epsilon > 0$, 有

$$P(X \geqslant \epsilon) \leqslant \frac{\mathbb{E}[X]}{\epsilon} \ . \tag{1.20}$$

【Chebyshev 不等式】 $\forall \epsilon > 0$ 有

$$P\left(|X - \mathbb{E}[X]| \geqslant \epsilon\right) \leqslant \frac{\mathbb{V}[X]}{\epsilon^2} \ . \tag{1.21}$$

亦称单边 Chebyshev 不等式.

【Cantelli 不等式】 $\forall \epsilon > 0$ 有

$$P(X - \mathbb{E}[X] \geqslant \epsilon) \leqslant \frac{\mathbb{V}[X]}{\mathbb{V}[X] + \epsilon^2} \ , \tag{1.22}$$

$$P(X - \mathbb{E}[X] \leqslant -\epsilon) \leqslant \frac{\mathbb{V}[X]}{\mathbb{V}[X] + \epsilon^2} \ . \tag{1.23}$$

【Chernoff 不等式】 $\forall t > 0$ 有

$$P\left(X \geqslant \epsilon\right) = P\left(e^{tX} \geqslant e^{t\epsilon}\right) \leqslant \frac{\mathbb{E}[e^{tX}]}{e^{t\epsilon}} \ , \tag{1.24}$$

$\forall t < 0$ 有

$$P(X \leqslant \epsilon) = P\left(e^{tX} \geqslant e^{t\epsilon}\right) \leqslant \frac{\mathbb{E}[e^{tX}]}{e^{t\epsilon}} . \tag{1.25}$$

Chernoff 不等式还有另外一种乘积形式: 对 m 个独立同分布的随机变量 $X_i \in [0,1]$, $i \in [m]$, 令 $\bar{X} = \frac{1}{m}\sum_{i=1}^{m} X_i$, 对 $r \in [0,1]$ 有

$$P\left(\bar{X} \geqslant (1+r)\mathbb{E}[\bar{X}]\right) \leqslant e^{-mr^2\mathbb{E}[\bar{X}]/3} , \tag{1.26}$$

$$P\left(\bar{X} \leqslant (1-r)\mathbb{E}[\bar{X}]\right) \leqslant e^{-mr^2\mathbb{E}[\bar{X}]/2} . \tag{1.27}$$

【Hoeffding 不等式】 对 m 个独立随机变量 $X_i \in [0,1]$, $i \in [m]$, 令 $\bar{X} = \frac{1}{m}\sum_{i=1}^{m} X_i$, 有

$$P\left(\bar{X} - \mathbb{E}[\bar{X}] \geqslant \epsilon\right) \leqslant e^{-2m\epsilon^2} . \tag{1.28}$$

常用到 Hoeffding 不等式的另一种表达形式, 令 $\delta = e^{-2m\epsilon^2}$, 则至少以 $1-\delta$ 的概率有

$$\bar{X} \leqslant \mathbb{E}[\bar{X}] + \sqrt{\frac{1}{2m}\ln\frac{1}{\delta}} . \tag{1.29}$$

若考虑 $X_i \in [a,b]$, $i \in [m]$, 则得到 Hoeffding 不等式的更一般形式:

$$P(\bar{X} - \mathbb{E}[\bar{X}] \geqslant \epsilon) \leqslant e^{-2m\epsilon^2/(b-a)^2} , \tag{1.30}$$

$$P(\bar{X} - \mathbb{E}[\bar{X}] \leqslant -\epsilon) \leqslant e^{-2m\epsilon^2/(b-a)^2} . \tag{1.31}$$

Hoeffding 不等式是 McDiarmid 不等式的特例.

【McDiarmid 不等式】 对 m 个独立随机变量 $X_i \in \mathcal{X}$, $i \in [m]$, 若 $f\colon \mathcal{X}^m \to \mathbb{R}$ 是关于 X_i 的实值函数且 $\forall x_1, \ldots, x_m, x_i' \in \mathcal{X}$ 都有

$$\left|f(x_1, \ldots, x_i, \ldots, x_m) - f(x_1, \ldots, x_i', \ldots, x_m)\right| \leqslant c_i ,$$

则 $\forall \epsilon > 0$ 有

$$P\left(f\left(X_1, \ldots, X_m\right) - \mathbb{E}\left[f\left(X_1, \ldots, X_m\right)\right] \geqslant \epsilon\right) \leqslant e^{-2\epsilon^2/\sum_{i=1}^{m} c_i^2} , \tag{1.32}$$

$$P\left(f\left(X_1, \ldots, X_m\right) - \mathbb{E}\left[f\left(X_1, \ldots, X_m\right)\right] \leqslant -\epsilon\right) \leqslant e^{-2\epsilon^2/\sum_{i=1}^{m} c_i^2} . \tag{1.33}$$

【Bennett 不等式】 对 m 个独立同分布的随机变量 X_i, $i \in [m]$, 令 $\bar{X} =$

$\frac{1}{m}\sum_{i=1}^{m} X_i$, 若 $X_i - \mathbb{E}[X_i] \leqslant 1$, 则有

$$P\left(\bar{X} \geqslant \mathbb{E}[\bar{X}] + \epsilon\right) \leqslant \exp\left(\frac{-m\epsilon^2}{2\mathbb{V}[X_1] + 2\epsilon/3}\right) . \tag{1.34}$$

在机器学习研究中常用到 Bennett 不等式的另一种形式, 若

$$P\left(\bar{X} \geqslant \mathbb{E}[\bar{X}] + \epsilon\right) \leqslant \exp\left(\frac{-m\epsilon^2}{2\mathbb{V}[X_1] + 2\epsilon/3}\right) = \delta , \tag{1.35}$$

则下式至少以 $1-\delta$ 的概率成立:

$$\bar{X} \leqslant \mathbb{E}[\bar{X}] + \epsilon \leqslant \mathbb{E}[\bar{X}] + \frac{2\ln 1/\delta}{3m} + \sqrt{\frac{2\mathbb{V}[X_1]}{m}\ln\frac{1}{\delta}} . \tag{1.36}$$

【Bernstein 不等式】 对 m 个独立同分布的随机变量 X_i, $i \in [m]$, 令 $\bar{X} = \frac{1}{m}\sum_{i=1}^{m} X_i$, 若存在 $b > 0$ 使得 $\forall k \geqslant 2$ 有 $\mathbb{E}[|X_i|^k] \leqslant k!\, b^{k-2}\mathbb{V}[X_1]/2$ 成立, 则有

$$P\left(\bar{X} \geqslant \mathbb{E}[\bar{X}] + \epsilon\right) \leqslant \exp\left(\frac{-m\epsilon^2}{2\mathbb{V}[X_1] + 2b\epsilon}\right) . \tag{1.37}$$

若 Z_{i+1} 对 $Z_0, Z_1, \ldots, Z_i$ 的条件期望等于 Z_i, 且与 $Z_0, Z_1, \ldots, Z_{i-1}$ 无关, 则这个序列就是鞅, 是一个"无后效性"的序列.

【Azuma 不等式】 对于均值为 μ 的 **鞅** (martingale) $\{Z_m,\ m \geqslant 1\}$, 令 $Z_0 = \mu$, 若 $-c_i \leqslant Z_i - Z_{i-1} \leqslant c_i$, 则 $\forall \epsilon > 0$ 有

$$P\Big(Z_m - \mu \geqslant \epsilon\Big) \leqslant e^{-\epsilon^2/2\sum_{i=1}^{m} c_i^2} , \tag{1.38}$$

$$P\Big(Z_m - \mu \leqslant -\epsilon\Big) \leqslant e^{-\epsilon^2/2\sum_{i=1}^{m} c_i^2} . \tag{1.39}$$

令 $X_i = Z_i - Z_{i-1}$ 可以得到 **鞅差序列** (martingale difference sequence) $X_1, X_2, \ldots, X_m$, 于是有

$$P\left(\sum_{i=1}^{m} X_i \geqslant \epsilon\right) \leqslant e^{-\epsilon^2/2\sum_{i=1}^{m} c_i^2} , \tag{1.40}$$

$$P\left(\sum_{i=1}^{m} X_i \leqslant -\epsilon\right) \leqslant e^{-\epsilon^2/2\sum_{i=1}^{m} c_i^2} . \tag{1.41}$$

1.3 最优化基础

一种最简单的优化问题是 **最小二乘** (Least Square) 问题:

$$\min_{\boldsymbol{x}} \ f(\boldsymbol{x}) = \sum_{i=1}^{m} \left(\boldsymbol{a}_i^{\mathrm{T}}\boldsymbol{x} - b_i\right)^2 = \|\mathbf{A}\boldsymbol{x} - \boldsymbol{b}\|_2^2 \ , \tag{1.42}$$

其中 $\boldsymbol{x} = (x_1; \ldots; x_d) \in \mathbb{R}^d$ 为 d 维优化变量. 该问题存在闭式 (close-form) 最优解 $\boldsymbol{x}^* = (\mathbf{A}^{\mathrm{T}}\mathbf{A})^{-1}\mathbf{A}^{\mathrm{T}}\boldsymbol{b}$, $\mathbf{A} = (\boldsymbol{a}_1; \ldots; \boldsymbol{a}_m) \in \mathbb{R}^{m \times d}$, $\boldsymbol{b} = (b_1; \ldots; b_m) \in \mathbb{R}^m$. 计算复杂度仅为 $O(md^2)$.

若问题规模很大(即 m 和 d 很大), 最小二乘问题也会变得困难, 需利用高级技术求解.

线性规划 (linear programming) 问题形如

$$\begin{aligned} \min_{\boldsymbol{x}} \quad & \boldsymbol{c}^{\mathrm{T}}\boldsymbol{x} \\ \text{s.t.} \quad & \boldsymbol{a}_i^{\mathrm{T}}\boldsymbol{x} \leqslant b_i \quad (i \in [m]) \ , \end{aligned} \tag{1.43}$$

其中 $\boldsymbol{c}, \boldsymbol{a}_1, \ldots, \boldsymbol{a}_m \in \mathbb{R}^d$, $b_1, \ldots, b_m \in \mathbb{R}$. 该问题虽无闭式解, 但已有许多成熟的求解算法, 当 $m \geqslant d$ 时计算复杂度仅为 $O(md^2)$.

一般地, 一个优化问题可以表示为

$$\begin{aligned} \min_{\boldsymbol{x}} \quad & f(\boldsymbol{x}) \\ \text{s.t.} \quad & h_i(\boldsymbol{x}) \leqslant 0 \quad (i \in [m]) \ , \end{aligned} \tag{1.44}$$

其中 $f : \mathbb{R}^d \mapsto \mathbb{R}$ 称为优化目标函数, $h_i : \mathbb{R}^d \mapsto \mathbb{R} \ \ (i \in [m])$ 称为约束函数. (1.44) 表示在满足约束 $h_i(\boldsymbol{x}) \leqslant 0$ 的条件下, 寻找 $\boldsymbol{x}$ 使目标函数 $f(\cdot)$ 最小化. 该问题的最优解可以表达为 $\{\boldsymbol{x}^* \mid f(\boldsymbol{x}^*) \leqslant f(\boldsymbol{x}) \ \ (\forall \boldsymbol{x} \in \Omega)\}$, 其中 $\Omega = \{\boldsymbol{x} \mid h_i(\boldsymbol{x}) \leqslant 0 \ \ (i \in [m])\}$ 称为 **可行域** (feasible region).

若 (1.44) 中的目标函数和约束函数都是凸的, 即 $f(\cdot)$ 和所有的 $h_i(\cdot)$ 均满足 (1.2), 则称为 **凸优化** (convex optimization) 问题.

当目标函数 $f(\cdot)$ 可微时, $\boldsymbol{x}^*$ 是凸优化问题的最优解当且仅当 $\boldsymbol{x}^* \in \Omega$ 且 $\nabla f(\boldsymbol{x}^*)^{\mathrm{T}}(\boldsymbol{z} - \boldsymbol{x}^*) \geqslant 0 \ \ (\forall \boldsymbol{z} \in \Omega)$. 直观来看, $-\nabla f(\boldsymbol{x}^*)$ 在 $\boldsymbol{x}^*$ 处定义了可行域 Ω 的一个支撑面, 如图 1.5 所示. 对于无约束的凸优化问题, $\boldsymbol{x}^*$ 是最优解当且仅当 $\nabla f(\boldsymbol{x}^*) = 0$, 即最优解处的梯度为 0. 值得注意的是, 凸优化问题的任意一个局部最优解都是全局最优解, 且通常可以在多项式时间内求解.

一个优化问题可以从两个角度来考察, 即 **主问题** (primal problem) 和 **对偶**

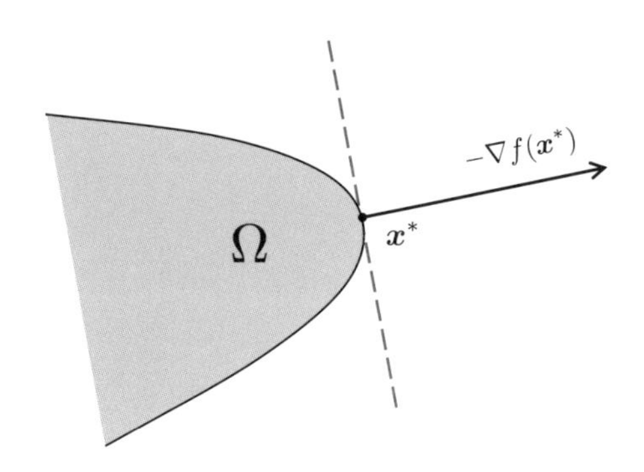

图 1.5 $-\nabla f(\boldsymbol{x})$ 在 $\boldsymbol{x}^*$ 处定义了可行域 Ω 的一个支撑面

问题 (dual problem). 主问题就是 (1.44) 这样的原问题, 或显式列出 m 个不等式约束和 n 个等式约束, 写为

$$\begin{aligned}
\min_{\boldsymbol{x}} \quad & f(\boldsymbol{x}) \\
\text{s.t.} \quad & h_i(\boldsymbol{x}) \leqslant 0 \quad (i \in [m]) , \\
& g_j(\boldsymbol{x}) = 0 \quad (j \in [n]) .
\end{aligned} \tag{1.45}$$

将问题 (1.45) 的定义域记为 Ψ, 最优值记为 p^*. 有时一个优化问题(未必是凸优化问题)的主问题难解, 但其对偶问题却易于求解, 且通过求解对偶问题能得到原问题的最优解.

对优化问题 (1.45), 引入拉格朗日乘子 $\boldsymbol{\lambda} = (\lambda_1; \lambda_2; \ldots; \lambda_m)$ 和 $\boldsymbol{\mu} = (\mu_1; \mu_2; \ldots; \mu_n)$, 相应的拉格朗日函数 $L : \mathbb{R}^d \times \mathbb{R}^m \times \mathbb{R}^n \mapsto \mathbb{R}$ 为

$$L(\boldsymbol{x}, \boldsymbol{\lambda}, \boldsymbol{\mu}) = f(\boldsymbol{x}) + \sum_{i=1}^{m} \lambda_i h_i(\boldsymbol{x}) + \sum_{j=1}^{n} \mu_j g_j(\boldsymbol{x}) , \tag{1.46}$$

其中 λ_i 和 μ_j 是分别针对不等式约束 $h_i(\boldsymbol{x}) \leqslant 0$ 和等式约束 $g_j(\boldsymbol{x}) = 0$ 引入的拉格朗日乘子. 相应的拉格朗日对偶函数 $\Gamma : \mathbb{R}^m \times \mathbb{R}^n \mapsto \mathbb{R}$ 为

在推导对偶问题时, 常通过将拉格朗日乘子 $L(\boldsymbol{x}, \boldsymbol{\lambda}, \boldsymbol{\mu})$ 对 $\boldsymbol{x}$ 求导并令导数为 0, 来获得对偶函数的进一步表达形式.

$$\begin{aligned}
\Gamma(\boldsymbol{\lambda}, \boldsymbol{\mu}) &= \inf_{\boldsymbol{x} \in \Psi} L(\boldsymbol{x}, \boldsymbol{\lambda}, \boldsymbol{\mu}) \\
&= \inf_{\boldsymbol{x} \in \Psi} \left(f(\boldsymbol{x}) + \sum_{i=1}^{m} \lambda_i h_i(\boldsymbol{x}) + \sum_{j=1}^{n} \mu_j g_j(\boldsymbol{x}) \right) .
\end{aligned} \tag{1.47}$$

$\boldsymbol{\lambda} \succeq 0$ 表示 $\boldsymbol{\lambda}$ 的分量均为非负.

由 (1.45) 可知, 对于任意 $\boldsymbol{\lambda} \succeq 0$ 都有

$$\sum_{i=1}^{m} \lambda_i h_i(\boldsymbol{x}) + \sum_{j=1}^{n} \mu_j g_j(\boldsymbol{x}) \leqslant 0 , \tag{1.48}$$

对于 $\forall \tilde{\boldsymbol{x}} \in \Psi$ 有

$$\Gamma(\boldsymbol{\lambda}, \boldsymbol{\mu}) = \inf_{\boldsymbol{x} \in \Psi} L(\boldsymbol{x}, \boldsymbol{\lambda}, \boldsymbol{\mu}) \leqslant L(\tilde{\boldsymbol{x}}, \boldsymbol{\lambda}, \boldsymbol{\mu}) \leqslant f(\tilde{\boldsymbol{x}}) , \tag{1.49}$$

于是, 对任意 $\boldsymbol{\lambda} \succeq 0$ 都有

$$\Gamma(\boldsymbol{\lambda}, \boldsymbol{\mu}) \leqslant p^* , \tag{1.50}$$

即对偶函数 (1.47) 给出了主问题 (1.45) 的目标函数最优值 p^* 的下界.

基于对偶函数 (1.47) 可以定义

$$\max_{\boldsymbol{\lambda}, \boldsymbol{\mu}} \ \Gamma(\boldsymbol{\lambda}, \boldsymbol{\mu}) \ \text{ s.t. } \boldsymbol{\lambda} \succeq 0 , \tag{1.51}$$

这就是主问题 (1.45) 的对偶问题, 其中 $\boldsymbol{\lambda}$ 和 $\boldsymbol{\mu}$ 称为对偶变量 (dual variable).

由(1.47)可看出, $\Gamma(\boldsymbol{\lambda}, \boldsymbol{\mu})$ 是若干仿射函数之和的最小值, 因此它是一个凹函数. 对偶问题 (1.51) 试图最大化一个凹函数, 因此它是凸优化问题, 并且该问题的目标函数最优值 d^* 是主问题的目标函数最优值 p^* 的下界, 即

$$d^* \leqslant p^* , \tag{1.52}$$

这称为 **弱对偶性** (weak duality). 若

$$d^* = p^* , \tag{1.53}$$

判断强对偶性是否成立是一个比较困难的问题, 可参阅 [Boyd and Vandenberghe, 2004, 5.2.3节].

则称为 **强对偶性** (strong duality).

这称为 Slater 条件.

对于一般的优化问题, 强对偶性通常不成立. 但是, 若主问题为凸优化问题, 例如 (1.45) 中 $f(\boldsymbol{x})$ 和 $h_i(\boldsymbol{x})$ 均为凸函数、$g_j(\boldsymbol{x})$ 为仿射函数, 且可行域 Ω 中至少有一处使不等式约束严格成立, 则强对偶性成立.

KKT (Karush-Kuhn-Tucker) 条件可以刻画主问题与对偶问题的最优解之间的关系. 令 $\boldsymbol{x}^*$ 为主问题 (1.45) 的最优解, $(\boldsymbol{\lambda}^*, \boldsymbol{\mu}^*)$ 为对偶问题 (1.51) 的最优

解. 当强对偶性成立时,

$$
\begin{aligned}
f(\boldsymbol{x}^*) &= \Gamma(\boldsymbol{\lambda}^*, \boldsymbol{\mu}^*) \\
&= \inf_{\boldsymbol{x}\in\Psi}\left\{ f(\boldsymbol{x}) + \sum_{i=1}^{m}\lambda_i^* h_i(\boldsymbol{x}) + \sum_{j=1}^{n}\mu_j^* g_j(\boldsymbol{x}) \right\} \\
&\leqslant f(\boldsymbol{x}^*) + \sum_{i=1}^{m}\lambda_i^* h_i(\boldsymbol{x}^*) + \sum_{j=1}^{n}\mu_j^* g_j(\boldsymbol{x}^*) \\
&\leqslant f(\boldsymbol{x}^*) ,
\end{aligned} \tag{1.54}
$$

显然, (1.54) 中的不等式应该取等号. 于是, 下面两个条件必定成立:

- 互补松弛条件 (complementary slackness):

$$
\lambda_i^* h_i(\boldsymbol{x}^*) = 0 \quad (i \in [m]) , \tag{1.55}
$$

  即 $\lambda_i^* > 0 \ \Rightarrow\ h_i(\boldsymbol{x}^*) = 0$, 以及 $h_i(\boldsymbol{x}^*) \neq 0 \ \Rightarrow\ \lambda_i^* = 0$.

- $\boldsymbol{x}^*$ 是下面问题的最优解:

$$
\begin{aligned}
\boldsymbol{x}^* &= \arg\min_{\boldsymbol{x}\in\Psi} L(\boldsymbol{x}, \boldsymbol{\lambda}^*, \boldsymbol{\mu}^*) \\
&= \arg\min_{\boldsymbol{x}\in\Psi}\left\{ f(\boldsymbol{x}) + \sum_{i=1}^{m}\lambda_i^* h_i(\boldsymbol{x}) + \sum_{j=1}^{n}\mu_j^* g_j(\boldsymbol{x}) \right\} .
\end{aligned} \tag{1.56}
$$

通常 Ψ 为全集或 $\boldsymbol{x}^*$ 位于 Ψ 内部, 因此拉格朗日函数 $L(\boldsymbol{x}, \boldsymbol{\lambda}^*, \boldsymbol{\mu}^*)$ 在 $\boldsymbol{x}^*$ 处的梯度为 0, 即

$$
\nabla L(\boldsymbol{x}^*, \boldsymbol{\lambda}^*, \boldsymbol{\mu}^*) = \nabla f(\boldsymbol{x}^*) + \sum_{i=1}^{m}\lambda_i^* \nabla h_i(\boldsymbol{x}^*) + \sum_{j=1}^{n}\mu_j^* \nabla g_j(\boldsymbol{x}^*) = 0 . \tag{1.57}
$$

相应地, KKT 条件由以下几部分组成:

(1) 主问题约束:

$$
\begin{cases}
h_i(\boldsymbol{x}^*) \leqslant 0 \quad (i \in [m]) , \\
g_j(\boldsymbol{x}^*) = 0 \quad (j \in [n]) ;
\end{cases}
$$

(2) 对偶问题约束: $\boldsymbol{\lambda}^* \succeq 0$;

(3) 互补松弛条件: $\lambda_i^* h_i(\boldsymbol{x}^*) = 0 \ (i \in [m])$;

(4) 拉格朗日函数在 $\boldsymbol{x}^*$ 处的梯度为 0:

$$\nabla f(\boldsymbol{x}^*) + \sum_{i=1}^{m} \lambda_i^* \nabla h_i(\boldsymbol{x}^*) + \sum_{j=1}^{n} \mu_j^* \nabla g_j(\boldsymbol{x}^*) = 0 \ .$$

KKT 条件具有如下重要性质:

- 强对偶性成立时, 对于任意优化问题, KKT 条件是最优解的必要条件, 即主问题最优解和对偶问题最优解一定满足 KKT 条件;
- 对于凸优化问题, KKT 条件是充分条件, 即满足 KKT 条件的解一定是最优解;
- 对于强对偶性成立的凸优化问题, KKT 条件是充要条件, 即 $\boldsymbol{x}^*$ 是主问题最优解当且仅当存在 $(\boldsymbol{\lambda}^*, \boldsymbol{\mu}^*)$ 满足 KKT 条件.

1.4 支持向量机

支持向量机 (Supporting Vector Machine, 简称 SVM) 是一类经典的机器学习方法, 本书后续章节将用它作为分析实例, 因此本节对其做一个简介.

给定训练集 $D = \{(\boldsymbol{x}_1, y_1), (\boldsymbol{x}_2, y_2), \ldots, (\boldsymbol{x}_m, y_m)\}$, $y_i \in \{-1, +1\}$, 支持向量机试图找到恰好位于两类训练样本 "正中间" 的 **划分超平面** $\boldsymbol{w}^{\mathrm{T}}\boldsymbol{x} + b = 0$, 如图 1.6 所示, 样本点 $\boldsymbol{x}_i$ 到超平面 $\boldsymbol{w}^{\mathrm{T}}\boldsymbol{x} + b = 0$ 的距离为 $\tau(\boldsymbol{x}_i)$, 距离超平面最近的这几个训练样本点被称为 **支持向量** (support vector), 两个异类支持向量到超平面的距离之和 $\gamma = \frac{2}{\|\boldsymbol{w}\|}$ 称为 **间隔** (margin).

每个样本点对应一个特征向量, 点 $\boldsymbol{x}_i$ 到超平面 $\boldsymbol{w}^{\mathrm{T}}\boldsymbol{x} + b = 0$ 的距离 $\tau(\boldsymbol{x}_i) = \frac{|\boldsymbol{w}^{\mathrm{T}}\boldsymbol{x}_i + b|}{\|\boldsymbol{w}\|}$.

假设超平面 $(\boldsymbol{w}, b)$ 能将训练样本正确分类, 即对于 $(\boldsymbol{x}_i, y_i) \in D$, 若 $y_i = +1$, 则有 $\boldsymbol{w}^{\mathrm{T}}\boldsymbol{x}_i + b > 0$; 若 $y_i = -1$, 则有 $\boldsymbol{w}^{\mathrm{T}}\boldsymbol{x}_i + b < 0$. 令

若超平面 $(\boldsymbol{w}', b')$ 能将训练样本正确分类, 则总存在缩放变换 $\varsigma \boldsymbol{w} \mapsto \boldsymbol{w}'$ 和 $\varsigma b \mapsto b'$ 使 (1.58) 成立.

$$\begin{cases} \boldsymbol{w}^{\mathrm{T}}\boldsymbol{x}_i + b \geqslant +1, & y_i = +1\ ; \\ \boldsymbol{w}^{\mathrm{T}}\boldsymbol{x}_i + b \leqslant -1, & y_i = -1\ , \end{cases} \tag{1.58}$$

则求解 **最大间隔** (maximum margin) 划分超平面对应于优化问题

$$\min_{\boldsymbol{w}, b} \ \frac{1}{2} \|\boldsymbol{w}\|^2 \tag{1.59}$$

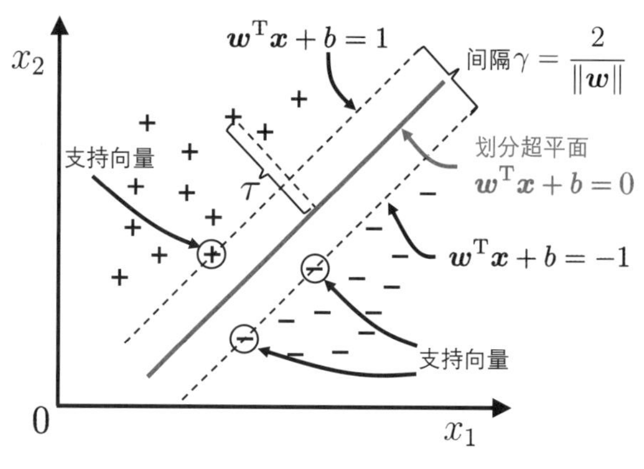

图 1.6 支持向量与间隔

$$\text{s.t. } y_i(\boldsymbol{w}^{\mathrm{T}}\boldsymbol{x}_i+b) \geqslant 1 \quad (i \in [m]) \ .$$

由 (1.46) 可知, (1.59) 的拉格朗日函数为

$$L(\boldsymbol{w}, b, \boldsymbol{\alpha}) = \frac{1}{2} \|\boldsymbol{w}\|^2 + \sum_{i=1}^{m} \alpha_i \left(1 - y_i(\boldsymbol{w}^{\mathrm{T}}\boldsymbol{x}_i + b)\right) \ , \tag{1.60}$$

其中拉格朗日乘子 $\alpha_i \geqslant 0$, $\boldsymbol{\alpha} = (\alpha_1; \alpha_2; \ldots; \alpha_m)$. 令 $L(\boldsymbol{w}, b, \boldsymbol{\alpha})$ 对 $\boldsymbol{w}$ 和 b 的偏导为零, 可得

$$\boldsymbol{w} = \sum_{i=1}^{m} \alpha_i y_i \boldsymbol{x}_i \ , \tag{1.61}$$

$$0 = \sum_{i=1}^{m} \alpha_i y_i \ . \tag{1.62}$$

将 (1.61) 代入 (1.60), 即可将 $L(\boldsymbol{w}, b, \boldsymbol{\alpha})$ 中的 $\boldsymbol{w}$ 和 b 消去, 再考虑 (1.62) 的约束, 就得到主问题 (1.59) 的对偶问题

$$\begin{aligned} \min_{\boldsymbol{\alpha}} \quad & \frac{1}{2} \sum_{i=1}^{m} \sum_{j=1}^{m} \alpha_i \alpha_j y_i y_j \boldsymbol{x}_i^{\mathrm{T}} \boldsymbol{x}_j - \sum_{i=1}^{m} \alpha_i \\ \text{s.t.} \quad & \sum_{i=1}^{m} \alpha_i y_i = 0 \ , \\ & \alpha_i \geqslant 0 \quad (i \in [m]) \ . \end{aligned} \tag{1.63}$$

上述过程满足 KKT 条件

$$\begin{cases} \sum_{i=1}^m \alpha_i y_i \boldsymbol{x}_i = \boldsymbol{w} \ ; \\ \sum_{i=1}^m \alpha_i y_i = 0 \ ; \\ \alpha_i \geqslant 0 \ ; \\ y_i(\boldsymbol{w}^{\mathrm{T}}\boldsymbol{x}_i + b) - 1 \geqslant 0 \ ; \\ \alpha_i \left(y_i(\boldsymbol{w}^{\mathrm{T}}\boldsymbol{x}_i + b) - 1 \right) = 0 \ . \end{cases} \tag{1.64}$$

对原始空间中线性不可分的问题, 可将样本从原始空间映射到一个高维特征空间. 例如图 1.7 中所示的“异或问题”在原始二维空间中线性不可分, 但若将原始二维空间映射到合适的三维空间则变得线性可分.

特征空间甚至可能是无穷维.

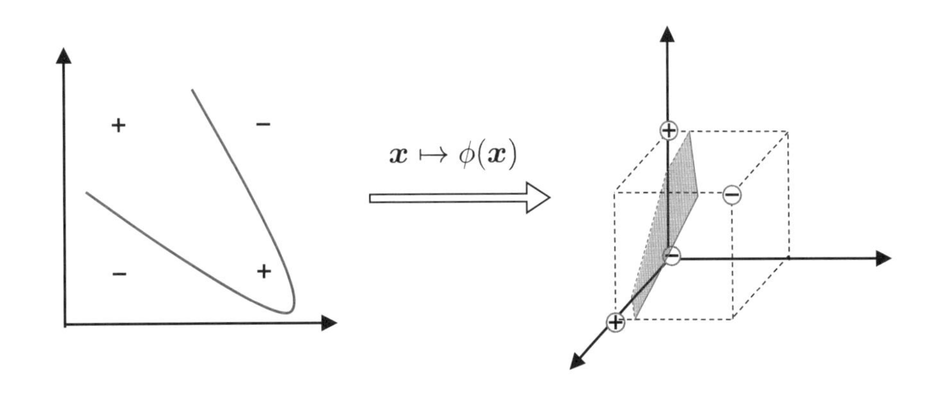

图 1.7 异或问题与非线性映射

引入非线性映射 $\phi(\boldsymbol{x})$ 后, 支持向量机求解的主问题 (1.59) 变成

$$\begin{aligned} \min_{\boldsymbol{w},b} \ & \frac{1}{2} \|\boldsymbol{w}\|^2 \\ \text{s.t.} \ & y_i(\boldsymbol{w}^{\mathrm{T}}\phi(\boldsymbol{x}_i) + b) \geqslant 1 \quad (i \in [m]) \ , \end{aligned} \tag{1.65}$$

相应地, 对偶问题 (1.63) 变成

$$\min_{\boldsymbol{\alpha}} \ \frac{1}{2} \sum_{i=1}^m \sum_{j=1}^m \alpha_i \alpha_j y_i y_j \phi(\boldsymbol{x}_i)^{\mathrm{T}} \phi(\boldsymbol{x}_j) - \sum_{i=1}^m \alpha_i \tag{1.66}$$

$$\text{s.t.} \quad \sum_{i=1}^{m} \alpha_i y_i = 0 \ ,$$
$$\alpha_i \geqslant 0 \quad (i \in [m]) \ .$$

(1.66) 涉及计算 $\boldsymbol{x}_i$ 与 $\boldsymbol{x}_j$ 映射到特征空间之后的 **内积** (inner product) $\phi(\boldsymbol{x}_i)^{\mathrm{T}}\phi(\boldsymbol{x}_j)$, 由于特征空间维数可能很高, 直接计算 $\phi(\boldsymbol{x}_i)^{\mathrm{T}}\phi(\boldsymbol{x}_j)$ 通常是困难的. 为此, 考虑 **核函数** (kernel function)

$$\kappa(\boldsymbol{x}_i, \boldsymbol{x}_j) = \langle \phi(\boldsymbol{x}_i), \phi(\boldsymbol{x}_j) \rangle = \phi(\boldsymbol{x}_i)^{\mathrm{T}}\phi(\boldsymbol{x}_j) \ , \tag{1.67}$$

即 $\boldsymbol{x}_i$ 与 $\boldsymbol{x}_j$ 在特征空间的内积等于它们在原始样本空间中通过函数 $\kappa(\cdot,\cdot)$ 计算的结果, 这样就不必直接去计算高维甚至无穷维特征空间中的内积. 于是, (1.66) 可重写为

$$\min_{\boldsymbol{\alpha}} \quad \frac{1}{2} \sum_{i=1}^{m} \sum_{j=1}^{m} \alpha_i \alpha_j y_i y_j \kappa(\boldsymbol{x}_i, \boldsymbol{x}_j) - \sum_{i=1}^{m} \alpha_i \tag{1.68}$$
$$\text{s.t.} \quad \sum_{i=1}^{m} \alpha_i y_i = 0 \ ,$$
$$\alpha_i \geqslant 0 \quad (i \in [m]) \ .$$

关于核函数有下面的定理:

证明可参阅 [Schölkopf and Smola, 2002].

定理 1.1 核函数 令 $\mathcal{X}$ 为输入空间, $\kappa(\cdot,\cdot)$ 是定义在 $\mathcal{X} \times \mathcal{X}$ 上的对称函数, 则 κ 是核函数当且仅当对于任意数据 $\{\boldsymbol{x}_1, \boldsymbol{x}_2, \ldots, \boldsymbol{x}_m\}$, **核矩阵** (kernel matrix) $\mathbf{K}$ 是一个半正定的 m 阶方阵, $\mathbf{K}_{ij} = \kappa(\boldsymbol{x}_i, \boldsymbol{x}_j)$.

定理 1.1 表明, 核函数必须是对称函数, 且其对应的核矩阵半正定. 表 1.2 列出了几种常用的核函数. 此外, 还可通过对核函数进行线性组合、直积等操作产生更多的核函数.

每个核函数都隐式地定义了一个特征空间, 称为 **再生核希尔伯特空间** (Reproducing Kernel Hilbert Space, 简称 RKHS). 特征空间是否适当对支持向量机的性能至关重要. 当特征映射的形式不确定时, 我们并不知道什么样的核函数是合适的. 如果核函数选择不当, 很可能导致支持向量机的性能不佳.

到目前为止, 我们一直假定训练样本在样本空间或特征空间中是线性可分的. 然而, 在现实任务中往往很难确定合适的核函数使得训练样本在特征空间

表 1.2 常用核函数

名称	表达式	参数
线性核	$\kappa(\boldsymbol{x}_i, \boldsymbol{x}_j) = \boldsymbol{x}_i^{\mathrm{T}}\boldsymbol{x}_j$	
多项式核	$\kappa(\boldsymbol{x}_i, \boldsymbol{x}_j) = (\boldsymbol{x}_i^{\mathrm{T}}\boldsymbol{x}_j)^d$	$d \geqslant 1$ 为多项式的次数
高斯核	$\kappa(\boldsymbol{x}_i, \boldsymbol{x}_j) = \exp\left(-\frac{\\|\boldsymbol{x}_i-\boldsymbol{x}_j\\|^2}{2\sigma^2}\right)$	$\sigma > 0$ 为高斯核的带宽(width)
拉普拉斯核	$\kappa(\boldsymbol{x}_i, \boldsymbol{x}_j) = \exp\left(-\frac{\\|\boldsymbol{x}_i-\boldsymbol{x}_j\\|}{\sigma}\right)$	$\sigma > 0$
Sigmoid 核	$\kappa(\boldsymbol{x}_i, \boldsymbol{x}_j) = \tanh(\beta\boldsymbol{x}_i^{\mathrm{T}}\boldsymbol{x}_j + \theta)$	tanh 为双曲正切函数, $\beta > 0, \theta < 0$

$d = 1$ 时退化为线性核.

高斯核亦称 RBF 核.

中线性可分, 有时貌似线性可分的结果甚至可能是由于过拟合而造成的. 因此, 有必要允许支持向量机在少量样本上出错.

为此, 引入 **软间隔** (soft margin) 的概念, 允许某些样本不满足约束

$$y_i(\boldsymbol{w}^{\mathrm{T}}\phi(\boldsymbol{x}_i) + b) \geqslant 1 \ . \tag{1.69}$$

在最大化间隔的同时, 不满足约束的样本应尽可能少. 于是优化目标可写为

$$\min_{\boldsymbol{w},b} \ \frac{1}{2}\|\boldsymbol{w}\|^2 + \beta\sum_{i=1}^{m}\ell_{0/1}\left(y_i\left(\boldsymbol{w}^{\mathrm{T}}\phi(\boldsymbol{x}_i) + b\right) - 1\right) \ , \tag{1.70}$$

其中 $\beta > 0$ 是一个常数, $\ell_{0/1}(x)$ 是 0/1 损失函数

$$\ell_{0/1}(x) = \mathbb{I}(x < 0) \ . \tag{1.71}$$

当 β 为无穷大时, (1.70) 迫使所有样本均满足约束 (1.69), 于是 (1.70) 等价于(1.59); 当 β 取有限值时, (1.70) 适当允许一些样本不满足约束.

由于 $\ell_{0/1}$ 非凸、不连续, 数学性质不好, (1.70) 不易求解, 因此支持向量机用 hinge **损失**函数 (1.72) 作为 **替代损失** (surrogate loss).

参见第 5 章.

$$\ell_{\text{hinge}}(x) = \max(0, 1 - x) \tag{1.72}$$

于是, (1.70) 可以等价变化为

$$\min_{\boldsymbol{w},b} \ \frac{1}{2}\|\boldsymbol{w}\|^2 + \beta\sum_{i=1}^{m}\max\left(0, 1 - y_i\left(\boldsymbol{w}^{\mathrm{T}}\phi(\boldsymbol{x}_i) + b\right)\right) \ . \tag{1.73}$$

引入 **松弛变量** (slack variables) $\xi_i \geqslant 0$, 可将 (1.73) 重写为

$$\begin{aligned} \min_{\boldsymbol{w},b,\xi_i} \quad & \frac{1}{2}\|\boldsymbol{w}\|^2 + \beta\sum_{i=1}^{m}\xi_i \\ \text{s.t.} \quad & y_i(\boldsymbol{w}^{\mathrm{T}}\phi(\boldsymbol{x}_i)+b) \geqslant 1-\xi_i \ , \\ & \xi_i \geqslant 0 \quad (i \in [m]) \ , \end{aligned} \tag{1.74}$$

这就是软间隔支持向量机优化的主问题, 相应的对偶问题为

$$\begin{aligned} \min_{\boldsymbol{\alpha}} \quad & \frac{1}{2}\sum_{i=1}^{m}\sum_{j=1}^{m}\alpha_i\alpha_j y_i y_j \kappa(\boldsymbol{x}_i,\boldsymbol{x}_j) - \sum_{i=1}^{m}\alpha_i \\ \text{s.t.} \quad & \sum_{i=1}^{m}\alpha_i y_i = 0 \ , \\ & 0 \leqslant \alpha_i \leqslant \beta \quad (i \in [m]) \ . \end{aligned} \tag{1.75}$$

对比 (1.75) 和硬间隔下的对偶问题 (1.68) 可看出, 两者唯一的差别就在于对偶变量的约束不同: 前者是 $0 \leqslant \alpha_i \leqslant \beta$, 后者是 $\alpha_i \geqslant 0$.

1.5 理论的作用

在进入本书后续各章之前, 读者有必要对学习理论 (learning theory) 的作用有一个概括性的了解.

本书的“学习理论”是指机器学习理论.

大致说来, 学习理论至少有这几个方面的作用:

首先, 学习理论可以告诉我们: 某件事能做吗? 我们要认识到, 并非所有问题都能通过机器学习来解决. 例如, 若学习理论告诉我们某个问题是“不可学”的, 那么我们就不必再徒劳地去设计机器学习方法了.

第二, 学习理论可以告诉我们: 什么因素重要? 例如, 若我们发现某个问题的泛化误差界为 $O(\sqrt{d/m})$, 我们就知道 d 和 m 这两个因素重要, 在机器学习算法的设计与应用中我们要尽可能减小 d 而增大 m.

学习理论推导出的“界”(bound) 所揭示的定性关系及其阶数往往比具体数值更重要. 一般而言, 越“紧”的界所揭示出来的关系越“靠谱”.

第三, 学习理论可以告诉我们: 能否做得更好? 例如, 若我们发现某个算法的收敛率为 $O(1/T)$, 而学习理论告诉我们在这个问题上最优收敛率为 $O(1/T^2)$, 那么我们还可以努力去寻找收敛更快的机器学习算法.

事实上, 学习理论不仅有助于揭示机器学习问题的本质、理解机器学习过程的机理、指导机器学习算法的设计, 还有助于我们更好地感受和体会机器学习中的美.

1.6 阅读材料

本书读者必须具备机器学习的基础知识, 如果没有修读过机器学习方面的专门课程, 可参阅关于机器学习的全局性教科书如 [周志华, 2016; Mitchell, 1997]. [李航, 2019] 着重介绍常用机器学习方法,[Hastie et al., 2009 ; Bishop, 2006] 提供了来自不同学派的视角.

关于机器学习理论的书籍大致有两类, 一类以 [Shalev-Shwartz and Ben-David, 2014; Mohri et al., 2018] 为代表, 从介绍机器学习具体技术的角度展开, 重点在于告诉读者如何从理论角度来理解这些技术, 学习理论自身的内容散见于不同机器学习技术的讨论中. 另一类以 [Kearns and Vazirani, 1994] 为代表, 聚焦于某项具体基础的学习理论, 其他理论内容尤其是近年来的发展则需另寻相关读物.

凸优化是一类特殊的优化问题, 主要研究凸集上凸函数的极值问题, 如最小二乘、线性规划、半正定规划等. 凸优化问题一般具有较好的数学性质, 如局部最小值是全局极小值、通常可以在多项式时间内求解. 许多机器学习问题都可转化为凸优化问题求解 [Boyd and Vandenberghe, 2004]. 在研究优化问题时, 有时会考虑其对偶问题, 通过求解对偶问题而得到原问题的最优解 (或近似最优解). KKT 条件用于刻画原问题和对偶问题的最优解之间的关系 [Kjeldsen, 2000], 例如对于凸优化问题, 满足 KKT 条件的对偶问题解就是原问题最优解. 更多关于最优化理论和方法的内容可参阅 [Boyd and Vandenberghe, 2004; Nesterov, 2004; Nocedal and Wright, 2006; 袁亚湘, 1997].

集中不等式 (concentration inequality) 研究随机变量与其期望的偏离程度, 在机器学习理论研究中常用来考察经验误差与泛化误差之间的偏离程度, 由此刻画学习模型对新数据的处理能力. 常用不等式可参阅 [Boucheron et al., 2013].

支持向量机于 1995 年正式发表 [Cortes and Vapnik, 1995], 并在文本分类任务上显示出卓越性能 [Joachims, 1998], 很快发展为机器学习的主流技术, 进而掀起了统计学习(statistical learning)热潮. 事实上, 支持向量的概念早在 20 世纪 60 年代已出现, 统计学习理论在 70 年代已基本成型; 对核函数的研究更早, Mercer 定理 [Cristianini and Shawe-Taylor, 1994] 可追溯到 1909 年, RKHS 则在 40 年代就已被研究. 但统计学习兴起后, 核技巧才真正成为机器学习的通用基本技术. 关于支持向量机和核方法可参阅 [Cristianini and Shawe-Taylor, 1994; Schölkopf et al., 1999], 统计学习理论可参阅 [Vapnik, 1995].

学习理论领域最重要的国际学术会议是国际学习理论会议 (COLT). 算法学习理论会议 (ALT) 也颇有影响. 一般机器学习的重要会议如国际机器学习会议 (ICML)、国际神经信息处理系统会议 (NeurIPS)、国际人工智能与统计会议 (AISTATS) 等也经常发表学习理论方面的文章. 理论计算机科学领域的重要会议 STOC 和 FOCS 也偶有学习理论相关工作. 机器学习领域的重要期刊 *Journal of Machine Learning Research* 和 *Machine Learning*, 人工智能领域的重要期刊 *Artificial Intelligence* 亦有学习理论方面的工作发表. 此外，统计学领域的重要期刊 *Annals of Statistics* 时有刊载一些有关统计学习的理论文章.

习题

1.1 试分析下面这个函数的凸性

$$f(x) = \log(1 + e^{-x}) + \frac{\lambda}{2}x^2 \ . \tag{1.76}$$

1.2 试推导下面这个函数的共轭函数

$$f(x) = \log(1 + e^{-x}) \ . \tag{1.77}$$

1.3 试基于 Markov 不等式 (1.20) 给出 Chebyshev 不等式 (1.21) 和 Cantelli 不等式 (1.22) 的证明.

1.4 试给出 Bernstein 不等式 (1.37) 以概率 $1-\delta$ $(0 < \delta < 1)$ 成立的表达形式.

1.5 试基于 McDiarmid 不等式 (1.32) 证明 Hoeffding 不等式 (1.28).

1.6 试证明 0/1 损失函数 (1.71) 非凸, 而 hinge 损失函数 (1.72) 是凸函数.

1.7 给定训练集 $\{(\boldsymbol{x}_1, y_1), (\boldsymbol{x}_2, y_2), \ldots, (\boldsymbol{x}_m, y_m)\}$, 其中 $\boldsymbol{x}_i \in \mathbb{R}^d$, $y_i \in \{-1, +1\}$. **对率回归** (logistic regression) 的优化问题为:

$$\min_{\boldsymbol{w} \in \mathbb{R}^d} \quad \sum_{i=1}^{m} \log\left(1 + e^{-y_i \boldsymbol{x}_i^{\mathrm{T}} \boldsymbol{w}}\right) + \frac{\lambda}{2} \|\boldsymbol{w}\|_2^2 \ , \tag{1.78}$$

机器学习中的“超参数”是指需由用户人为设定的参数.

其中 $\lambda > 0$ 是 **超参数**. 试推导上述问题的对偶问题.

1.8 给定训练集 $\{(\boldsymbol{x}_1, y_1), (\boldsymbol{x}_2, y_2), \ldots, (\boldsymbol{x}_m, y_m)\}$, 其中 $\boldsymbol{x}_i \in \mathbb{R}^d$, $y_i \in \{-1, +1\}$. 软间隔支持向量机的优化问题 (1.74) 缺省地认为: 无论错误发生在哪一类样本上, 所需付出的“代价”是相同的. 然而在现实应用中, 不同类别的错误代价往往不同. 不妨假设正例出错的代价是反例出错代价的 k 倍, 试给出相应的软间隔支持向量机的优化问题和对偶问题.

例如, 人脸识别门禁系统将“家人”误认作“陌生人”, 与将“陌生人”误认作“家人”, 所产生的后果有巨大差别.

参考文献

袁亚湘, 孙文瑜. (1997). 最优化理论与方法. 科学出版社, 北京.

周志华. (2016). 机器学习. 清华大学出版社, 北京.

李航. (2019). 统计学习方法. 清华大学出版社, 第 2 版, 北京.

Bishop, C. M. (2006). *Pattern Recognition and Machine Learning.* Springer, New York, NY.

Boucheron, S., G. Lugosi, and P. Massart. (2013). *Concentration Inequalities: A Nonasymptotic Theory of Independence.* Oxford University Press, Oxford, UK.

Boyd, S. and L. Vandenberghe. (2004). *Convex Optimization.* Cambridge University Press, Cambridge, UK.

Cortes, C. and V. N. Vapnik. (1995). "Support vector networks." *Machine Learning*, 20(3):273–297.

Cristianini, N. and J. Shawe-Taylor. (1994). *An Introduction to Support Vector Machines and Other Kernel-Based Learning Methods.* Cambridge Press, Cambridge, MA.

Hastie, T., R. Tibshirani, and J. Friedman. (2009). *The Elements of Statistical Learning*, 2nd edition. Springer, New York, NY.

Joachims, T. (1998), "Text classification with support vector machines: Learning with many relevant features." In *Proceedings of the 10th European Conference on Machine Learning (ECML)*, pp. 137–142, Chemnitz, Germany.

Kearns, M. J. and U. V. Vazirani. (1994). *An Introduction to Computational Learning Theory.* MIT Press, Cambridge, MA.

Kjeldsen, T. H. (2000). "A contextualized historical analysis of the Kuhn-Tucker theorem in nonlinear programming: The impact of world war II." *Historia Mathematica*, 27(4):331–361.

Mitchell, T. (1997). *Machine Learning.* McGraw Hill, New York, NY.

Mohri, M., A. Rostamizadeh, and A. Talwalkar. (2018). *Foundations of Machine Learning*, 2nd edition. MIT Press, Cambridge, MA.

Nesterov, Y. (2004). *Introductory Lectures on Convex Optimization: A Basic Course.* Springer, New York, NY.

Nocedal, J. and S. Wright. (2006). *Numerical Optimization.* Springer, New York, NY.

Schölkopf, B., C. J. C. Burges, and A. J. Smola, eds. (1999). *Advances in Kernel Methods: Support Vector Learning.* MIT Press, Cambridge, MA.

Schölkopf, B. and A. J. Smola, eds. (2002). *Learning with Kernels: Support Vector Machines, Regularization, Optimization and Beyond.* MIT Press, Cambridge, MA.

Shalev-Shwartz, S. and S. Ben-David. (2014). *Understanding Machine Learning: From Theory to Algorithms.* Cambridge University Press, Cambridge, UK.

Vapnik, V. N. (1995). *The Nature of Statistical Learning Theory.* Springer, New York, NY.

第2章　可学性

learnability 亦译为“可学习性”，本书译为“可学性”使第2至8章主题字数匀称.

机器学习理论研究的是关于机器学习的理论基础, 主要内容是分析学习任务的困难本质, 为学习算法提供理论保证, 并根据分析结果指导算法设计. 对一个任务, 通常我们先要考虑它“是不是可学的 (learnable)”, 本章就是介绍关于可学性的基本知识.

2.1 基本概念

给定样本集 $D=\{(\boldsymbol{x}_1,y_1),(\boldsymbol{x}_2,y_2),\ldots,(\boldsymbol{x}_m,y_m)\}$, $\boldsymbol{x}_i\in\mathcal{X}$, 若无特别说明, $y_i\in\mathcal{Y}=\{-1,+1\}$, 即本书主要讨论二分类问题. 假设 $\mathcal{D}$ 是 $\mathcal{X}\times\mathcal{Y}$ 上的联合分布, $\mathcal{D}_{\mathcal{X}}$ 是样本空间 $\mathcal{X}$ 上的边缘分布. D 中所有样本都是独立同分布从 $\mathcal{D}$ 采样而得, 记为 $D\sim\mathcal{D}^m$, 即它们是 **独立同分布** (independent and identically distributed, 简称 *i.i.d.*) 样本.

令 h 为从 $\mathcal{X}$ 到 $\mathcal{Y}$ 的一个映射, 其 **泛化误差** (generalization error) 为

$$E(h;\mathcal{D})=P_{(\boldsymbol{x},y)\sim\mathcal{D}}\left(h(\boldsymbol{x})\neq y\right)=\mathbb{E}_{(\boldsymbol{x},y)\sim\mathcal{D}}\left[\mathbb{I}\left(h(\boldsymbol{x})\neq y\right)\right], \tag{2.1}$$

h 在 D 上的 **经验误差** (empirical error) 为

$$\widehat{E}(h;D)=\frac{1}{m}\sum_{i=1}^{m}\mathbb{I}\big(h(\boldsymbol{x}_i)\neq y_i\big)\ . \tag{2.2}$$

由于 D 是 $\mathcal{D}$ 的独立同分布采样, 因此 h 的经验误差的期望等于其泛化误差. 在上下文明确时, 我们将 $E(h;\mathcal{D})$ 和 $\widehat{E}(h;D)$ 分别简记为 $E(h)$ 和 $\widehat{E}(h)$. 令 ϵ 为 $E(h)$ 的上限, 即 $E(h)\leqslant\epsilon$, 我们通常用 ϵ 表示预先设定的学得模型所应满足的误差要求, 亦称 **误差参数**.

若 h 在 D 上的经验误差为 0, 则称 h 与 D 一致, 否则称 h 与 D 不一致. 对任意两个 $\mathcal{X}\mapsto\mathcal{Y}$ 的映射 h_1 和 h_2, 可通过其 **不合** (disagreement) 来度量它们之间的差别, 即:

$$dis(h_1,h_2)=P_{\boldsymbol{x}\sim\mathcal{D}_{\mathcal{X}}}\left(h_1(\boldsymbol{x})\neq h_2(\boldsymbol{x})\right)\ . \tag{2.3}$$

令 c 表示 **概念** (concept) , 它是从样本空间 $\mathcal{X}$ 到标记空间 $\mathcal{Y}$ 的映射, 决定样本 $\boldsymbol{x}$ 的真实标记 y, 若对任何 $(\boldsymbol{x}, y)$ 有 $c(\boldsymbol{x}) = y$ 成立, 则称 c 为目标概念. 所有我们希望学得的目标概念所组成的集合称为 **概念类** (concept class), 用符号 $\mathcal{C}$ 表示. 例如, 目标概念“三角形”将把所有的三角形映射为 1、把其他图形映射为 -1. 假设我们在学习任务中考虑“三角形”“四边形”“五边形”这三种概念, 则它们组成的集合 {三角形, 四边形, 五边形} 就是该任务的概念类.

给定学习算法 $\mathfrak{L}$, 它所考虑的所有可能概念的集合称为 **假设空间** (hypothesis space), 用符号 $\mathcal{H}$ 表示. 由于学习算法事先并不知道概念类的真实存在, 因此 $\mathcal{H}$ 和 $\mathcal{C}$ 通常是不同的, 学习算法会把自认为可能的目标概念集中起来构成 $\mathcal{H}$, 对 $h \in \mathcal{H}$, 由于并不能确定它是否真是目标概念, 因此称为 **假设** (hypothesis). 显然, 假设 h 也是从样本空间 $\mathcal{X}$ 到标记空间 $\mathcal{Y}$ 的映射.

若目标概念 $c \in \mathcal{H}$, 则 $\mathcal{H}$ 中存在假设能将所有样本正确分开, 我们称以 c 为目标的这个学习问题对假设空间 $\mathcal{H}$ 是 **可分** (separable) 的; 若 $c \notin \mathcal{H}$, 则假设空间 $\mathcal{H}$ 中不存在任何假设能将所有样本完全正确分开, 我们称该学习问题对假设空间 $\mathcal{H}$ 是 **不可分** (non-separable) 的.

2.2 PAC 学习

学习理论中最基本的是 **概率近似正确** (Probably Approximately Correct, 简称 PAC) 理论 [Valiant, 1984].

给定训练集 D, 我们希望基于学习算法 $\mathfrak{L}$ 学得的模型所对应的假设 h 尽可能接近目标概念 c. 读者可能会问: 为什么不是希望精确地学到目标概念 c 呢? 这是由于机器学习过程受到很多因素的制约. 例如我们获得的训练集 D 往往仅包含有限数量的样本, 因此, 通常会存在一些在 D 上“等效”的假设, 学习算法对它们无法区别; 再如, 从分布 $\mathcal{D}$ 采样得到 D 的过程有一定偶然性, 可以想象, 即便对同样大小的不同训练集, 学得的结果也可能有所不同. 因此, 我们希望以比较大的把握学得比较好的模型, 也就是说, 以较大的概率学得误差满足预设上限的模型, 这就是“概率”“近似正确”的含义. 形式化地, 令 δ 表示 **置信度参数**, 可定义:

一般来说, 训练样本越少, 采样偶然性越大.

定义 2.1 PAC 辨识 (PAC Identify): 对 $0 < \epsilon, \delta < 1$, 所有 $c \in \mathcal{C}$ 和分布 $\mathcal{D}$, 若存在学习算法 $\mathfrak{L}$, 其输出假设 $h \in \mathcal{H}$ 满足

$$P\left(E(h) \leqslant \epsilon\right) \geqslant 1 - \delta \ , \tag{2.4}$$

则称学习算法 $\mathfrak{L}$ 能从假设空间 $\mathcal{H}$ 中 PAC 辨识概念类 $\mathcal{C}$.

这样的学习算法 $\mathfrak{L}$ 能以较大的概率 (至少 $1-\delta$) 学得目标概念 c 的近似 (误差最大为 ϵ). 在此基础上可定义:

定义 2.2 **PAC 可学** (PAC Learnable): 令 m 表示从分布 $\mathcal{D}$ 独立同分布采样得到的样本数目, $0<\epsilon,\delta<1$, 对所有分布 $\mathcal{D}$, 若存在学习算法 $\mathfrak{L}$ 和多项式函数 $\mathrm{poly}(\cdot,\cdot,\cdot,\cdot)$, 使得对于任何 $m \geqslant \mathrm{poly}(1/\epsilon, 1/\delta, \mathrm{size}(\boldsymbol{x}), \mathrm{size}(c))$, $\mathfrak{L}$ 能从假设空间 $\mathcal{H}$ 中 PAC 辨识概念类 $\mathcal{C}$, 则称概念类 $\mathcal{C}$ 对假设空间 $\mathcal{H}$ 而言是 PAC 可学的, 有时也简称概念类 $\mathcal{C}$ 是 PAC 可学的.

样本数目 m 与误差 ϵ、置信度 $1-\delta$、数据本身的复杂度 $\mathrm{size}(\boldsymbol{x})$、目标概念的复杂度 $\mathrm{size}(c)$ 都有关.

对计算机算法来说, 必然要考虑时间复杂度, 于是:

定义 2.3 **PAC 学习算法** (PAC Learning Algorithm): 若学习算法 $\mathfrak{L}$ 使概念类 $\mathcal{C}$ 为 PAC 可学, 且 $\mathfrak{L}$ 的运行时间也是多项式函数 $\mathrm{poly}(1/\epsilon, 1/\delta, \mathrm{size}(\boldsymbol{x}), \mathrm{size}(c))$, 则称概念类 $\mathcal{C}$ 是高效 PAC 可学 (efficiently PAC learnable) 的, 称 $\mathfrak{L}$ 为概念类 $\mathcal{C}$ 的 PAC 学习算法.

假定学习算法 $\mathfrak{L}$ 处理每个样本的时间为常数, 则 $\mathfrak{L}$ 的时间复杂度等价于样本复杂度. 于是, 我们对算法时间复杂度的关心就转化为对样本复杂度的关心:

定义 2.4 **样本复杂度** (Sample Complexity): 满足 PAC 学习算法 $\mathfrak{L}$ 所需的 $m \geqslant \mathrm{poly}(1/\epsilon, 1/\delta, \mathrm{size}(\boldsymbol{x}), \mathrm{size}(c))$ 中最小的 m, 称为学习算法 $\mathfrak{L}$ 的样本复杂度.

显然, PAC 学习给出了一个抽象刻画机器学习能力的框架, 基于这个框架能对很多重要问题进行理论探讨, 例如: 某任务在什么样的条件下可学得较好的模型? 某算法在什么样的条件下可进行有效的学习? 需多少训练样本才能获得较好的模型?

假设空间 $\mathcal{H}$ 包含了学习算法 $\mathfrak{L}$ 所有可能输出的假设, 若在 PAC 学习理论中假设空间与概念类完全相同, 即 $\mathcal{H}=\mathcal{C}$, 这称为 **恰 PAC 可学** (properly PAC learnable); 直观地看, 这意味着学习算法的能力与学习任务“恰好匹配”. 然而, 这种让所有候选假设都来自概念类的要求看似合理, 却并不实际, 因为在现实应用中我们对概念类 $\mathcal{C}$ 通常一无所知, 更别说获得一个假设空间与概念类恰好相同的学习算法. 显然, 更重要的是研究假设空间与概念类不同的情形, 即 $\mathcal{H} \neq \mathcal{C}$.

对较为困难的学习问题, 目标概念 c 往往不存在于假设空间 $\mathcal{H}$ 中. 假定对于任何 $h \in \mathcal{H}$, $\widehat{E}(h) \neq 0$, 也就是说, $\mathcal{H}$ 中的任意一个假设都会在训练集上出现或多或少的错误. 由 Hoeffding 不等式 (1.28) 易知:

引理 2.1 若训练集 D 包含 m 个从分布 $\mathcal{D}$ 上独立同分布采样而得的样本, $0 < \epsilon < 1$, 则对任意 $h \in \mathcal{H}$, 有

$$P\left(\widehat{E}(h) - E(h) \geqslant \epsilon\right) \leqslant \exp(-2m\epsilon^2) , \tag{2.5}$$

$$P\left(E(h) - \widehat{E}(h) \geqslant \epsilon\right) \leqslant \exp(-2m\epsilon^2) , \tag{2.6}$$

$$P\left(\left|E(h) - \widehat{E}(h)\right| \geqslant \epsilon\right) \leqslant 2\exp(-2m\epsilon^2) . \tag{2.7}$$

定理 2.1 若训练集 D 包含 m 个从分布 $\mathcal{D}$ 上独立同分布采样而得的样本, 则对任意 $h \in \mathcal{H}$, (2.8) 以至少 $1-\delta$ 的概率成立:

$$\widehat{E}(h) - \sqrt{\frac{1}{2m}\ln\frac{2}{\delta}} < E(h) < \widehat{E}(h) + \sqrt{\frac{1}{2m}\ln\frac{2}{\delta}} . \tag{2.8}$$

证明 基于引理 2.1, 不妨令

$$\delta = 2\exp(-2m\epsilon^2) , \tag{2.9}$$

即

$$\epsilon = \sqrt{\frac{1}{2m}\ln\frac{2}{\delta}} , \tag{2.10}$$

将 (2.10) 代入 (2.7) 得到

$$P\left(\left|E(h) - \widehat{E}(h)\right| \geqslant \sqrt{\frac{1}{2m}\ln\frac{2}{\delta}}\right) \leqslant \delta , \tag{2.11}$$

即至少以 $1-\delta$ 的概率有

$$\left|E(h) - \widehat{E}(h)\right| < \sqrt{\frac{1}{2m}\ln\frac{2}{\delta}} , \tag{2.12}$$

从而 (2.8) 成立, 定理 2.1 得证. □

定理 2.1 表明, 样本数目 m 较大时, h 的经验误差可以作为其泛化误差的很好的近似.

显然, 当 $c \notin \mathcal{H}$ 时, 学习算法 $\mathfrak{L}$ 无法学得目标概念 c 的 ϵ 近似. 但是, 当假设空间 $\mathcal{H}$ 给定时, 其中必存在一个泛化误差最小的假设, 找出此假设的 ϵ 近似也不失为一个较好的目标. $\mathcal{H}$ 中泛化误差最小的假设是 $\arg\min_{h\in\mathcal{H}} E(h)$, 于是, 以此为目标可将 PAC 学习推广到 $c \notin \mathcal{H}$ 的情况, 这称为**不可知学习** (agnostic learning). 相应地, 我们有

即在 $\mathcal{H}$ 的所有假设中找出最好的一个.

定义 2.5 **不可知 PAC 可学** (Agnostic PAC Learnable): 令 m 表示从分布 $\mathcal{D}$ 独立同分布采样得到的样本数目, $0 < \epsilon, \delta < 1$, 对所有分布 $\mathcal{D}$, 若存在学习算法 $\mathfrak{L}$ 和多项式函数 $\text{poly}(\cdot,\cdot,\cdot,\cdot)$, 使得对于任何 $m \geqslant \text{poly}(1/\epsilon, 1/\delta, \text{size}(\boldsymbol{x}), \text{size}(c))$, $\mathfrak{L}$ 能从假设空间 $\mathcal{H}$ 中输出满足 (2.13) 的假设 h

$$P\left(E(h) - \min_{h'\in\mathcal{H}} E(h') \leqslant \epsilon\right) \geqslant 1-\delta\ , \tag{2.13}$$

则称假设空间 $\mathcal{H}$ 是不可知 PAC 可学的.

与 PAC 可学类似, 若学习算法 $\mathfrak{L}$ 的运行时间也是多项式函数 $\text{poly}(1/\epsilon, 1/\delta, \text{size}(\boldsymbol{x}), \text{size}(c))$, 则称假设空间 $\mathcal{H}$ 是高效不可知 PAC 可学的, 学习算法 $\mathfrak{L}$ 则称为假设空间 $\mathcal{H}$ 的不可知 PAC 学习算法, 满足上述要求的最小 m 称为学习算法 $\mathfrak{L}$ 的样本复杂度.

需要指出的是, PAC 是一种“分布无关”的理论模型, 因为它对分布 $\mathcal{D}$ 没有做任何假设, $\mathcal{D}$ 可以是任意分布, 但训练集和测试集必须来自同一个分布. 另外, PAC 考虑的是针对某个概念类 $\mathcal{C}$ 而不是某个特定概念的可学性, 目标概念 $c \in \mathcal{C}$ 对学习算法来说是未知的.

PAC 学习中一个关键因素是假设空间 $\mathcal{H}$ 的复杂度. 一般而言, $\mathcal{H}$ 越大, 其包含任意目标概念的可能性越大, 但从中找到某个具体目标概念的难度也越大. $|\mathcal{H}|$ 有限时, 我们称 $\mathcal{H}$ 为**有限假设空间**, 否则为**无限假设空间**. 有限假设空间包含的概念数有限, 因此可以用概念个数来衡量其复杂度; 对于无限假设空间，衡量其复杂度则需要一些特别的技术, 我们将在第 3 章进行介绍.

PAC 可学考虑的是学习算法 $\mathfrak{L}$ 输出假设的泛化误差与最优假设的泛化误差之间的差别, 由于真实分布 $\mathcal{D}$ 未知, 通常无法直接计算. 不过, 由于经验误差与泛化误差有密切联系, 我们可以借助经验误差来进行比较, 于是有必要考虑经验误差与泛化误差之间的差距, 我们将在第 4 章进行讨论.

在可分情况下, 最优假设的泛化误差为 0.

2.3 分析实例

证明一个概念类是 PAC 可学的, 需显示出存在某个学习算法, 它在使用了一定数量的样本后能够 PAC 辨识概念类.

2.3.1 布尔合取式的学习

令样本 $\boldsymbol{x} \in \mathcal{X}_n = \{0,1\}^n$ 表示对 n 个布尔变量 b_i ($i \in [n]$) 的一种赋值. **布尔合取式** (Boolean Conjunctions) 概念是形如 b_i, $\neg b_i$ 的文字所构成的合取式, 例如 $c = b_1 \wedge \neg b_3 \wedge b_4$ 意味着对于样本集 $\{\boldsymbol{x} \in \mathcal{X}_n : x_1 = 1, x_3 = 0, x_4 = 1\}$ 有 $c(\boldsymbol{x}) = 1$. 所有这样的概念就组成了布尔合取式概念类 $\mathcal{C}_n$.

下面将证明布尔合取式概念类 $\mathcal{C}_n$ 是 PAC 可学的 [Kearns and Vazirani, 1994].

对假设空间 $\mathcal{H} = \mathcal{C}_n$, 根据定义 2.2, 需找到一个学习算法 $\mathfrak{L}$, 使得存在一个多项式函数 $\text{poly}(\cdot,\cdot,\cdot,\cdot)$, 当样本集大小 $m \geqslant \text{poly}(1/\epsilon, 1/\delta, \text{size}(\boldsymbol{x}), \text{size}(c))$ 时, 学习算法 $\mathfrak{L}$ 输出的假设满足要求 $P(E(h) \leqslant \epsilon) \geqslant 1 - \delta$. $\text{size}(\boldsymbol{x})$ 和 $\text{size}(c)$ 对应于合取式中的文字个数, $\forall c \in \mathcal{C}_n$ 有 $\text{size}(\boldsymbol{x}) = \text{size}(c) \leqslant 2n$, 因此样本集大小 m 应该是关于 $1/\epsilon, 1/\delta, n$ 的多项式.

考虑 b_i 和 $\neg b_i$, 一共有 $2n$ 个布尔文字.

构造这样一个学习算法: 初始 $h = b_1 \wedge \neg b_1 \wedge \cdots \wedge b_n \wedge \neg b_n$, 注意到对于任何赋值, 初始 h 都返回 0. 学习算法忽略训练集中的所有反例, 仅使用其中的正例来进行学习. 对于训练集中的正例 $(\boldsymbol{x}, 1)$, 学习算法按下面的操作来更新 h: $\forall i \in [n]$, 若 $x_i = 0$ 则从 h 中删除 b_i, 若 $x_i = 1$ 则从 h 中删除 $\neg b_i$. 这样, 学习算法就从 h 中删除了所有与正例矛盾的文字.

假设目标概念为 c, 则 c 包含的文字在上述任何时刻仍出现在 h 中. 这是由于初始 h 包含所有文字, 一个文字仅当在某个正例中的对应值为 0 时才会被删除, 而 c 中文字在任何正例中的对应值都不会为 0.

现在考虑出现在 h 中但未出现在 c 中的文字 $\tilde{b}$. 对满足 $\tilde{b} = 0$ 的正例 $\boldsymbol{x}$, h 由于包含 $\tilde{b}$ 而在 $\boldsymbol{x}$ 上出错; 但同时, $\boldsymbol{x}$ 也恰好能使算法从 h 中删除 $\tilde{b}$. 令 $P(\tilde{b})$ 表示此类样本出现的概率, 有

这里我们把 $\tilde{b}$ 也看作一个概念.

$$P(\tilde{b}) = P_{\boldsymbol{x} \sim \mathcal{D}}(c(\boldsymbol{x}) = 1 \wedge \tilde{b}(\boldsymbol{x}) = 0) \ . \tag{2.14}$$

由于 h 所犯的每个错误都可以归因于 h 中至少有一个文字 $\tilde{b}$, 从而可得

第二个不等号是利用联合界不等式 (1.19).

$$E(h) \leqslant P(\cup_{\tilde{b} \in h} \tilde{b}) \leqslant \sum\nolimits_{\tilde{b} \in h} P(\tilde{b}) \ . \tag{2.15}$$

我们称满足 $P(\tilde{b}) \geqslant \frac{\epsilon}{2n}$ 的文字 $\tilde{b}$ 为"坏字". 若 h 不包含任何坏字, 则有

$$E(h) \leqslant \sum\nolimits_{\tilde{b}\in h} P(\tilde{b}) \leqslant 2n \cdot \frac{\epsilon}{2n} = \epsilon \ . \tag{2.16}$$

对任何一个给定的坏字 $\tilde{b}$, 随机抽取一个样本导致其被删除的概率为 $P(\tilde{b})$, 于是, 学习算法在使用了 m 个样本后坏字 $\tilde{b}$ 仍未被从 h 中删除的概率至多为 $(1-\epsilon/2n)^m$. 考虑所有 $2n$ 个文字, 则 h 中存在坏字未被删除的概率至多为 $2n(1-\epsilon/2n)^m$, 从而可知 h 不包含任何坏字的概率至少为 $1-2n(1-\epsilon/2n)^m$. 再根据 (2.16) 可得

$$P\big(E(h) \leqslant \epsilon\big) \geqslant 1 - 2n\left(1-\frac{\epsilon}{2n}\right)^m \ . \tag{2.17}$$

于是, 欲要 (2.4) 成立, 仅需

第一个不等号成立是由于 $(1-x)^m \leqslant e^{-mx}$.

$$\left(1-\frac{\epsilon}{2n}\right)^m \leqslant \exp\left(-\frac{m\epsilon}{2n}\right) \leqslant \frac{\delta}{2n} \ , \tag{2.18}$$

即

若直接使用第 4 章中满足经验风险最小化原则的算法 (对每个假设逐一计算经验误差, 返回具有最小经验误差的假设), 推导出的样本复杂度上界不如这里的紧致.

$$m \geqslant \frac{2n}{\epsilon}\ln\frac{2n}{\delta} \ . \tag{2.19}$$

上面构造的算法仅需 (2.19) 中的样本数, 就能以至少 $1-\delta$ 的概率得到满足 $E(h) \leqslant \epsilon$ 的假设 h, 于是根据定义 2.2 可知概念类 $\mathcal{C}_n$ 是 PAC 可学的. 注意到, 学习算法 $\mathfrak{L}$ 处理每个 $(\boldsymbol{x}, y)$ 所需的计算时间至多为 n 的线性函数, 因此概念类 $\mathcal{C}_n$ 是高效 PAC 可学的.

学习算法 $\mathfrak{L}$ 仅利用正例进行更新, 对于正例 $(\boldsymbol{x}, 1)$, $\forall i \in [n]$, 若 $x_i = 0$ 则从 h 中删除 b_i, 若 $x_i = 1$ 则从 h 中删除 $\neg b_i$, 因此处理每个样本的计算时间至多为 n 的线性函数.

2.3.2 3-DNF 与 3-CNF 的学习

在 PAC 学习理论中, 学习算法 $\mathfrak{L}$ 从假设空间 $\mathcal{H}$ 中输出假设来逼近目标概念. 若 $\mathfrak{L}$ 的运行时间是多项式函数 $\mathrm{poly}(1/\epsilon, 1/\delta, \mathrm{size}(\boldsymbol{x}), \mathrm{size}(c))$, 则假设空间 $\mathcal{H}$ 是高效 PAC 可学的. 一个假设空间是否高效 PAC 可学, 有时还取决于假设的具体表示形式. 本节给出一个具体的例子 [Kearns and Vazirani, 1994].

我们先给出 k-DNF 和 k-CNF 的定义.

析取范式 (Disjunctive Normal Form, 简称 DNF) 亦称析合范式, 是多个布尔合取式的析取. 具体来说, 每个合取项中至多包含 k 个文字. 例如 $(x_1 \wedge \neg x_2 \wedge x_3) \vee (\neg x_1 \wedge x_3) \vee (\neg x_1 \wedge x_2)$ 是一个 3-DNF 公式.

合取范式 (Conjunctive Normal Form, 简称 CNF) 亦称合析范式, 是多

个布尔析取式的合取. 具体来说, 每个析取项中至多包含 k 个文字. 例如 $(x_1 \vee \neg x_2 \vee x_3) \wedge (\neg x_1 \vee x_3)$ 是一个 3-CNF 公式, 而 2.3.1 节中讨论的布尔合取式亦可看作 1-CNF.

计算复杂度类 $\mathcal{P} \subseteq \mathcal{RP} \subseteq \mathcal{NP}$; 虽未获证明, 但一般相信 $\mathcal{P} \neq \mathcal{NP}$, $\mathcal{RP} \neq \mathcal{NP}$.

可以证明 3-DNF 这个概念类不是高效 PAC 可学的, 除非 $\mathcal{RP} = \mathcal{NP}$ [Kearns and Vazirani, 1994]. 现在我们把 3-DNF 换一种表示形式.

注意到布尔代数中 $\vee$ 对 $\wedge$ 满足分配律, 即对于布尔变量 a, b, e, f 有

$$(a \wedge b) \vee (e \wedge f) = (a \vee e) \wedge (a \vee f) \wedge (b \vee e) \wedge (b \vee f) , \tag{2.20}$$

即 2-DNF 公式可以等价转化为一个每项至多包含 2 个文字的布尔合取式. 一般地, 一个 k-DNF 公式可以等价转化为一个 k-CNF 公式. 因此, 对 3-DNF 概念类的学习可以转化为对 3-CNF 概念类的学习.

下面证明 3-CNF 这个概念类是 PAC 可学的. 证明的主要思路是将 3-CNF 的 PAC 学习问题归约(reduce)为 2.3.1 节已证明的布尔合取式概念类的 PAC 学习问题 [Kearns and Vazirani, 1994].

对于包含 n 个布尔变量的集合 $B = \{b_1, \ldots, b_n\}$, 考虑其中任意三个布尔变量 $u, v, w \in B$ 形成的三元组, 构造一个新的布尔变量集合 $A = \{a_{u,v,w} = u \vee v \vee w\}$, $|A| = (2n)^3$. 注意到 $u = v = w$ 时有 $a_{u,v,w} = u$, 因此 $B \subseteq A$, 即所有原来的变量都包含在 A 中. 于是, B 上任意的 3-CNF 概念 c 都能转化为 A 上的布尔合取式概念 c', 仅需把 $(u \vee v \vee w)$ 替换为 $a_{u,v,w}$ 即可. 这样就把 3-CNF 概念的学习通过简单替换操作等价转化为一个在更大变量集合上的布尔合取式概念的学习, 而 2.3.1 节已经证明了布尔合取式概念类是高效 PAC 可学的, 于是 3-CNF 概念类也是高效 PAC 可学的.

如前所述, 任何一个 3-DNF 公式都可以等价转化为一个 3-CNF 公式. 因此, 若允许假设表示成 3-CNF 公式的形式, 则 3-DNF 概念类是高效 PAC 可学的; 但若必须把假设表示成 3-DNF 公式的形式, 则 3-DNF 概念类不是高效 PAC 可学的. 进一步, 这一论断对 $\forall k \geqslant 2$ 的 k-DNF 和 k-CNF 都成立. 这揭示出一个从 PAC 学习理论得到的重要洞察: 即便对同一个概念类, 选择不同的表示方式可能会导致不同的可学性.

在实际应用中, 对现实问题进行不同的形式化抽象, 可能导致性质相去甚远的假设空间表示, 进而导致迥然不同的结果.

2.3.3 轴平行矩形的学习

前两小节的例子都是面对有限假设空间. 事实上, 对有限假设空间, 总能通过一种简单的办法来进行 PAC 学习: 基于经验风险最小化原则计算出每个假设的经验误差, 然后输出经验误差最小的假设. 虽然这样获得的样本复杂度结

果往往不如专门设计的精妙方法紧致, 但毕竟是可用于各种有限假设空间问题的“通用途径”. 对于无限假设空间, 不再存在通用途径, PAC 学习理论更为复杂, 不过在某些情形下, 仍可利用概念类本身的一些特性来构造学习算法进行分析. 下面给出一个具体的例子 [Shalev-Shwartz and Ben-David, 2014].

轴平行矩形 (Axis-Parallel Rectangle, 简称 APR) 是平面 $\mathbb{R}^2$ 上四条边均与坐标轴平行的矩形区域. $\mathbb{R}^2$ 中每个点对应于一个数据样本, 即 $\mathcal{X}=\mathbb{R}^2$. 概念 c 是某个特定的轴平行矩形, 对该矩形中的点 $\boldsymbol{x}$ 有 $c(\boldsymbol{x})=1$, 对该矩形之外的点有 $c(\boldsymbol{x})=-1$. 概念类 $\mathcal{C}$ 是 $\mathbb{R}^2$ 上所有轴平行矩形的集合.

轴平行矩形概念虽简单, 但在一些前沿的机器学习技术中亦有用处, 例如多示例学习(multi-instance learning) [Dietterich et al., 1997].

下面证明轴平行矩形概念类是 PAC 可学的.

图 2.1 中轴平行矩形 R 表示目标概念, $\tilde{R}$ 表示一个假设. 由图中可看出, $\tilde{R}$ 的错误区域为 $(R-\tilde{R})\cup(\tilde{R}-R)$, 即位于 R 内但在 $\tilde{R}$ 外的区域, 以及在 $\tilde{R}$ 内但在 R 外的区域. $\tilde{R}$ 会将前一个区域中的点错误地判断为反例, 而将后一个区域中的点错误地判断为正例.

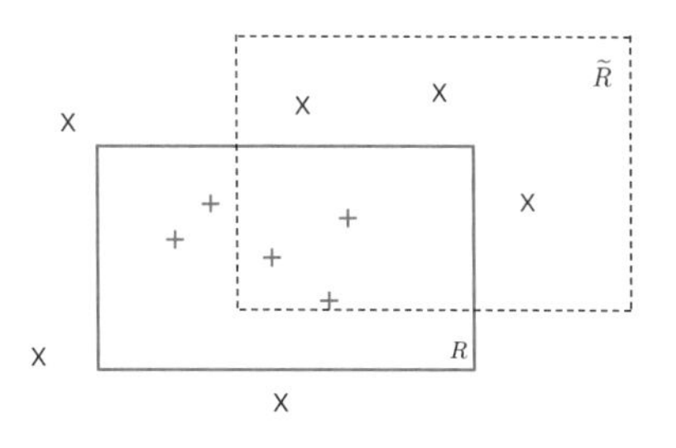

图 2.1 轴平行矩形目标概念 R 与假设 $\tilde{R}$. 图中红色 $+$ 为正例, 黑色 $\times$ 为反例

考虑这样一个简单的学习算法 $\mathcal{L}$: 对于训练集 D, $\mathcal{L}$ 输出一个包含了 D 中所有正例的最小轴平行矩形 R^D, 如图 2.2 所示. 显然, R^D 中的点一定包含在目标概念 R 中, 因此 R^D 不会将反例误判为正例, 它犯错误的区域都包含在 R 中.

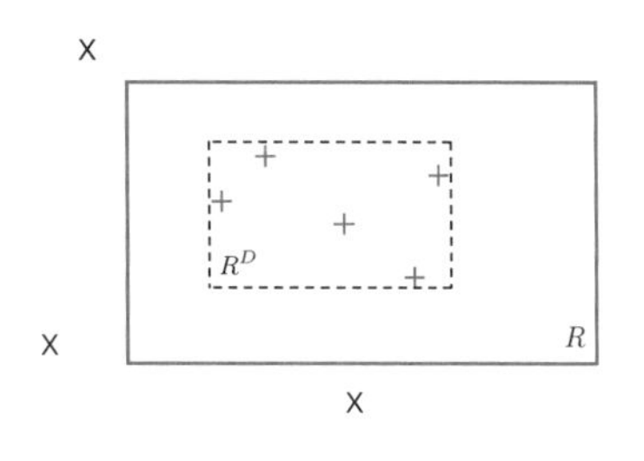

图 2.2 学习算法 $\mathcal{L}$ 输出的包含了训练集 D 中所有正例的最小轴平行矩形 R^D

令 $P(R)$ 表示 R 区域的概率质量, 即按照分布 $\mathcal{D}$ 随机生成的点落在区域 R 中的概率. 由于学习算法 $\mathcal{L}$ 的错误仅可能出现在 R 内的点上, 不妨设 $P(R) > \epsilon$, 否则无论输入什么训练集 D, R^D 的错误率都不会超过 ϵ.

因为 $P(R) > \epsilon$, 所以我们可以沿 R 的四条边定义 4 个轴平行矩形区域 r_1, r_2, r_3, r_4, 使得每个区域的概率质量均为 $\epsilon/4$, 如图 2.3 所示. 于是, 我们有 $P(r_1 \cup r_2 \cup r_3 \cup r_4) \leqslant \epsilon$.

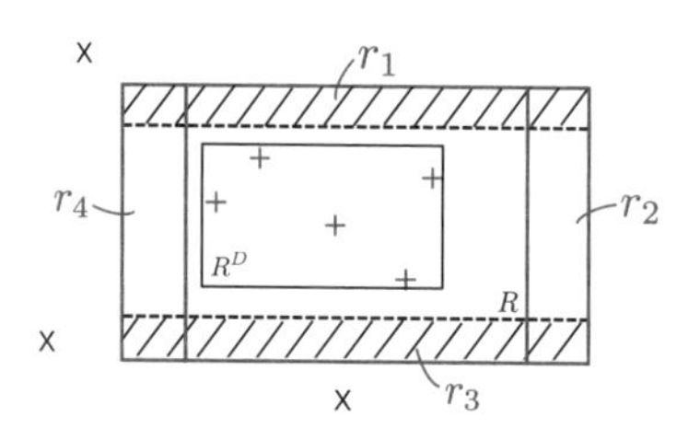

图 2.3 区域 r_1, r_2, r_3, r_4 的位置情况

我们有一个重要的观察: 由于 R^D 位于 R 内部, 且它和 r_1, r_2, r_3, r_4 都是轴平行矩形, 因此若 R^D 与 r_1, r_2, r_3, r_4 都相交, 则对于任何一个 r_i $(i \in \{1, 2, 3, 4\})$, R^D 都必有一条边落在 r_i 之内. 此时 R^D 的错误区域被这 4 个区域完全覆盖, 其泛化误差 $E(R^D) \leqslant \epsilon$.

于是, 若泛化误差 $E(R^D) > \epsilon$, 则 R^D 必然至少与 r_1, r_2, r_3, r_4 中的某一个不相交. 训练集 D 中的每个样本是从分布 $\mathcal{D}$ 随机采样得到的, 其出现在 r_i 中的概率为 $\epsilon/4$. 设 D 包含 m 个样本, 则有

$$
\begin{aligned}
P_{D \sim \mathcal{D}^m}\left(E(R^D) > \epsilon\right) &\leqslant P_{D \sim \mathcal{D}^m}\left(\cup_{i=1}^4 \left\{R^D \cap r_i = \emptyset\right\}\right) \\
&\leqslant \sum_{i=1}^{4} P_{D \sim \mathcal{D}^m}\left(\left\{R^D \cap r_i = \emptyset\right\}\right) \\
&\leqslant 4(1 - \epsilon/4)^m \\
&\leqslant 4e^{-m\epsilon/4} \ .
\end{aligned}
\tag{2.21}
$$

利用联合界不等式 (1.19).

$(1-x)^m \leqslant e^{-mx}$.

令 $4e^{-m\epsilon/4} \leqslant \delta$, 即可确保

$$
P_{D \sim \mathcal{D}^m}\left(E(R^D) \leqslant \epsilon\right) = 1 - P_{D \sim \mathcal{D}^m}\left(E(R^D) > \epsilon\right) \geqslant 1 - \delta \ , \tag{2.22}
$$

于是可求解得到

$$m \geqslant \frac{4}{\epsilon} \ln \frac{4}{\delta} \ . \tag{2.23}$$

上面构造的学习算法仅需 (2.23) 所示的样本数就能以至少 $1-\delta$ 的概率得到满足 $E(R^D) \leqslant \epsilon$ 的假设 R^D, 且该学习算法所涉及的 $\mathbb{R}^2$ 中轴平行矩形的计算时间为常数, 于是可知轴平行矩形概念类是高效 PAC 可学的.

一个轴平行矩形可由四个角点确定.

2.4 阅读材料

PAC 学习是图灵奖得主 Valiant [1984] 创立的机器学习基础理论体系, 由此产生了"计算学习理论"这个研究领域. Kearns and Schapire [1994] 提出的不可知 PAC 学习 (agnostic PAC learning) 对 PAC 学习中关于概念类的假设进行了弱化, 使其能用于更一般的学习问题. Maass [1994b] 构造了几个简单假设空间(如二维矩形)的不可知 PAC 学习算法. 神经网络 [Maass, 1994a]、决策树 [Auer et al., 1995]、Boosting [Ben-David et al., 2001]、主动学习 [Balcan et al., 2006; Dasgupta et al., 2008] 等都已有不可知 PAC 学习的研究.

2.1 和 2.2 节的部分内容来自 [周志华, 2016]. 本章讨论的都是确定性 (deterministic) 学习问题, 即每个样本 $\boldsymbol{x}$ 都有一个确定的标记 y 与之对应. 一般监督学习问题都是确定性的. 在随机性 (stochastic) 学习问题中, 样本标记 y 可认为是示例 $\boldsymbol{x}$ 的后验概率函数, 此时每个样本并非确定地属于某个类别. 此类问题通常不存在泛化误差为 0 的假设, 学习目标则是找到近似最优假设, 这对应于随机情形下的不可知 PAC 学习. 关于随机性学习的内容可参阅 [Devroye et al., 1996].

习题

2.1 试证明引理 2.1.

2.2 令 $\mathcal{H} = \{h_a : a \in \mathbb{R}\}$ 表示一维阈值函数 $h_a(x) = \mathbb{I}(x < a)$ 构成的假设空间. 假设目标概念 $c \in \mathcal{H}$. 试证明这个无限假设空间 $\mathcal{H}$ 是 PAC 可学的.

$h_a(x)$ 仅当 $x < a$ 时取值为 1, 否则为 0.

2.3 令 $\mathcal{H} = \{h_r : r \in \mathbb{R}_+\}$ 表示函数 $h_r(\boldsymbol{x}) = \mathbb{I}(\|\boldsymbol{x}\| \leqslant r)$ 构成的假设空间. 假设目标概念 $c \in \mathcal{H}$. 试证明 $\mathcal{H}$ 是 PAC 可学的.

2.4 试证明实数集 $\mathbb{R}$ 上任意两个闭区间之并 (形如 $[a_1, a_2] \cup [b_1, b_2]$) 作为概念形成的概念类是 PAC 可学的.

参考文献

周志华. (2016). 机器学习. 清华大学出版社, 北京.

Auer, P., R. C. Holte, and W. Maass. (1995), "Theory and applications of agnostic PAC-learning with small decision trees." In *Proceedings of the 12th International Conference on Machine Learning (ICML)*, pp. 21–29, Tahoe City, CA.

Balcan, M.-F., A. Beygelzimer, and J. Langford. (2006), "Agnostic active learning." In *Proceedings of the 23rd International Conference on Machine Learning (ICML)*, pp. 65–72, Pittsburgh, PA.

Ben-David, S., P. M. Long, and Y. Mansour. (2001), "Agnostic Boosting." In *Proceedings of the 14th Annual Conference on Computational Learning Theory (COLT)*, pp. 507–516, Amsterdam, The Netherlands.

Dasgupta, S., D. Hsu, and C. Monteleoni. (2008), "A general agnostic active learning algorithm." In *Advances in Neural Information Processing Systems 20* (J. C. Platt, D. Koller, Y. Singer, and S. Roweis, eds.), 353–360, MIT Press, Cambridge, MA.

Devroye, L., L. Gyorfi, and G. Lugosi. (1996). *A Probabilistic Theory of Pattern Recognition*. Springer, New York, NY.

Dietterich, T. G., R. H. Lathrop, and T. Lozano-Pérez. (1997). "Solving the multiple-instance problem with axis-parallel rectangles." *Artificial Intelligence*, 89(1-2):31–71.

Kearns, M. J. and R. E. Schapire. (1994). "Toward efficient agnostic learning." *Machine Learning*, 17(2-3):115–141.

Kearns, M. J. and U. V. Vazirani. (1994). *An Introduction to Computational Learning Theory*. MIT Press, Cambridge, MA.

Maass, W. (1994a), "Agnostic PAC-learning of functions on analog neural nets." In *Advances in Neural Information Processing Systems 6* (J. D. Cowan, G. Tesauro, and J. Alspector, eds.), 311–318, Morgan-Kaufmann, San Francisco, CA.

Maass, W. (1994b), "Efficient agnostic PAC-learning with simple hypothesis." In *Proceedings of the 7th Annual Conference on Computational Learning Theory (COLT)*, pp. 67–75, New Brunswick, NJ.

Shalev-Shwartz, S. and S. Ben-David. (2014). *Understanding Machine Learning.* Cambridge University Press, Cambridge, UK.

Valiant, L. G. (1984). "A theory of the learnable." *Communications of the ACM*, 27(11):1134–1142.

第 3 章　复杂度

从第 2 章介绍的 PAC 学习理论可以看出, PAC 可学性与假设空间 $\mathcal{H}$ 的复杂程度密切相关. 假设空间 $\mathcal{H}$ 越复杂, 从中寻找到目标概念的难度越大. 对于有限的假设空间, 可以用其中包含假设的数目来刻画假设空间的复杂度. 在可分情形下, 可以通过层层筛选的方式从有限的假设空间中寻找到目标概念. 然而, 对于大多数学习问题来说, 学习算法 $\mathfrak{L}$ 考虑的假设空间并非是有限的, 因而无法直接使用假设的数目来刻画假设空间复杂度. 为此, 本章将介绍刻画无限假设空间的复杂度的方法, 包括与数据分布 $\mathcal{D}$ 无关的 VC 维及其扩展 Natarajan 维, 以及与数据分布 $\mathcal{D}$ 相关的 Rademacher 复杂度. 前者计算相对简单, 适用于许多学习问题, 但其未考虑具体学习问题的数据特点, 对假设空间复杂度的刻画较为粗糙; 后者考虑了具体学习问题的数据特点, 对假设空间复杂度的刻画较为准确, 但计算较为复杂.

3.1 数据分布无关

现实学习任务面对的通常是无限假设空间, 例如实数域中的区间、$\mathbb{R}^d$ 空间中所有的线性超平面. 为了对这些无限假设空间进行研究, 通常考虑其 VC 维 (Vapnik-Chervonenkis Dimension) [Vapnik and Chervonenkis, 1971]. 在介绍 VC 维之前, 我们先引入几个概念.

令 $\mathcal{H}$ 表示假设空间, 其中的假设是 $\mathcal{X}$ 到 $\mathcal{Y}=\{-1,+1\}$ 的映射, 对于数据集 $D=\{\boldsymbol{x}_1,\ldots,\boldsymbol{x}_m\}\subset\mathcal{X}$, $\mathcal{H}$ 在数据集 D 上的 **限制** (restriction) 是从 D 到 $\{-1,+1\}^m$ 的一族映射:

$$\mathcal{H}_{|D}=\left\{(h(\boldsymbol{x}_1),\ldots,h(\boldsymbol{x}_m))\,\middle|\,h\in\mathcal{H}\right\} , \tag{3.1}$$

其中 h 在 D 上的限制是一个 m 维向量.

$\mathbb{N}$ 是自然数域.

对于 $m\in\mathbb{N}$, 假设空间 $\mathcal{H}$ 的 **增长函数** (growth function) $\Pi_{\mathcal{H}}(m)$ 表示为

$$\Pi_{\mathcal{H}}(m)=\max_{\{\boldsymbol{x}_1,\ldots,\boldsymbol{x}_m\}\subset\mathcal{X}}\left|\left\{(h(\boldsymbol{x}_1),\ldots,h(\boldsymbol{x}_m))\,\middle|\,h\in\mathcal{H}\right\}\right| . \tag{3.2}$$

对于大小为 m 的数据集 D, 有

$$\Pi_{\mathcal{H}}(m) = \max_{|D|=m} \left|\mathcal{H}_{|D}\right| \ . \tag{3.3}$$

增长函数 $\Pi_{\mathcal{H}}(m)$ 表示假设空间 $\mathcal{H}$ 对 m 个样本所能赋予标记的最大可能的结果数. $\mathcal{H}$ 对样本所能赋予标记的可能结果数越大, $\mathcal{H}$ 的表示能力越强, 对学习任务的适应能力也越强. 这样, 增长函数就在一定程度上描述了假设空间 $\mathcal{H}$ 的表示能力, 反映了假设空间的复杂程度.

假设空间 $\mathcal{H}$ 中不同的假设对于 D 中样本赋予标记的结果可能相同, 也可能不同. 尽管 $\mathcal{H}$ 可能包含无穷多个假设, 但 $\mathcal{H}_{|D}$ 却是有限的, 即 $\mathcal{H}$ 对 D 中样本赋予标记的可能结果数是有限的. 例如对二分类问题, 对 m 个样本最多有 2^m 个可能的结果.

这是一种将无限转化为有限的思想.

对于二分类问题, 假设空间 $\mathcal{H}$ 中的假设对 D 中的样本赋予标记的每种可能结果称为对 D 的一种 **对分** (dichotomy), 这是因为该假设把 D 中的样本分成了正、负两类. 如果假设空间 $\mathcal{H}$ 能实现样本集 D 上的所有对分, 即 $|\mathcal{H}_{|D}| = 2^m$, 则称样本集 D 能被假设空间 $\mathcal{H}$ **打散** (shattering), 此时 $\Pi_{\mathcal{H}}(m) = 2^m$.

更一般地, $h_a(x)$ 可以表示为 $h_a(x) = \mathrm{sign}(\mathbb{I}(x < a) - b)$, $0 < b < 1$.

例如, 令 $\mathcal{H}$ 表示 $\mathbb{R}$ 上的阈值函数构成的集合, 其中的阈值函数表示为 $h_a(x) = \mathrm{sign}(\mathbb{I}(x < a) - 1/2)$, 则 $\mathcal{H} = \{h_a : a \in \mathbb{R}\}$. 令 $D = \{x_1\}$, 如果取 $a = x_1 + 1$, 则 $h_a(x_1) = +1$, 如果取 $a = x_1 - 1$, 则 $h_a(x_1) = -1$, 因此 $\mathcal{H}$ 能打散 $D = \{x_1\}$. 令 $D' = \{x_1, x_2\}$, 不妨假设 $x_1 < x_2$, 则易知同时将 x_1 分类为 -1 但把 x_2 分类为 $+1$ 的结果不能被 $\mathcal{H}$ 中的任何阈值函数实现, 这是因为如果 $h_a(x_1) = -1$, 则必有 $h_a(x_2) = -1$. 所以 $\mathcal{H}$ 不能打散 D'.

定义 3.1 VC 维 [Vapnik and Chervonenkis, 1971]: 假设空间 $\mathcal{H}$ 的 VC 维是能被 $\mathcal{H}$ 打散的最大样本集的大小, 即

$$VC(\mathcal{H}) = \max\left\{m : \Pi_{\mathcal{H}}(m) = 2^m\right\} \ . \tag{3.4}$$

$VC(\mathcal{H}) = d$ 表明存在大小为 d 的样本集能被假设空间 $\mathcal{H}$ 打散. 注意: 这并不意味着所有大小为 d 的样本集都能被假设空间 $\mathcal{H}$ 打散. VC 维的定义与数据分布 $\mathcal{D}$ 无关! 因此, 在数据分布未知时仍能计算出假设空间 $\mathcal{H}$ 的 VC 维.

要证明一个具体的假设空间 $\mathcal{H}$ 的 VC 维为 d, 需要证明两点:

- 存在大小为 d 的样本集 D 能被 $\mathcal{H}$ 打散;
- 任意大小为 $d+1$ 的样本集 D' 都不能被 $\mathcal{H}$ 打散.

下面给出两种假设空间的 VC 维:

阈值函数的 VC 维: 令 $\mathcal{H}$ 表示所有定义在 $\mathbb{R}$ 上的阈值函数组成的集合, 由上面的讨论可知存在大小为 1 的样本集 D 能被 $\mathcal{H}$ 打散, 但任意大小为 2 的样本集 D' 都不能被 $\mathcal{H}$ 打散, 于是根据 VC 维的定义可知 $VC(\mathcal{H}) = 1$.

区间函数的 VC 维: 令 $\mathcal{H}$ 表示所有定义在 $\mathbb{R}$ 上的区间函数组成的集合 $\mathcal{H} = \{h_{a,b} : a, b \in \mathbb{R}, a < b\}$,其中 $h_{a,b}(x) = \text{sign}(\mathbb{I}(x \in (a,b)) - 1/2)$.令 $D = \{1,2\}$, 易知 $\mathcal{H}$ 能打散 D , 因此 $VC(\mathcal{H}) \geqslant 2$. 对于任意大小为 3 的样本集 $D' = \{x_1, x_2, x_3\}$, 不妨设 $x_1 < x_2 < x_3$, 则分类结果 $(+1, -1, +1)$ 不能被 $\mathcal{H}$ 中的任何区间函数实现, 因为当 $h_{a,b}(x_1) = +1$ 且 $h_{a,b}(x_3) = +1$ 时, 必有 $h_{a,b}(x_2) = +1$. 所以 $\mathcal{H}$ 无法打散任何大小为 3 的样本集, 于是根据 VC 维的定义可知 $VC(\mathcal{H}) = 2$.

更一般地, $h_{a,b}(x)$ 可以表示为 $h_{a,b}(x) = \text{sign}(\mathbb{I}(x \in (a,b)) - c)$, $0 < c < 1$.

令假设空间 $\mathcal{H}$ 为有限集合. 对于任意数据集 D, 有 $|\mathcal{H}_{|D}| \leqslant |\mathcal{H}|$. 还可知当 $|\mathcal{H}| < 2^{|D|}$ 时, $\mathcal{H}$ 无法打散 D. 因此, 可得 $VC(\mathcal{H}) \leqslant \log_2 |\mathcal{H}|$. 事实上, 有限假设空间 $\mathcal{H}$ 的 $VC(\mathcal{H})$ 通常远小于 $\log_2 |\mathcal{H}|$. 这意味着用 VC 维来衡量有限假设空间的复杂度更为准确, 也更具优势.

由 VC 维的定义可知, VC 维与增长函数关系密切, 引理 3.1 [Sauer, 1972] 给出了二者之间的关系:

引理 3.1 若假设空间 $\mathcal{H}$ 的 VC 维为 d, 则对任意 $m \in \mathbb{N}$ 有

$$\Pi_{\mathcal{H}}(m) \leqslant \sum_{i=0}^{d} \binom{m}{i} . \tag{3.5}$$

$\binom{m}{i} = C_m^i = \frac{m!}{i!(m-i)!}$.

证明 利用数学归纳法. 当 $m = 1$, $d = 0$ 或 $d = 1$ 时, 定理成立. 假设定理对 $(m-1, d-1)$ 和 $(m-1, d)$ 成立. 令 $D = \{\boldsymbol{x}_1, \ldots, \boldsymbol{x}_m\}$, $D' = \{\boldsymbol{x}_1, \ldots, \boldsymbol{x}_{m-1}\}$,

$$\mathcal{H}_{|D} = \left\{ \left(h(\boldsymbol{x}_1), \ldots, h(\boldsymbol{x}_m) \right) \middle| h \in \mathcal{H} \right\} , \tag{3.6}$$

$$\mathcal{H}_{|D'} = \left\{ \left(h(\boldsymbol{x}_1), \ldots, h(\boldsymbol{x}_{m-1}) \right) \middle| h \in \mathcal{H} \right\} , \tag{3.7}$$

分别为假设空间在 D 和 D' 上的限制. 假设 $h \in \mathcal{H}$ 对 $\boldsymbol{x}_m$ 的分类结果为 $+1$ 或 -1, 因此任何出现在 $\mathcal{H}_{|D'}$ 的串都会在 $\mathcal{H}_{|D}$ 出现一次或者两次. 令 $\mathcal{H}_{D'|D}$ 表示 $\mathcal{H}_{|D}$ 中出现两次的 $\mathcal{H}_{|D'}$ 中串组成的集合, 即

$$\mathcal{H}_{D'|D} = \Big\{(y_1, \ldots, y_{m-1}) \in \mathcal{H}_{|D'} \Big| \exists\, h, h' \in \mathcal{H},$$
$$\big(h(\boldsymbol{x}_i) = h'(\boldsymbol{x}_i) = y_i\big) \wedge \big(h(\boldsymbol{x}_m) \neq h'(\boldsymbol{x}_m)\big) \quad i \in [m-1]\Big\} . \quad (3.8)$$

考虑到 $\mathcal{H}_{D'|D}$ 中的串在 $\mathcal{H}_{|D}$ 中出现了两次, 但在 $\mathcal{H}_{|D'}$ 中仅出现了一次, 有

$$\left|\mathcal{H}_{|D}\right| = \left|\mathcal{H}_{|D'}\right| + \left|\mathcal{H}_{D'|D}\right| . \quad (3.9)$$

因为 D' 的大小为 $m-1$, 根据归纳的前提假设可得

这里将 $\mathcal{H}_{D'|D}$ 视为假设空间, 其中的假设为 $x_1, \ldots, x_{m-1}$ 提供分类结果.

$$\begin{aligned} \left|\mathcal{H}_{|D'}\right| &\leqslant \Pi_{\mathcal{H}}(m-1) \\ &\leqslant \sum_{i=0}^{d} \binom{m-1}{i} . \end{aligned} \quad (3.10)$$

因为 $\mathcal{H}_{D'|D}$ 中的串在 $\mathcal{H}_{|D}$ 中出现了两次.

令 Q 表示能被 $\mathcal{H}_{D'|D}$ 打散的集合, 由 Q 的定义可知 $Q \cup \{\boldsymbol{x}_m\}$ 必能被 $\mathcal{H}_{|D}$ 打散. 由于 $\mathcal{H}$ 的 VC 维为 d, 因此 $\mathcal{H}_{D'|D}$ 的 VC 维最大为 $d-1$, 于是有

$$\begin{aligned} \left|\mathcal{H}_{D'|D}\right| &\leqslant \Pi_{\mathcal{H}}(m-1) \\ &\leqslant \sum_{i=0}^{d-1} \binom{m-1}{i} . \end{aligned} \quad (3.11)$$

综合 (3.9)~(3.11) 可得

$\binom{m-1}{-1} = 0.$

$$\begin{aligned} \left|\mathcal{H}_{|D}\right| &\leqslant \sum_{i=0}^{d} \binom{m-1}{i} + \sum_{i=0}^{d-1} \binom{m-1}{i} \\ &= \sum_{i=0}^{d} \left(\binom{m-1}{i} + \binom{m-1}{i-1} \right) \\ &= \sum_{i=0}^{d} \binom{m}{i} . \end{aligned} \quad (3.12)$$

由 D 的任意性可知 (3.5) 成立, 从而引理得证. □

由引理 3.1 可以计算出增长函数的上界 [Sauer, 1972]:

定理 3.1 若假设空间 $\mathcal{H}$ 的 VC 维为 d, 则对任意整数 $m \geqslant d$ 有

e 为自然常数.

$$\Pi_{\mathcal{H}}(m) \leqslant \left(\frac{e \cdot m}{d}\right)^{d} . \quad (3.13)$$

证明

$m \geqslant d.$

$m \geqslant d.$

$\left(1+\frac{d}{m}\right)^{\frac{m}{d}\cdot d} \leqslant e^d.$

$$
\begin{aligned}
\Pi_{\mathcal{H}}(m) &\leqslant \sum_{i=0}^{d}\binom{m}{i} \\
&\leqslant \sum_{i=0}^{d}\binom{m}{i}\left(\frac{m}{d}\right)^{d-i} \\
&= \left(\frac{m}{d}\right)^{d}\sum_{i=0}^{d}\binom{m}{i}\left(\frac{d}{m}\right)^{i} \\
&\leqslant \left(\frac{m}{d}\right)^{d}\sum_{i=0}^{m}\binom{m}{i}\left(\frac{d}{m}\right)^{i} \\
&= \left(\frac{m}{d}\right)^{d}\left(1+\frac{d}{m}\right)^{m} \\
&\leqslant \left(\frac{e\cdot m}{d}\right)^{d} .
\end{aligned}
\tag{3.14}
$$

□

当假设空间 $\mathcal{H}$ 的 VC 维为无穷大时, 任意大小的样本集 D 都能被 $\mathcal{H}$ 打散, 此时有 $\Pi_{\mathcal{H}(m)}=2^m$, 增长函数随着数据集大小的增长而呈指数级增长; 当 VC 维有限为 d 且 $m \geqslant d$ 时, 由定理 3.1 可知增长函数随着数据集大小的增长而呈多项式级增长.

需要指出的是, VC 维是针对二分类问题定义的. 对于多分类问题, 也可以有相应的假设空间复杂度刻画方法, 即 Natarajan **维** (Natarajan Dimension) [Natarajan, 1989]. 在多分类问题中, 假设空间 $\mathcal{H}$ 中的假设是 $\mathcal{X}$ 到 $\mathcal{Y}=\{0,\ldots,K-1\}$ 的映射, 其中 K 为类别数. 类似于二分类问题中增长函数与打散的定义, 多分类问题中也有相应的增长函数与打散的概念. 多分类问题的 **增长函数** 表述与二分类问题一致:

$$
\Pi_{\mathcal{H}}(m)=\max_{\{\boldsymbol{x}_1,\ldots,\boldsymbol{x}_m\}\subset\mathcal{X}}\left|\left\{(h(\boldsymbol{x}_1),\ldots,h(\boldsymbol{x}_m))\,\middle|\,h\in\mathcal{H}\right\}\right| . \tag{3.15}
$$

对于给定的集合 $D\subset\mathcal{X}$, 若假设空间 $\mathcal{H}$ 中存在两个假设 $f_0, f_1: D\mapsto\mathcal{Y}$ 满足以下两个条件:

- 对于任意 $\boldsymbol{x}\in D$, $f_0(\boldsymbol{x})\neq f_1(\boldsymbol{x})$;
- 对于任意集合 $B\subset D$ 存在 $h\in\mathcal{H}$ 使得

$D\backslash B$ 表示 B 在 D 中的补集.

$$\forall \boldsymbol{x} \in B, h(\boldsymbol{x}) = f_0(\boldsymbol{x}) \text{ 且 } \forall \boldsymbol{x} \in D\backslash B, h(\boldsymbol{x}) = f_1(\boldsymbol{x}) \ , \tag{3.16}$$

则称集合 D 能被假设空间 $\mathcal{H}$ **打散** (多分类问题).

定义 3.2 Natarajan 维 [Natarajan, 1989]: 对于多分类问题的假设空间 $\mathcal{H}$, Natarajan 维是能被 $\mathcal{H}$ 打散的最大样本集的大小, 记作 $Natarajan(\mathcal{H})$.

显然, Natarajan 维是 VC 维从二分类问题到多分类问题的扩展. 下面的定理表明, 二分类问题的 VC 维与 Natarajan 维相同.

定理 3.2 类别数 $K=2$ 时, $VC(\mathcal{H}) = Natarajan(\mathcal{H})$.

这里考虑多分类问题 $\mathcal{Y} = \{0, \ldots, K-1\}$, 类别数 $K=2$ 时标记空间 $\mathcal{Y} = \{0, 1\}$.

证明 首先证明 $VC(\mathcal{H}) \leqslant Natarajan(\mathcal{H})$. 令 D 表示大小为 $VC(\mathcal{H})$ 且能被 $\mathcal{H}$ 打散的集合. 取多分类问题打散定义中的 f_0, f_1 为常值函数, 即 $f_0 = 0, f_1 = 1$. 由于 D 能被 $\mathcal{H}$ 打散, 则对于任意集合 $B \subset D$, 存在 h_B 使得 $\boldsymbol{x} \in B$ 时 $h_B(\boldsymbol{x}) = 0$, $\boldsymbol{x} \in D\backslash B$ 时 $h_B(\boldsymbol{x}) = 1$, 即 $\mathcal{H}$ 能打散 (多分类问题) 大小为 $VC(\mathcal{H})$ 的 D, 于是有 $VC(\mathcal{H}) \leqslant Natarajan(\mathcal{H})$.

再证明 $VC(\mathcal{H}) \geqslant Natarajan(\mathcal{H})$. 令 D 表示大小为 $Natarajan(\mathcal{H})$ 且在多分类问题中能被 $\mathcal{H}$ 打散的集合. 对于 D 上的任意一种对分 $g: D \mapsto \mathcal{Y}$, 令 $D^+ = \{\boldsymbol{x} \in D | g(\boldsymbol{x}) = 1\}$, $D^- = \{\boldsymbol{x} \in D | g(\boldsymbol{x}) = 0\}$, 只需证明存在 $h \in \mathcal{H}$ 能实现该对分, 即 $\forall \boldsymbol{x} \in D$ 有 $h(\boldsymbol{x}) = g(\boldsymbol{x})$. 当 $K=2$ 时, $f_0, f_1 : D \mapsto \mathcal{Y} = \{0,1\}$, 令 $D_i^y = \{\boldsymbol{x} \in D | f_i(\boldsymbol{x}) = y\}$, $i \in \{0,1\}$, $y \in \mathcal{Y}$. 取多分类问题打散定义中 $B = (D^+ \cap D_0^1) \cup (D^- \cap D_0^0)$, 由多分类问题中的打散定义可知存在 $h \in \mathcal{H}$ 使得 $\forall \boldsymbol{x} \in B, h(\boldsymbol{x}) = f_0(\boldsymbol{x})$ 且 $\forall \boldsymbol{x} \in D\backslash B, h(\boldsymbol{x}) = f_1(\boldsymbol{x})$. 由于 $\forall \boldsymbol{x} \in D$ 有 $f_0(\boldsymbol{x}) \neq f_1(\boldsymbol{x})$, 通过计算可知, $\forall \boldsymbol{x} \in B, g(\boldsymbol{x}) = f_0(\boldsymbol{x})$ 且 $\forall \boldsymbol{x} \in D\backslash B, g(\boldsymbol{x}) = f_1(\boldsymbol{x})$. 从而可得 $\forall \boldsymbol{x} \in D$ 有 $h(\boldsymbol{x}) = g(\boldsymbol{x})$, 即 $\mathcal{H}$ 能打散大小为 $Natarajan(\mathcal{H})$ 的 D, 于是有 $VC(\mathcal{H}) \geqslant Natarajan(\mathcal{H})$. 定理得证. □

对于多分类问题, 通过 Natarajan 维控制增长函数的增长速度, 可得到下面的定理 [Natarajan, 1989].

定理 3.3 若多分类问题假设空间 $\mathcal{H}$ 的 Natarajan 维为 d, 类别数为 K, 则对任意 $m \in \mathbb{N}$ 有

$$\Pi_{\mathcal{H}}(m) \leqslant m^d K^{2d} \ . \tag{3.17}$$

证明 利用数学归纳法. 当 $m=1$, $d=0$ 或 $d=1$ 时, 定理显然成立. 假设定理对 $(m-1, d-1)$ 和 $(m-1, d)$ 成立. 对于 $D = \{\boldsymbol{x}_1, \ldots, \boldsymbol{x}_m\}$,

这里将 $\mathcal{H}_{|D}$ 视为 $\mathcal{H}$ 限制在 D 之后的假设空间，因为无须重复考虑在 D 上分类结果相同的假设.

$\mathcal{Y}=\{0,\ldots,K-1\}$, 令

$$\mathcal{H}_k=\left\{h\in\mathcal{H}_{|D}\middle|h(\boldsymbol{x}_1)=k\right\}\quad(k\in\{0,\ldots,K-1\})\ . \tag{3.18}$$

基于 $\mathcal{H}_k$ 可以构造如下集合:

$$\mathcal{H}_{ij}=\left\{h\in\mathcal{H}_i\middle|\exists h'\in\mathcal{H}_j,h(\boldsymbol{x}_l)=h'(\boldsymbol{x}_l),\ 2\leqslant l\leqslant m\right\}\quad(i\neq j)\ , \tag{3.19}$$

$$\bar{\mathcal{H}}=\mathcal{H}_{|D}-\cup_{i\neq j}\mathcal{H}_{ij}\ . \tag{3.20}$$

基于联合界不等式 (1.19) 可知

$$\begin{aligned}\left|\mathcal{H}_{|D}\right|&\leqslant\left|\bar{\mathcal{H}}\right|+\left|\cup_{i\neq j}\mathcal{H}_{ij}\right|\\&\leqslant|\bar{\mathcal{H}}|+\sum_{i\neq j}|\mathcal{H}_{ij}|\ .\end{aligned} \tag{3.21}$$

基于 $\bar{\mathcal{H}}$ 的构造可知 $\bar{\mathcal{H}}$ 在 $D-\{\boldsymbol{x}_1\}$ 上无预测结果相同的假设, 且 $Natarajan(\bar{\mathcal{H}})\leqslant d$. 根据归纳的前提假设, 可知

$$|\bar{\mathcal{H}}|\leqslant\Pi_{\bar{\mathcal{H}}}(m-1)\leqslant(m-1)^dK^{2d}\ . \tag{3.22}$$

同时, $\mathcal{H}_{ij}$ 的 Natarajan 维最多为 $d-1$, 否则 $\mathcal{H}$ 的 Natarajan 维将超过 d. 同样根据 $\mathcal{H}_{ij}$ 在 D 上无预测结果相同的假设和归纳的前提假设, 有

$$|\mathcal{H}_{ij}|\leqslant\Pi_{\mathcal{H}_{ij}}(m)\leqslant m^{d-1}K^{2(d-1)}\quad(i\neq j)\ . \tag{3.23}$$

综合 (3.21)~(3.23) 可得

$$\begin{aligned}\left|\mathcal{H}_{|D}\right|&\leqslant\left|\bar{\mathcal{H}}\right|+\sum_{i\neq j}|\mathcal{H}_{ij}|\\&\leqslant\Pi_{\bar{\mathcal{H}}}(m-1)+\sum_{i\neq j}\Pi_{\mathcal{H}_{ij}}(m)\\&\leqslant(m-1)^dK^{2d}+K^2m^{d-1}K^{2(d-1)}\\&\leqslant m^dK^{2d}\ .\end{aligned} \tag{3.24}$$

由 D 的任意性可知 (3.17) 成立, 从而定理得证. □

3.2 数据分布相关

VC 维的定义与数据分布无关, 因此基于 VC 维的分析结果是分布无关、数据独立的, 也就是说对任意数据分布都成立. 这使得基于 VC 维的分析结果具有一定的“普适性”; 但另一方面, 由于没有考虑数据自身, 基于 VC 维的分析结果通常比较“松”, 对那些与学习问题的典型情况相差甚远的较“坏”分布来说尤其如此. Rademacher 复杂度是另一种刻画假设空间复杂度的工具, 与 VC 维不同的是, 它在一定程度上考虑了数据分布.

给定数据集 $D=\{(\boldsymbol{x}_1,y_1),\ldots,(\boldsymbol{x}_m,y_m)\}$, $h\in\mathcal{H}$ 的经验误差为

$$\begin{aligned}\hat{E}(h)&=\frac{1}{m}\sum_{i=1}^{m}\mathbb{I}\left(h(\boldsymbol{x}_i)\neq y_i\right)\\&=\frac{1}{m}\sum_{i=1}^{m}\frac{1-y_ih(\boldsymbol{x}_i)}{2}\\&=\frac{1}{2}-\frac{1}{2m}\sum_{i=1}^{m}y_ih(\boldsymbol{x}_i)\ ,\end{aligned}\tag{3.25}$$

其中 $\frac{1}{m}\sum_{i=1}^{m}y_ih(\boldsymbol{x}_i)$ 体现了预测值 $h(\boldsymbol{x}_i)$ 与样本真实标记 y_i 之间的一致性. 若 $\forall i\in[m]$, $h(\boldsymbol{x}_i)=y_i$, 则 $\frac{1}{m}\sum_{i=1}^{m}y_ih(\boldsymbol{x}_i)$ 取得最大值 1, 也就是说具有最小经验误差的假设是

$$\underset{h\in\mathcal{H}}{\arg\max}\frac{1}{m}\sum_{i=1}^{m}y_ih(\boldsymbol{x}_i)\ .\tag{3.26}$$

然而, 现实任务中样本的标记有时会受到噪声的影响, 即对某些样本 $(\boldsymbol{x}_i,y_i)$, 标记 y_i 或许已经受到随机因素的影响, 不再是 $\boldsymbol{x}_i$ 的真实标记. 在此情形下, 选择假设空间 $\mathcal{H}$ 中在训练集上表现最好的假设, 可能不如选择 $\mathcal{H}$ 中事先已考虑了随机噪声影响的假设.

$\mathcal{H}$ 通常是无限假设空间, 这里有可能取不到最大值, 因此使用上确界而不是最大值.

考虑随机变量 σ_i, 它以 0.5 的概率取值 $+1$, 以 0.5 的概率取值 -1, 称其为 Rademacher **随机变量**. 基于 σ_i 可将 (3.26) 改写为 $\sup_{h\in\mathcal{H}}\frac{1}{m}\sum_{i=1}^{m}\sigma_ih(\boldsymbol{x}_i)$. 对 $\boldsymbol{\sigma}=(\sigma_1;\cdots;\sigma_m)$ 求期望可得:

$$\mathbb{E}_{\boldsymbol{\sigma}}\left[\sup_{h\in\mathcal{H}}\frac{1}{m}\sum_{i=1}^{m}\sigma_ih(\boldsymbol{x}_i)\right]\ .\tag{3.27}$$

(3.27) 和增长函数有着相似的作用, 体现了假设空间在数据集 D 上的表示能力, 取值范围为 $[0,1]$. 当 (3.27) 取值为 1 时, 意味着对任意 $\boldsymbol{\sigma}=(\sigma_1;\cdots;\sigma_m)$,

$\sigma_i \in \{-1,+1\}$, 有

$$\sup_{h\in\mathcal{H}} \frac{1}{m}\sum_{i=1}^{m} \sigma_i h(\boldsymbol{x}_i) = 1 , \tag{3.28}$$

也就是说, 存在 $h \in \mathcal{H}$ 使得 $h(\boldsymbol{x}_i) = \sigma_i$, 即 $\Pi_{\mathcal{H}}(m) = 2^m$, $\mathcal{H}$ 能打散 D. 总的来说, (3.27) 的值越接近 1, 假设空间的表示能力越强.

考虑实值函数空间 $\mathcal{F} : \mathcal{Z} \mapsto \mathbb{R}$, 令 $Z = \{\boldsymbol{z}_1, \ldots, \boldsymbol{z}_m\}$, 其中 $\boldsymbol{z}_i \in \mathcal{Z}$, 将 (3.27) 中的 $\mathcal{X}$ 和 $\mathcal{H}$ 替换为 $\mathcal{Z}$ 和 $\mathcal{F}$ 可得 [Koltchinskii, 2001]

定义 3.3 函数空间 $\mathcal{F}$ 关于 Z 的 **经验** Rademacher **复杂度**为

$$\hat{\mathfrak{R}}_Z(\mathcal{F}) = \mathbb{E}_{\boldsymbol{\sigma}}\left[\sup_{f\in\mathcal{F}} \frac{1}{m}\sum_{i=1}^{m} \sigma_i f(\boldsymbol{z}_i)\right] , \tag{3.29}$$

这里 Z 是一个给定集合. 经验 Rademacher 复杂度衡量了函数空间 $\mathcal{F}$ 与随机噪声在 Z 上的相关性. 相比于给定的 Z, 我们通常更加关心 Z 服从分布 $\mathcal{D}$ 时函数空间的复杂度. 因此, 对从分布 $\mathcal{D}$ 独立同分布采样得到的大小为 m 的集合 Z 求期望可得 Rademacher 复杂度.

定义 3.4 函数空间 $\mathcal{F}$ 关于 $\mathcal{Z}$ 在分布 $\mathcal{D}$ 上的 Rademacher **复杂度**为

$$\mathfrak{R}_m(\mathcal{F}) = \mathbb{E}_{Z\subset\mathcal{Z}:|Z|=m}\left[\hat{\mathfrak{R}}_Z(\mathcal{F})\right] . \tag{3.30}$$

需要注意到, 在 Rademacher 复杂度的定义中 σ_i 是 $\{-1,+1\}$ 上服从均匀分布的随机变量, 如果将均匀分布改为其他分布, 会得到其他一些复杂度的定义, 例如 Gaussian 复杂度 [Bartlett and Mendelson, 2002]:

定义 3.5 函数空间 $\mathcal{F}$ 关于 Z 的 **经验** Gaussian **复杂度**为

$$\hat{\mathfrak{G}}_Z(\mathcal{F}) = \mathbb{E}_{\boldsymbol{g}}\left[\sup_{f\in\mathcal{F}} \frac{1}{m}\sum_{i=1}^{m} g_i f(\boldsymbol{z}_i)\right] , \tag{3.31}$$

其中 $\boldsymbol{g} = (g_1; \cdots; g_m)$ 服从高斯分布 $\mathcal{N}(0,1)$, 即标准正态分布.

类似地, 可以对经验 Gaussian 复杂度求期望得到 Gaussian 复杂度.

定义 3.6 函数空间 $\mathcal{F}$ 关于 $\mathcal{Z}$ 在分布 $\mathcal{D}$ 上的 Gaussian **复杂度**为

$$\mathfrak{G}_m(\mathcal{F}) = \mathbb{E}_{Z\subset\mathcal{Z}:|Z|=m}\left[\hat{\mathfrak{G}}_Z(\mathcal{F})\right] . \tag{3.32}$$

Rademacher 复杂度与前面介绍 VC 维用到的增长函数之间也有一定的关系, 首先我们需要引入下面的定理 [Massart, 2000].

定理 3.4 令 $A \subset \mathbb{R}^m$ 为有限集合且 $r = \max_{\boldsymbol{x} \in A} \|\boldsymbol{x}\|$, 有

$$\mathbb{E}_{\boldsymbol{\sigma}}\left[\frac{1}{m}\sup_{\boldsymbol{x}\in A}\sum_{i=1}^{m}\sigma_i x_i\right] \leqslant \frac{r\sqrt{2\ln|A|}}{m} , \tag{3.33}$$

其中 $\boldsymbol{x} = (x_1; \ldots; x_m)$, σ_i 为 Rademacher 随机变量.

证明 对任意 $t > 0$ 使用 Jensen 不等式 (1.11) 可得

exp(·) 为凸函数.

$$\begin{aligned}
&\exp\left(t\mathbb{E}_{\boldsymbol{\sigma}}\left[\sup_{\boldsymbol{x}\in A}\sum_{i=1}^{m}\sigma_i x_i\right]\right) \\
&\leqslant \mathbb{E}_{\boldsymbol{\sigma}}\left[\exp\left(t\sup_{\boldsymbol{x}\in A}\sum_{i=1}^{m}\sigma_i x_i\right)\right] \\
&= \mathbb{E}_{\boldsymbol{\sigma}}\left[\sup_{\boldsymbol{x}\in A}\exp\left(t\sum_{i=1}^{m}\sigma_i x_i\right)\right] \\
&\leqslant \sum_{\boldsymbol{x}\in A}\mathbb{E}_{\boldsymbol{\sigma}}\left[\exp\left(t\sum_{i=1}^{m}\sigma_i x_i\right)\right] .
\end{aligned} \tag{3.34}$$

基于 $\sigma_1, \ldots, \sigma_m$ 之间的独立性及 Hoeffding 不等式 (1.28) 可得

利用 $\boldsymbol{\sigma}$ 的独立性.

基于 Hoeffding 引理: 若 X 为期望为 0 且有界的实值随机变量, $a \leqslant X \leqslant b$, 则对于任意 $t \in \mathbb{R}$ 有 $\mathbb{E}[\exp(tX)] \leqslant \exp\left(\frac{t^2(b-a)^2}{8}\right)$. 这里 $-|x_i| \leqslant \sigma_i x_i \leqslant |x_i|$.

$$\begin{aligned}
\exp\left(t\mathbb{E}_{\boldsymbol{\sigma}}\left[\sup_{\boldsymbol{x}\in A}\sum_{i=1}^{m}\sigma_i x_i\right]\right) &\leqslant \sum_{\boldsymbol{x}\in A}\prod_{i=1}^{m}\mathbb{E}_{\sigma_i}\left[\exp(t\sigma_i x_i)\right] \\
&\leqslant \sum_{\boldsymbol{x}\in A}\prod_{i=1}^{m}\exp\left(\frac{t^2(2x_i)^2}{8}\right) \\
&= \sum_{\boldsymbol{x}\in A}\exp\left(\frac{t^2}{2}\sum_{i=1}^{m}x_i^2\right) \\
&\leqslant \sum_{\boldsymbol{x}\in A}\exp\left(\frac{t^2 r^2}{2}\right) \\
&= |A|\exp\left(\frac{t^2 r^2}{2}\right) .
\end{aligned} \tag{3.35}$$

对不等式两边取对数可得

$$\mathbb{E}_{\boldsymbol{\sigma}}\left[\sup_{\boldsymbol{x}\in A}\sum_{i=1}^{m}\sigma_i x_i\right] \leqslant \frac{\ln|A|}{t}+\frac{tr^2}{2} \ . \tag{3.36}$$

当 $t=\frac{\sqrt{2\ln|A|}}{r}$ 时 (3.36) 右侧取最小值, 可得

$$\mathbb{E}_{\boldsymbol{\sigma}}\left[\sup_{\boldsymbol{x}\in A}\sum_{i=1}^{m}\sigma_i x_i\right] \leqslant r\sqrt{2\ln|A|} \ . \tag{3.37}$$

(3.37) 两边同时除以 m, 定理得证. □

由定理 3.4 可得关于 Rademacher 复杂度与增长函数之间的关系.

推论 3.1 假设空间 $\mathcal{H}$ 的 Rademacher 复杂度 $\mathfrak{R}_m(\mathcal{H})$ 与增长函数 $\Pi_{\mathcal{H}}(m)$ 之间满足

$$\mathfrak{R}_m(\mathcal{H}) \leqslant \sqrt{\frac{2\ln\Pi_{\mathcal{H}}(m)}{m}} \ . \tag{3.38}$$

证明 对于 $D=\{\boldsymbol{x}_1,\ldots,\boldsymbol{x}_m\}$, $\mathcal{H}_{|D}$ 为假设空间 $\mathcal{H}$ 在 D 上的限制. 由于 $h\in\mathcal{H}$ 的值域为 $\{-1,+1\}$, 可知 $\mathcal{H}_{|D}$ 中的元素为模长 $\sqrt{m}$ 的向量. 因此, 由定理 3.4 可得

$$\begin{aligned}\mathfrak{R}_m(\mathcal{H}) &= \mathbb{E}_D\left[\mathbb{E}_{\boldsymbol{\sigma}}\left[\sup_{u\in\mathcal{H}_{|D}}\frac{1}{m}\sum_{i=1}^{m}\sigma_i u_i\right]\right] \\ &\leqslant \mathbb{E}_D\left[\frac{\sqrt{m}\sqrt{2\ln\left|\mathcal{H}_{|D}\right|}}{m}\right] .\end{aligned} \tag{3.39}$$

又因为 $|\mathcal{H}_{|D}|\leqslant\Pi_{\mathcal{H}}(m)$, 有

$$\mathfrak{R}_m(\mathcal{H}) \leqslant \mathbb{E}_D\left[\frac{\sqrt{m}\sqrt{2\ln\Pi_{\mathcal{H}}(m)}}{m}\right] = \sqrt{\frac{2\ln\Pi_{\mathcal{H}}(m)}{m}} \ , \tag{3.40}$$

从而定理得证. □

前面提到 VC 维与数据分布无关, 而 Rademacher 复杂度依赖于具体学习问题及数据分布, 是为具体学习问题量身定制的. 明确 Rademacher 复杂度与增长函数之间的关系后, 在本书第 4 章可以看到, 基于 Rademacher 复杂度可以比基于 VC 维推导出更紧的泛化误差界.

3.3 分析实例

本节将以线性超平面为例来展示如何进行 VC 维和 Rademacher 复杂度分析, 并以支持向量机和多层神经网络为例来进一步展示常用机器学习技术的 VC 维分析.

3.3.1 线性超平面

对于二分类问题, **线性超平面** 的假设空间 $\mathcal{H}$ 可表示为

$$\left\{h_{\boldsymbol{w},b} : h_{\boldsymbol{w},b}(\boldsymbol{x}) = \operatorname{sign}\left(\boldsymbol{w}^{\mathrm{T}}\boldsymbol{x} + b\right) = \operatorname{sign}\left(\left(\sum_{i=1}^{d} w_i x_i\right) + b\right)\right\} , \tag{3.41}$$

$b = 0$ 时称为 **齐次线性超平面**. **典型线性超平面** 是将 $\boldsymbol{w}$, b 放缩后, 满足 $\min_{\boldsymbol{x}} |\boldsymbol{w}^{\mathrm{T}}\boldsymbol{x} + b| = 1$ 的 超平面.

定理 3.5 $\mathbb{R}^d$ 中由齐次线性超平面构成的假设空间 $\mathcal{H}$ 的 VC 维为 d.

单位向量 $\boldsymbol{e}_i$ 的第 i 个分量为 1, 其余分量为 0, $i \in [d]$.

证明 令 $\boldsymbol{e}_1, \ldots, \boldsymbol{e}_d$ 表示 $\mathbb{R}^d$ 中的 d 个单位向量, 集合 $D = \{\boldsymbol{e}_1, \ldots, \boldsymbol{e}_d\}$. 对于任意 d 个标记 $y_1, \ldots, y_d$, 取 $\boldsymbol{w}_y = (y_1; \cdots ; y_d)$, 则有$\boldsymbol{w}_y^{\mathrm{T}}\boldsymbol{e}_i = y_i$, 所以 D 能被齐次线性超平面构成的假设空间打散.

d 维空间中的 $d+1$ 个向量必线性相关.

令集合 $D' = \{\boldsymbol{x}_1, \ldots, \boldsymbol{x}_{d+1}\}$ 为 $\mathbb{R}^d$ 中任意 $d+1$ 个向量, 则必存在不全为 0 的实数 $a_1, \ldots, a_{d+1}$ 使得 $\sum_{i=1}^{d+1} a_i\boldsymbol{x}_i = 0$. 令 $I = \{i : a_i > 0\}$, $J = \{j : a_j < 0\}$, 则 I, J 至少一个不为空集. 首先假设两者都不为空集, 则有

$$\sum_{i \in I} a_i\boldsymbol{x}_i = \sum_{j \in J} |a_j|\boldsymbol{x}_j . \tag{3.42}$$

这里取标记 $y_i = 1$, $i \in I$, $y_j = -1$, $j \in J$.

下面采用反证法. 假设 D' 能被 $\mathcal{H}$ 打散, 则存在向量 $\boldsymbol{w}$ 使得 $\boldsymbol{w}^{\mathrm{T}}\boldsymbol{x}_i > 0$, $i \in I$, 且 $\boldsymbol{w}^{\mathrm{T}}\boldsymbol{x}_j < 0, j \in J$. 由此可得

$$\begin{aligned} 0 &< \sum_{i \in I} a_i(\boldsymbol{x}_i^{\mathrm{T}}\boldsymbol{w}) \\ &= \left(\sum_{i \in I} a_i\boldsymbol{x}_i\right)^{\mathrm{T}}\boldsymbol{w} \\ &= \left(\sum_{j \in J} |a_j|\boldsymbol{x}_j\right)^{\mathrm{T}}\boldsymbol{w} \end{aligned}$$

$$= \sum_{j \in J} |a_j| (\boldsymbol{x}_j^{\mathrm{T}} \boldsymbol{w}) < 0 \ . \tag{3.43}$$

此式矛盾, 即 D' 能被 $\mathcal{H}$ 打散不成立. 当 I, J 只有一个不为空集时同理可证.

综上可知, $VC(\mathcal{H}) = d$, 从而定理得证. □

定理 3.6 $\mathbb{R}^d$ 中由非齐次线性超平面构成的假设空间 $\mathcal{H}$ 的 VC 维为 $d+1$.

定理 3.6 也可以通过 Radon 定理证明 [Radon, 1921].

证明 由定理 3.5 的证明可知 $D = \{0, \boldsymbol{e}_1, \ldots, \boldsymbol{e}_d\}$ 能被非齐次线性超平面 $\mathcal{H}$ 打散. 下面将非齐次线性超平面转化为齐次线性超平面:

$$\boldsymbol{w}^{\mathrm{T}} \boldsymbol{x} + b = \boldsymbol{w}'^{\mathrm{T}} \boldsymbol{x}' \quad (\boldsymbol{w} \in \mathbb{R}^d, \boldsymbol{x} \in \mathbb{R}^d, \boldsymbol{w}' \in \mathbb{R}^{d+1}, \boldsymbol{x}' \in \mathbb{R}^{d+1}) \ , \tag{3.44}$$

其中 $\boldsymbol{w}' = (\boldsymbol{w}; b)$, $\boldsymbol{x}' = (\boldsymbol{x}; 1)$. 如果 $D' = \{\boldsymbol{x}_1, \ldots, \boldsymbol{x}_{d+2}\}$ 能被 $\mathbb{R}^d$ 中非齐次线性超平面打散, 则 $D'' = \{\boldsymbol{x}'_1, \ldots, \boldsymbol{x}'_{d+2}\}$ 能被 $\mathbb{R}^{d+1}$ 中齐次线性超平面打散, 这与定理 3.5 矛盾. 因此, 非齐次线性超平面构成的假设空间 VC 维为 $d+1$. □

线性超平面构成的假设空间复杂度不仅可基于 VC 维进行刻画, 还可基于 Rademacher 复杂度进行刻画. 但 Rademacher 复杂度与数据分布相关, 因此在计算 Rademahcer 复杂度时需要将分布 $\mathcal{D}$ 限制在某一范围内.

定理 3.7 若 $\|\boldsymbol{x}\| \leqslant r$, D 为大小为 m 的数据集, 则超平面族 $\mathcal{H} = \{\boldsymbol{x} \mapsto \boldsymbol{w}^{\mathrm{T}} \boldsymbol{x} : \|\boldsymbol{w}\| \leqslant \Lambda\}$ 的经验 Rademacher 复杂度满足

$$\widehat{\mathfrak{R}}_D(\mathcal{H}) \leqslant \sqrt{\frac{r^2 \Lambda^2}{m}} \ . \tag{3.45}$$

证明

$$\begin{aligned}
\widehat{\mathfrak{R}}_D(\mathcal{H}) &= \frac{1}{m} \mathbb{E}_{\boldsymbol{\sigma}} \left[\sup \sum_{i=1}^m \sigma_i \boldsymbol{w}^{\mathrm{T}} \boldsymbol{x}_i \right] \\
&= \frac{1}{m} \mathbb{E}_{\boldsymbol{\sigma}} \left[\sup \boldsymbol{w}^{\mathrm{T}} \sum_{i=1}^m \sigma_i \boldsymbol{x}_i \right] \\
&\leqslant \frac{\Lambda}{m} \mathbb{E}_{\boldsymbol{\sigma}} \left[\left\| \sum_{i=1}^m \sigma_i \boldsymbol{x}_i \right\| \right] \\
&\leqslant \frac{\Lambda}{m} \left[\mathbb{E}_{\boldsymbol{\sigma}} \left[\left\| \sum_{i=1}^m \sigma_i \boldsymbol{x}_i \right\|^2 \right] \right]^{1/2}
\end{aligned}$$

$\|\boldsymbol{w}\| \leqslant \Lambda$.

利用 Jensen 不等式 (1.11) 和函数 x^2 的凸性.

由 σ_i 的独立性可知 $\mathbb{E}[\sigma_i\sigma_j]=\mathbb{E}[\sigma_i]\mathbb{E}[\sigma_j]$, $i\neq j$; 由 σ_i 服从均匀分布可知 $\mathbb{E}[\sigma_i\sigma_j]=0$ $(i\neq j)$, $\mathbb{E}[\sigma_i\sigma_j]=1$ $(i=j)$.

$$
\begin{aligned}
&=\frac{\Lambda}{m}\left[\mathbb{E}_{\boldsymbol{\sigma}}\left[\sum_{i,j=1}^{m}\sigma_i\sigma_j(\boldsymbol{x}_i^{\mathrm{T}}\boldsymbol{x}_j)\right]\right]^{1/2}\\
&\leqslant\frac{\Lambda}{m}\left[\sum_{i=1}^{m}\|\boldsymbol{x}_i\|^2\right]^{1/2}\leqslant\sqrt{\frac{r^2\Lambda^2}{m}}\ ,
\end{aligned}
\tag{3.46}
$$

从而定理得证. □

不难发现, 定理 3.7 只给出了 Rademacher 复杂度的上界. 这是因为我们先前提到过的 Rademacher 复杂度依赖数据分布, 使得计算 Rademacher 复杂度的具体数值相当困难.

3.3.2 支持向量机

由于原样本空间往往是线性不可分的, 支持向量机通常需要将原样本空间映射到可分的高维空间, 并在高维空间中训练线性超平面进行分类. 由定理 3.6 可知, 若高维空间的维数为 d, 则支持向量机考虑的假设空间 VC 维为 $d+1$. 在实际应用中, 映射后的高维空间维数通常很大甚至接近无穷, 使得依赖空间维数的 VC 维失去了实际意义. 这时就需要采用一种与空间维数无关的 VC 维进行刻画. 虽然这种刻画方法与空间维数无关, 但仍需要对超平面加以限制, 对于限制后的超平面可以得到下面的定理 [Vapnik, 1998].

定理 3.8 若 $\|\boldsymbol{x}\|\leqslant r$, 则超平面族 $\{\boldsymbol{x}\mapsto\mathrm{sign}(\boldsymbol{w}^{\mathrm{T}}\boldsymbol{x}):\min_{\boldsymbol{x}}|\boldsymbol{w}^{\mathrm{T}}\boldsymbol{x}|=1\wedge\|\boldsymbol{w}\|\leqslant\Lambda\}$ 的 VC 维 d 满足

$$
d\leqslant r^2\Lambda^2\ . \tag{3.47}
$$

证明 令 $\{\boldsymbol{x}_1,\ldots,\boldsymbol{x}_d\}$ 为能被超平面族打散的集合, 则对于任意 $\boldsymbol{y}=(y_1,\cdots,y_d)\in\{-1,+1\}^d$ 存在 $\boldsymbol{w}$ 使得

$$
y_i(\boldsymbol{w}^{\mathrm{T}}\boldsymbol{x}_i)\geqslant 1\quad(i\in[d])\ . \tag{3.48}
$$

对这些不等式求和可得

$$
d\leqslant\boldsymbol{w}^{\mathrm{T}}\sum_{i=1}^{d}y_i\boldsymbol{x}_i\leqslant\|\boldsymbol{w}\|\left\|\sum_{i=1}^{d}y_i\boldsymbol{x}_i\right\|\leqslant\Lambda\left\|\sum_{i=1}^{d}y_i\boldsymbol{x}_i\right\|\ . \tag{3.49}
$$

由于 (3.49) 对任意 $\boldsymbol{y} \in \{-1,+1\}^d$ 都成立, 对其两边按 $y_1,\ldots,y_d$ 服从 $\{-1,+1\}$ 独立且均匀的分布取期望可得

$$\begin{aligned} d &\leqslant \Lambda \mathbb{E}_{\boldsymbol{y}}\left[\left\|\sum_{i=1}^{d} y_i \boldsymbol{x}_i\right\|\right] \\ &\leqslant \Lambda\left[\mathbb{E}_{\boldsymbol{y}}\left[\left\|\sum_{i=1}^{d} y_i \boldsymbol{x}_i\right\|^2\right]\right]^{1/2} \\ &= \Lambda\left[\sum_{i,j=1}^{d} \mathbb{E}_{\boldsymbol{y}}[y_i y_j](\boldsymbol{x}_i^{\mathrm{T}} \boldsymbol{x}_j)\right]^{1/2} \\ &= \Lambda\left[\sum_{i=1}^{d}(\boldsymbol{x}_i^{\mathrm{T}} \boldsymbol{x}_i)\right]^{1/2} \\ &\leqslant \Lambda\left(d r^2\right)^{1/2} \\ &= \Lambda r \sqrt{d}\ , \end{aligned} \tag{3.50}$$

利用 Jensen 不等式 (1.11) 和函数 x^2 的凸性.

由 y_i 的独立性可知 $\mathbb{E}[y_i y_j] = \mathbb{E}[y_i]\mathbb{E}[y_j]$, $i \neq j$; 由 y_i 服从均匀分布可知 $\mathbb{E}[y_i y_j] = 0$ $(i \neq j)$, $\mathbb{E}[y_i y_j] = 1$ $(i = j)$.

从而可知 $\sqrt{d} \leqslant \Lambda r$, 定理得证. □

3.3.3 多层神经网络

在 3.1 节介绍了多分类问题中的增长函数, 假设空间 $\mathcal{H}$ 中的假设是 $\mathcal{X}$ 到 $\mathcal{Y} = \{0,\ldots,K-1\}$ 的映射, 其中 K 为类别数, 对于集合 $D = \{\boldsymbol{x}_1,\ldots,\boldsymbol{x}_m\}$, 由 (3.15) 可知假设空间 $\mathcal{H}$ 的增长函数可以表示为

$$\begin{aligned} \Pi_{\mathcal{H}}(m) &= \max_{\{\boldsymbol{x}_1,\ldots,\boldsymbol{x}_m\} \subset \mathcal{X}} \left|\left\{(h(\boldsymbol{x}_1),\ldots,h(\boldsymbol{x}_m)) \,\middle|\, h \in \mathcal{H}\right\}\right| \\ &= \max_{D \subset \mathcal{X}} \left|\mathcal{H}_{|D}\right|\ , \end{aligned} \tag{3.51}$$

易知 $\Pi_{\mathcal{H}}(m) \leqslant |\mathcal{Y}|^m$.

引理 3.2 令 $\mathcal{F}^{(1)} \subset \mathcal{Y}_1^{\mathcal{X}}$, $\mathcal{F}^{(2)} \subset \mathcal{Y}_2^{\mathcal{X}}$ 为两个函数族, $\mathcal{F} = \mathcal{F}^{(1)} \times \mathcal{F}^{(2)}$ 为它们的笛卡尔积, 有

$$\Pi_{\mathcal{F}}(m) \leqslant \Pi_{\mathcal{F}^{(1)}}(m) \cdot \Pi_{\mathcal{F}^{(2)}}(m)\ . \tag{3.52}$$

证明 对于大小为 m 且独立同分布从 $\mathcal{X}$ 中采样得到的训练集 $D \subset \mathcal{X}$, 根据笛卡尔积的定义可知

$$\begin{aligned}\left|\mathcal{F}_{|D}\right| &= \left|\mathcal{F}_{|D}^{(1)}\right|\left|\mathcal{F}_{|D}^{(2)}\right| \\ &\leqslant \Pi_{\mathcal{F}^{(1)}}(m) \cdot \Pi_{\mathcal{F}^{(2)}}(m) \ . \end{aligned} \tag{3.53}$$

由 D 的任意性可知引理得证. □

对于 $f_1 \in \mathcal{F}^{(1)}$ 和 $f_2 \in \mathcal{F}^{(2)}$, f_1 与 f_2 的复合函数 $f = f_2 \circ f_1 = f_2\big(f_1(\boldsymbol{x}_1)\big)$, 这里 $\boldsymbol{x}_1 \in \mathrm{dom}_{f_1}$, $f_1(\boldsymbol{x}_1) \in \mathrm{dom}_{f_2}$, $f \in \mathcal{F}$.

引理 3.3 令 $\mathcal{F}^{(1)} \subset \mathcal{Y}_1^{\mathcal{X}}$, $\mathcal{F}^{(2)} \subset \mathcal{Y}_2^{\mathcal{Y}_1}$ 为两个函数族, $\mathcal{F} = \mathcal{F}^{(2)} \circ \mathcal{F}^{(1)}$ 为它们的复合函数族, 有

$$\Pi_{\mathcal{F}}(m) \leqslant \Pi_{\mathcal{F}^{(2)}}(m) \cdot \Pi_{\mathcal{F}^{(1)}}(m) \ . \tag{3.54}$$

证明 对于大小为 m 且独立同分布从 $\mathcal{X}$ 中采样得到的训练集 $D \subset \mathcal{X}$, 根据 $\mathcal{F}$ 的定义有

$$\begin{aligned}\mathcal{F}_{|D} &= \left\{\Big(f_2\big(f_1(\boldsymbol{x}_1)\big), \ldots, f_2\big(f_1(\boldsymbol{x}_m)\big)\Big) \Big| f_1 \in \mathcal{F}^{(1)}, f_2 \in \mathcal{F}^{(2)}\right\} \\ &= \bigcup_{\boldsymbol{u}_i \in \mathcal{F}_{|D}^{(1)}} \left\{\Big(f_2(\boldsymbol{u}_1), \ldots, f_2(\boldsymbol{u}_m)\Big) \Big| f_2 \in \mathcal{F}^{(2)}\right\} \ . \end{aligned} \tag{3.55}$$

因此有

$$\begin{aligned}\left|\mathcal{F}_{|D}\right| &\leqslant \sum_{\boldsymbol{u}_i \in \mathcal{F}_{|D}^{(1)}} \left|\left\{\big(f_2(\boldsymbol{u}_1), \ldots, f_2(\boldsymbol{u}_m)\big) \Big| f_2 \in \mathcal{F}^{(2)}\right\}\right| \\ &\leqslant \sum_{\boldsymbol{u}_i \in \mathcal{F}_{|D}^{(1)}} \Pi_{\mathcal{F}^{(2)}}(m) \\ &= \left|\mathcal{F}_{|D}^{(1)}\right| \cdot \Pi_{\mathcal{F}^{(2)}}(m) \\ &\leqslant \Pi_{\mathcal{F}^{(2)}}(m) \cdot \Pi_{\mathcal{F}^{(1)}}(m) \ . \end{aligned} \tag{3.56}$$

根据 D 的任意性可知引理得证. □

更多关于神经网络的内容请参阅 [周志华, 2016] 一书的第 5 章.

一般来说, 神经网络中的每个神经元 v 计算一个函数 $\varphi\Big(\boldsymbol{w}_v^{\mathrm{T}}\boldsymbol{x} - \theta_v\Big)$, 其中 φ 被称为 **激活函数**, $\boldsymbol{w}_v$ 是与神经元 v 相关的 **权值参数**, θ_v 是与神经元 v 相关的 **阈值参数**, φ 以 $\boldsymbol{x}$ 为输入, 输出激活信号. 本节主要考虑使用符号激活函数

也可以分析使用其他激活函数的多层神经网络的 VC 维, 例如 $\varphi(t)=\frac{1}{1+e^{-t}}$, 参阅 [Karpinski and Macintyre, 1997].

$\varphi(t)=\operatorname{sign}(t)$ 的多层神经网络. 假设输入空间 $\mathcal{X}=\mathbb{R}^{d_0}$, 一个 l 层的多层网络可以简化为一系列映射的复合:

$$f_l \circ \cdots \circ f_2 \circ f_1(\boldsymbol{x}) \ , \tag{3.57}$$

其中

$$\begin{aligned} & f_i : \mathbb{R}^{d_{i-1}} \mapsto \{\pm 1\}^{d_i} \quad (i \in [l-1]) \ , \\ & f_l : \mathbb{R}^{d_{l-1}} \mapsto \{\pm 1\} \ . \end{aligned} \tag{3.58}$$

f_i 是一个多维到多维的映射, 可以将其分解为若干个二值多元函数, 对于 f_i 的每个分量 $f_{i,j} : \mathbb{R}^{d_{i-1}} \mapsto \{\pm 1\}$ 表示为 $f_{i,j}(\boldsymbol{u}) = \operatorname{sign}\left(\boldsymbol{w}_{i,j}{}^{\mathrm{T}}\boldsymbol{u} - \theta_{i,j}\right)$, 其中 $\boldsymbol{w}_{i,j} \in \mathbb{R}^{d_i-1}$, $\theta_{i,j} \in \mathbb{R}$ 分别为关于第 i 层第 j 个神经元的权值参数与阈值参数. 将多元函数 $f_{i,j}(\boldsymbol{u})$ 的函数族记为 $\mathcal{F}^{(i,j)}$, 关于第 i 层的函数族可以表示为

$$\mathcal{F}^{(i)} = \mathcal{F}^{(i,1)} \times \cdots \times \mathcal{F}^{(i,d_i)} \ , \tag{3.59}$$

从而整个多层神经网络的函数族可以表示为

$$\mathcal{F} = \mathcal{F}^{(l)} \circ \cdots \circ \mathcal{F}^{(2)} \circ \mathcal{F}^{(1)} \ . \tag{3.60}$$

根据引理 3.2、引理 3.3、定理 3.1 和定理 3.6 可得

$$\begin{aligned} \Pi_{\mathcal{F}}(m) &\leqslant \prod_{i=1}^{l} \Pi_{\mathcal{F}^{(i)}}(m) \\ &\leqslant \prod_{i=1}^{l}\prod_{j=1}^{d_i} \Pi_{\mathcal{F}^{(i,j)}}(m) \\ &\leqslant \prod_{i=1}^{l}\prod_{j=1}^{d_i} \left(\frac{e \cdot m}{d_{i-1}+1}\right)^{d_{i-1}+1} \ . \end{aligned} \tag{3.61}$$

利用引理 3.1、引理 3.2.

利用定理 3.1、定理 3.6.

令 $N=\sum_{i=1}^{l}\sum_{j=1}^{d_i}(d_{i-1}+1)$ 表示整个多层神经网络的参数数目, 可以将 (3.61) 化简为

$$\Pi_{\mathcal{F}}(m) \leqslant (e \cdot m)^N \ , \tag{3.62}$$

进一步可以计算出 $\mathcal{F}$ 的 VC 维的上界.

定理 3.9 令 $\mathcal{F}$ 表示对应多层神经网络的函数族, 其 VC 维 $VC(\mathcal{F}) = O(N\log_2 N)$.

证明 假设能被 $\mathcal{F}$ 打散的最大样本集合大小为 d, 易知 $\Pi_{\mathcal{F}}(d) = 2^d$, 由 (3.62) 可知

$$2^d \leqslant (de)^N \ , \tag{3.63}$$

化简可得 $d = O\big(N\log_2 N\big)$, 从而定理得证. □

3.4 阅读材料

3.1 和 3.2 节的部分内容来自 [周志华, 2016]. VC 维由 Vapnik and Chervonenkis [1971] 给出, 使得研究无限假设空间的复杂度成为可能. Sauer 引理由于 Sauer [1972] 而命名, 但 Vapnik and Chervonenkis [1971] 和 Shelah [1972] 也分别独立地给出了该结果.

本章在实例部分介绍了多层神经网络假设空间 VC 维的上界, Baum [1990] 给出了含有双隐层的神经网络假设空间 VC 维的计算. 此外, VC 维还被用来刻画 Boosting 算法构建假设空间的复杂度, 具体可参阅 [Freund and Schapire, 1995]. VC 维除被用来刻画机器学习领域中假设空间的复杂度外, 在数学领域也有应用, 最初提出 VC 维的论文就发表在概率论领域的期刊 [Vapnik and Chervonenkis, 1971], 可以基于 VC 维理论分析频率一致收敛于概率的充分必要条件; 在计算几何领域中还可以基于 VC 维理论描述图结构的复杂度 [Haussler and Welzl, 1987] 等. Rademacher 复杂度依赖数据分布以及假设空间, 计算较为复杂, 本章只介绍了典型超平面族的 Rademacher 复杂度, 有更多研究工作对 Rademacher 复杂度进行了深入探讨, 例如, Maurer [2006] 分析一类特殊线性映射的 Rademacher 复杂度, Koltchinskii et al. [2002] 基于 Rademacher 复杂度分析 AdaBoost 算法, Gao and Zhou [2016] 基于 Rademacher 复杂度分析 Dropout 操作对深度神经网络的影响等.

由于 Rademacher 复杂度考虑的是整个空间中的全部假设, 容易给出过于悲观的复杂度估计. 考虑到学习算法输出的假设通常来自空间中某个子集, Bartlett et al. [2002] 提出了 **局部** Rademacher **复杂度** (Local Rademacher Complexity) 来刻画空间中某一子集的 Rademacher 复杂度. 针对特定的学习问题, 研究者们也陆续提出一些相应的 Rademacher 复杂度. 例如, El-Yaniv and Pechyony [2007] 提出了 **直推** Rademacher **复杂度** (Transductive

Rademacher Complexity), Liang et al. [2015] 提出了 **偏离** Rademacher **复杂度** (Offset Rademacher Complexity) 等.

除了本章中介绍的 VC 维与 Rademacher 复杂度, **覆盖数** (Covering Number) 也是刻画假设空间复杂度的方法. 覆盖数与 VC 维和 Rademcher 复杂度有着密切关系. 可以基于 VC 维推导出覆盖数的上界 [Haussler, 1995], 也可以基于覆盖数推导出经验 Rademacher 复杂度的上界 [Dudley, 1967]. 更多关于刻画假设空间复杂度的方法可参阅 [Anthony and Bartlett, 2009].

习题

关于轴平行矩形参见 2.3.3 节.

$h_{(\boldsymbol{a},\boldsymbol{b})}(\boldsymbol{x})$ 仅当 $\forall i \in [d]$, $a_i \leqslant x_i \leqslant b_i$ 时取值为 1, 否则为 0.

3.1 试证明:

(1) 轴平行矩形的假设空间的 VC 维为 4.

(2) $\mathbb{R}^d$ 中轴平行多面体的假设空间 $\mathcal{H} = \left\{h_{(\boldsymbol{a},\boldsymbol{b})}(\boldsymbol{x}) : a_i \leqslant b_i,\ i \in [d]\right\}$ 的 VC 维为 $2d\ (d \geqslant 2)$.

(3) 决策树分类器的假设空间的 VC 维可以为无穷大.

(4) 1-近邻分类器的假设空间的 VC 维可以为无穷大.

3.2 考虑 VC 维为 d 的假设空间 $\mathcal{H}$, 其中 $h \in \mathcal{H} : \mathcal{X} \mapsto \{-1, +1\}$, 令 $\mathcal{M}$ 表示由 $\mathcal{H}$ 中任意 $k \geqslant 1$ 个假设依据多数投票法生成的假设所组成的假设空间, 即

$$\mathcal{M} = \left\{h(\boldsymbol{x}) = \underset{y \in \{-1,+1\}}{\arg\max} \sum_{i=1}^{k} \mathbb{I}(h_i(\boldsymbol{x}) = y) :\ h_1, \ldots, h_k \in \mathcal{H}\right\},$$

若 $kd \geqslant 4$, 试证明 $\mathcal{M}$ 的 VC 维有上界 $O\left(kd \ln(kd)\right)$.

3.3 考虑假设空间 $\mathcal{H}$, 其中 $h \in \mathcal{H} : \mathcal{X} \mapsto \{-1, +1\}$, 给定一个大小为 m 的集合 D, 试证明 $\mathcal{H}$ 关于 D 的经验 Rademacher 复杂度 $\widehat{\mathfrak{R}}_D(\mathcal{H})$:

(1) 若假设空间 $\mathcal{H}$ 只包含单个假设, 即 $\mathcal{H} = \{h\}$, 则有 $\widehat{\mathfrak{R}}_D(\mathcal{H}) = 0$.

(2) 若假设空间 $\mathcal{H}$ 满足 $|\mathcal{H}_{|D}| = 2^m$, 则有 $\widehat{\mathfrak{R}}_D(\mathcal{H}) = 1$.

3.4 令 $\mathcal{H} = \{h_a : a \in \mathbb{R}\}$ 表示一维阈值函数 $h_a(x) = \mathbb{I}(x \leqslant a)$ 构成的假设空间, 集合 D 包含实数轴上 m 个不同的点, 试证明 $\mathcal{H}$ 关于 D 的经验 Rademacher 复杂度 $\widehat{\mathfrak{R}}_D(\mathcal{H}) = \Theta\left(1/\sqrt{m}\right)$.

参考文献

周志华. (2016). 机器学习. 清华大学出版社, 北京.

Anthony, M. and P. L. Bartlett. (2009). *Neural Network Learning: Theoretical Foundations*. Cambridge University Press, New York, NY.

Bartlett, P. L., O. Bousquet, and S. Mendelson. (2002), "Localized rademacher complexities." In *Proceedings of the 15th Annual Conference on Computational Learning Theory (COLT)*, pp. 44–58, Sydney, Australia.

Bartlett, P. L. and S. Mendelson. (2002). "Rademacher and Gaussian complexities: Risk bounds and structural results." *Journal of Machine Learning Research*, 3:463–482.

Baum, E. B. (1990), "When are k-nearest neighbor and back propagation accurate for feasible sized sets of examples?" In *Proceedings of the European Association for Signal Processing Workshop (EURASIP)*, pp. 1–25, Sesimbra, Portugal.

Dudley, R. M. (1967). "The sizes of compact subsets of hilbert space and continuity of gaussian processes." *Journal of Functional Analysis*, 1(3):290–330.

El-Yaniv, R. and D. Pechyony. (2007), "Transductive rademacher complexity and its applications." In *Proceedings of the 20th Annual Conference on Computational Learning Theory (COLT)*, pp. 157–171, San Diego, CA.

Freund, Y. and R. E. Schapire. (1995), "A desicion-theoretic generalization of on-line learning and an application to boosting." In *Proceedings of the 2nd European Conference on Computational Learning Theory (EuroCOLT)*, pp. 23–37, Barcelona, Spain.

Gao, W. and Z.-H. Zhou. (2016). "Dropout rademacher complexity of deep neural networks." *SCIENCE CHINA Information Sciences*, 59(7):072104:1–12.

Haussler, D. (1995). "Sphere packing numbers for subsets of the boolean n-cube with bounded vapnik-chervonenkis dimension." *Journal of Combinatorial Theory, Series A*, 69(2):217–232.

Haussler, D. and E. Welzl. (1987). "ϵ-nets and simplex range queries." *Discrete & Computational Geometry*, 2:127–151.

Karpinski, M. and A. Macintyre. (1997). "Polynomial bounds for VC dimension of sigmoidal and general pfaffian neural networks." *Journal of Computer and System Sciences*, 54(1):169–176.

Koltchinskii, V. (2001). "Rademacher penalties and structural risk minimization." *IEEE Transactions on Information Theory*, 47(5):1902–1914.

Koltchinskii, V., D. Panchenko, et al. (2002). "Empirical margin distributions and bounding the generalization error of combined classifiers." *Annals of Statistics*, 30(1):1–50.

Liang, T., A. Rakhlin, and K. Sridharan. (2015), "Learning with square loss: Localization through offset rademacher complexity." In *Proceedings of the 28th Annal Conference on Computational Learning Theory (COLT)*, pp. 1260–1285, Paris, France.

Massart, P. (2000). "Some applications of concentration inequalities to statistics." *Annales de la Faculté des Sciences de Toulouse: Mathématiques*, 9(2): 245–303.

Maurer, A. (2006), "The rademacher complexity of linear transformation classes." In *Proceedings of the 19th Annual Conference on Computational Learning Theory (COLT)*, pp. 65–78, Pittsburgh, PA.

Natarajan, B. K. (1989). "On learning sets and functions." *Machine Learning*, 4(1):67–97.

Radon, J. (1921). "Mengen konvexer körper, die einen gemeinsamen punkt enthalten." *Mathematische Annalen*, 83(1-2):113–115.

Sauer, N. (1972). "On the density of families of sets." *Journal of Combinatorial Theory, Series A*, 13(1):145–147.

Shelah, S. (1972). "A combinatorial problem; stability and order for models and theories in infinitary languages." *Pacific Journal of Mathematics*, 41 (1):247–261.

Vapnik, V. N. (1998). *Statistical Learning Theory.* Wiley, New York, NY.

Vapnik, V. N. and A. Chervonenkis. (1971). "On the uniform convergence of relative frequencies of events to their probabilities." *Theory of Probability and Its Applications*, 16(2):264–280.

第 4 章 泛化界

对于学习算法来说，判断其性能好坏的依据是泛化误差，即学习算法基于训练集学习得到的模型在未见数据上的预测能力. 由第 2 章介绍的 PAC 学习理论可知, 泛化误差依赖于学习算法所考虑的假设空间及训练集的大小, 这使得评估学得模型的泛化误差较为困难. 一般来说, 泛化误差与学习算法 $\mathfrak{L}$ 所考虑的假设空间 $\mathcal{H}$、训练集大小 m 以及数据分布 $\mathcal{D}$ 有关. 到底是如何相关的呢? 本章就来讨论这一重要问题. 下面将按照泛化误差上界和下界分别展开讨论.

4.1 泛化误差上界

4.1.1 有限假设空间

对于假设空间 $\mathcal{H}$, 由 2.1 和 2.2 节的内容可知 $\mathcal{H}$ 分为 **有限假设空间** 和 **无限假设空间**, 根据目标概念 c 是否在 $\mathcal{H}$ 中又可以分为 **可分** 与 **不可分** 情形.

可分情形

参见 2.1 节.

关于"等效"和 PAC 学习理论参见 2.2 节.

对于可分的有限假设空间 $\mathcal{H}$, 目标概念 $c \in \mathcal{H}$, 任何在训练集 D 上犯错的假设都肯定不是要找的目标概念. 因此可以剔除这些在训练集 D 上犯错的假设, 最终留下与 D 一致的假设, 目标概念一定存在于这些一致的假设中. 如果 D 足够大, 则最终剩下的一致假设会很少, 从而能够以较大的概率找到目标概念的近似. 然而由于实际中数据集 D 通常只包括有限数量的样本, 所以假设空间 $\mathcal{H}$ 中会剩下不止一个与 D 一致的"等效"假设, 这些"等效"假设无法通过数据集 D 再进行区分. 一般来说, 无法强求通过训练集 D 能精确找到目标概念 c. 在 PAC 学习理论中, 只要训练集 D 的规模能使学习算法 $\mathfrak{L}$ 以至少 $1-\delta$ 的概率找到目标概念的 ϵ 近似即可. 当 $\mathcal{H}$ 为可分的有限假设空间时, 有下面的定理成立:

定理 4.1 令 $\mathcal{H}$ 为可分的有限假设空间, D 为从 $\mathcal{D}$ 独立同分布采样得到的大小为 m 的训练集, 学习算法 $\mathfrak{L}$ 基于训练集 D 输出与训练集一致的假设 $h \in \mathcal{H}$, 对于 $0<\epsilon,\delta<1$, 若 $m \geqslant \frac{1}{\epsilon}(\ln|\mathcal{H}|+\ln\frac{1}{\delta})$, 则有

$$P\left(E(h) \leqslant \epsilon\right) \geqslant 1-\delta \ , \tag{4.1}$$

即 $E(h) \leqslant \epsilon$ 以至少 $1-\delta$ 的概率成立.

证明 学习算法 $\mathfrak{L}$ 输出与训练集一致的假设 $h \in \mathcal{H}$, 该假设的泛化误差依赖于训练集 D, 我们希望能够以较大的概率找到与目标概念 ϵ 近似的假设. 若 h 的泛化误差大于 ϵ 且与训练集一致, 则这样的假设出现的概率可以表示为

$$P(\exists\, h \in \mathcal{H} : E(h) > \epsilon \wedge \widehat{E}(h) = 0) \ . \tag{4.2}$$

下面只需证明这一概率至多为 δ 即可. 通过计算可知

$E(h) > \epsilon$ 意味着 h 犯错的概率大于 ϵ, 即预测正确的概率小于等于 $1-\epsilon$. $\hat{E}(h)=0$ 表示对 m 个独立同分布采样得到的样本 h 均预测正确, 该事件发生概率不大于 $(1-\epsilon)^m$.

$$\begin{aligned} P\left(\exists\, h \in \mathcal{H} : E(h) > \epsilon \wedge \widehat{E}(h) = 0\right) &\leqslant \sum_{h \in \mathcal{H}} P\left(E(h) > \epsilon \wedge \widehat{E}(h) = 0\right) \\ &< |\mathcal{H}|(1-\epsilon)^m \ . \end{aligned} \tag{4.3}$$

因此只需要保证 (4.3) 最右端不大于 δ 即可. 由于 $(1-\epsilon)^m \leqslant e^{-\epsilon m}$, 若 $m \geqslant \frac{1}{\epsilon}(\ln|\mathcal{H}| + \ln\frac{1}{\delta})$, 则有

$$|\mathcal{H}|(1-\epsilon)^m \leqslant |\mathcal{H}|e^{-\epsilon m} \leqslant \delta \ . \tag{4.4}$$

从而可知 $P(E(h) > \epsilon) \leqslant \delta$, 即 $P(E(h) \leqslant \epsilon) \geqslant 1-\delta$, 定理得证. □

参见 2.2 节, 不难发现这里的 m 是关于 $1/\delta$ 和 $1/\epsilon$ 的多项式, 因此有限可分的假设空间 $\mathcal{H}$ 是 PAC 可学的.

这一定理表明假设空间 $\mathcal{H}$ 是有限可分时, 学习算法 $\mathfrak{L}$ 输出假设的泛化误差依赖于假设空间的大小 $|\mathcal{H}|$ 和训练集的大小 m , 随着训练集中样本数目的逐渐增加, 泛化误差的上界逐渐趋近于 0, 收敛率是 $O(1/m)$.

不可分情形

在不可分情形中, 目标概念不在假设空间中, 假设空间中的每个假设都会或多或少地出现分类错误, 我们不再奢望找到目标概念的 ϵ 近似, 而是希望找到假设空间中泛化误差最小假设的 ϵ 近似. 对于学习算法输出的假设 h 来说, 泛化误差是其在未见数据上的预测能力, 无法直接观测得到, 但其在训练集上的经验误差是可以直接观测得到的. 定理 2.1 探讨了泛化误差与经验误差之间的关系, 表明当训练集中样本数目 m 较大时, h 的经验误差是泛化误差的较好近似. 基于这一关系, 可以给出下面的定理.

定理 4.2 令 $\mathcal{H}$ 为有限假设空间, D 为从 $\mathcal{D}$ 独立同分布采样得到的大小为 m 的训练集, $h \in \mathcal{H}$, 对于 $0<\delta<1$ 有

$$P\left(\left|E(h)-\widehat{E}(h)\right| \leqslant \sqrt{\frac{\ln|\mathcal{H}|+\ln(2/\delta)}{2m}}\right) \geqslant 1-\delta \ . \tag{4.5}$$

证明 将 $\mathcal{H}$ 中的有限假设记为 $h_1, h_2, \ldots, h_{|\mathcal{H}|}$, 通过计算可得

$$\begin{aligned}
&P\left(\exists\, h \in \mathcal{H} : \left|\widehat{E}(h)-E(h)\right| > \epsilon\right) \\
&= P\left(\left(\left|\widehat{E}(h_1)-E(h_1)\right| > \epsilon\right) \vee \cdots \vee \left(\left|\widehat{E}(h_{|\mathcal{H}|})-E(h_{|\mathcal{H}|})\right| > \epsilon\right)\right) \\
&\leqslant \sum_{h\in\mathcal{H}} P\left(\left|\widehat{E}(h)-E(h)\right| > \epsilon\right) \ .
\end{aligned} \tag{4.6}$$

联合界不等式 (1.19).

基于引理 2.1, 令 $2\exp(-2m\epsilon^2) = \delta/|\mathcal{H}|$ 可得

$$\begin{aligned}
&\sum_{h\in\mathcal{H}} P\left(\left|\widehat{E}(h)-E(h)\right| > \epsilon\right) \\
&\leqslant \sum_{h\in\mathcal{H}} \delta/|\mathcal{H}| \leqslant |\mathcal{H}| \cdot \delta/|\mathcal{H}| = \delta \ .
\end{aligned} \tag{4.7}$$

由 $2\exp(-2m\epsilon^2) = \delta/|\mathcal{H}|$ 可求解 $\epsilon = \sqrt{\frac{\ln|\mathcal{H}|+\ln(2/\delta)}{2m}}$, 从而定理得证. □

由定理 4.2 可知 $E(h) \leqslant \widehat{E}(h) + \sqrt{\frac{\ln|\mathcal{H}|+\ln(2/\delta)}{2m}}$ 以至少 $1-\delta$ 的概率成立. 由于 $\sqrt{\frac{\ln|\mathcal{H}|+\ln(2/\delta)}{2m}} = O(1/\sqrt{m})$, 所以在有限不可分情形下, 泛化误差的收敛率为 $O(1/\sqrt{m})$.

4.1.2 无限假设空间

对于无限假设空间, 需要从 VC 维和 Rademacher 复杂度的角度来分析其泛化误差界.

有限 VC 维假设空间的泛化误差界

在 3.1 节介绍了增长函数和 VC 维, 定理 3.1 表明 VC 维与增长函数密切相关. 接下来, 我们首先介绍关于增长函数与泛化误差之间关系的引理 4.1 [Vapnik and Chervonenkis, 1971].

引理 4.1 对于假设空间 $\mathcal{H}$, $h \in \mathcal{H}$, $m \in \mathbb{N}$ 和 $0 < \epsilon < 1$, 当 $m \geqslant 2/\epsilon^2$ 时有

$$P\left(\left|E(h)-\widehat{E}(h)\right| > \epsilon\right) \leqslant 4\Pi_{\mathcal{H}}(2m)\exp\left(-\frac{m\epsilon^2}{8}\right) \ . \tag{4.8}$$

证明 考虑两个大小均为 m 且分别从 $\mathcal{D}$ 独立同分布采样得到的训练集 D 和 D'. 首先证明

$$P\left(\sup_{h\in\mathcal{H}}\left|\widehat{E}_D(h)-\widehat{E}_{D'}(h)\right|\geqslant\frac{1}{2}\epsilon\right)\geqslant\frac{1}{2}P\left(\sup_{h\in\mathcal{H}}\left|E(h)-\widehat{E}_D(h)\right|>\epsilon\right)\ . \tag{4.9}$$

令 Q 表示集合

$D\sim\mathcal{D}^m$ 表示 D 大小为 m 且从 $\mathcal{D}$ 独立同分布采样得到.

$$\left\{D\sim\mathcal{D}^m\middle|\sup_{h\in\mathcal{H}}\left|E(h)-\widehat{E}_D(h)\right|>\epsilon\right\}\ , \tag{4.10}$$

计算可得

概率与期望之间的转化.

$Q\subset\mathcal{D}^m$.

$$\begin{aligned}&P\left(\sup_{h\in\mathcal{H}}\left|\widehat{E}_D(h)-\widehat{E}_{D'}(h)\right|\geqslant\frac{1}{2}\epsilon\right)\\ &=\mathbb{E}_{D,D'\sim\mathcal{D}^m}\left[\mathbb{I}\left(\sup_{h\in\mathcal{H}}\left|\widehat{E}_D(h)-\widehat{E}_{D'}(h)\right|\geqslant\frac{1}{2}\epsilon\right)\right]\\ &=\mathbb{E}_{D\sim\mathcal{D}^m}\left[\mathbb{E}_{D'\sim\mathcal{D}^m}\left[\mathbb{I}\left(\sup_{h\in\mathcal{H}}\left|\widehat{E}_D(h)-\widehat{E}_{D'}(h)\right|\geqslant\frac{1}{2}\epsilon\right)\right]\right]\\ &\geqslant\mathbb{E}_{D\in Q}\left[\mathbb{E}_{D'\sim\mathcal{D}^m}\left[\mathbb{I}\left(\sup_{h\in\mathcal{H}}\left|\widehat{E}_D(h)-\widehat{E}_{D'}(h)\right|\geqslant\frac{1}{2}\epsilon\right)\right]\right]\ .\end{aligned} \tag{4.11}$$

根据 Q 的定义可知, 对于任意 $D\in Q$, 存在一个假设 $h_0\in\mathcal{H}$ 使得 $\left|E(h_0)-\widehat{E}_D(h_0)\right|>\epsilon$. 对于 h_0, 计算可得

基于 $|A-B|\geqslant|A|-|B|$.

$$\begin{aligned}&\mathbb{E}_{D'\sim\mathcal{D}^m}\left[\mathbb{I}\left(\sup_{h\in\mathcal{H}}\left|\widehat{E}_D(h)-\widehat{E}_{D'}(h)\right|\geqslant\frac{1}{2}\epsilon\right)\right]\\ &\geqslant\mathbb{E}_{D'\sim\mathcal{D}^m}\left[\mathbb{I}\left(\left|\widehat{E}_D(h_0)-\widehat{E}_{D'}(h_0)\right|\geqslant\frac{1}{2}\epsilon\right)\right]\\ &=\mathbb{E}_{D'\sim\mathcal{D}^m}\left[\mathbb{I}\left(\left|\widehat{E}_D(h_0)-E(h_0)-\left(\widehat{E}_{D'}(h_0)-E(h_0)\right)\right|\geqslant\frac{1}{2}\epsilon\right)\right]\\ &\geqslant\mathbb{E}_{D'\sim\mathcal{D}^m}\left[\mathbb{I}\left(\left|\widehat{E}_D(h_0)-E(h_0)\right|-\left|\left(\widehat{E}_{D'}(h_0)-E(h_0)\right)\right|\geqslant\frac{1}{2}\epsilon\right)\right]\ .\end{aligned} \tag{4.12}$$

注意 $\left|E(h_0)-\widehat{E}_D(h_0)\right|>\epsilon$, 若 $\left|\widehat{E}_{D'}(h_0)-E(h_0)\right|\leqslant\frac{1}{2}\epsilon$, 则 $\left|\widehat{E}_D(h_0)-E(h_0)\right|-\left|\left(\widehat{E}_{D'}(h_0)-E(h_0)\right)\right|\geqslant\frac{1}{2}\epsilon$ 成立. 从而基于 (4.12) 可得

$$\mathbb{E}_{D'\sim\mathcal{D}^m}\left[\mathbb{I}\left(\sup_{h\in\mathcal{H}}\left|\widehat{E}_D(h)-\widehat{E}_{D'}(h)\right|\geqslant\frac{1}{2}\epsilon\right)\right]$$

$$\geqslant \mathbb{E}_{D'\sim\mathcal{D}^m}\left[\mathbb{I}\left(\left|\widehat{E}_D(h_0)-E(h_0)\right|-\left|\left(\widehat{E}_{D'}(h_0)-E(h_0)\right)\right|\geqslant\frac{1}{2}\epsilon\right)\right]$$

$$\geqslant \mathbb{E}_{D'\sim\mathcal{D}^m}\left[\mathbb{I}\left(\left|\widehat{E}_{D'}(h_0)-E(h_0)\right|\leqslant\frac{1}{2}\epsilon\right)\right]$$

概率与期望之间的转化.

$$= P\left(\left|\widehat{E}_{D'}(h_0)-E(h_0)\right|\leqslant\frac{1}{2}\epsilon\right)$$

$$= 1-P\left(\left|\widehat{E}_{D'}(h_0)-E(h_0)\right|>\frac{1}{2}\epsilon\right) . \tag{4.13}$$

再由 Chebyshev 不等式 (1.21) 可得

$$\begin{aligned} & P\left(\left|\widehat{E}_{D'}(h_0)-E(h_0)\right|>\frac{1}{2}\epsilon\right) \\ \leqslant\ & \frac{4\left(1-E(h_0)\right)E(h_0)}{\epsilon^2 m} \\ \leqslant\ & \frac{1}{\epsilon^2 m} . \end{aligned} \tag{4.14}$$

当 $m\geqslant 2/\epsilon^2$ 时, $P\left(\left|\widehat{E}_{D'}(h_0)-E(h_0)\right|>\frac{1}{2}\epsilon\right)\leqslant 1/2$. 于是可得

$$\begin{aligned} & P\left(\sup_{h\in\mathcal{H}}\left|\widehat{E}_D(h)-\widehat{E}_{D'}(h)\right|\geqslant\frac{1}{2}\epsilon\right) \\ \geqslant\ & \mathbb{E}_{D\in Q}\left[\frac{1}{2}\right] \\ =\ & \frac{1}{2}P\left(\sup_{h\in\mathcal{H}}\left|E(h)-\widehat{E}_D(h)\right|>\epsilon\right) . \end{aligned} \tag{4.15}$$

集合 A 到自身的映射称为 A 的一个变换, 如果 A 是有限集且变换是一一变换 (双射), 则称这一变换为 A 的一个置换. 置换可以看作调换集合中样本顺序的一种方式, 对于包含 m 个样本的集合 A, 一共有 $m!$ 个置换.

至此, (4.9) 成立. 由于 D 和 D' 均为从 $\mathcal{D}$ 独立同分布采样得到的大小为 m 的训练集, 则 D 和 D' 一共包含 $2m$ 个样本 (这 $2m$ 个样本有可能重复). 若令 T_i 表示这 $2m$ 个样本上的置换, 则有 $(2m)!$ 个 T_i. 令 T_iD 表示 $2m$ 个样本经过置换 T_i 的前 m 个样本, T_iD' 表示这 $2m$ 个样本经过置换 T_i 的后 m 个样本, 则对于 D, D', T_iD 和 T_iD' 有

$$\begin{aligned} & P\left(\sup_{h\in\mathcal{H}}\left|\widehat{E}_D(h)-\widehat{E}_{D'}(h)\right|\geqslant\frac{1}{2}\epsilon\right) \\ =\ & P\left(\sup_{h\in\mathcal{H}}\left|\widehat{E}_{T_iD}(h)-\widehat{E}_{T_iD'}(h)\right|\geqslant\frac{1}{2}\epsilon\right) . \end{aligned} \tag{4.16}$$

因此有

概率与期望之间的转化.

$$
\begin{aligned}
&P\left(\sup_{h\in\mathcal{H}}\left|\widehat{E}_D(h)-\widehat{E}_{D'}(h)\right|\geqslant\frac{1}{2}\epsilon\right)\\
&=\mathbb{E}_{D,D'}\left[\frac{1}{(2m)!}\sum_{i=1}^{(2m)!}\mathbb{I}\left(\sup_{h\in\mathcal{H}}\left|\widehat{E}_{T_iD}(h)-\widehat{E}_{T_iD'}(h)\right|\geqslant\frac{1}{2}\epsilon\right)\right]\\
&=\mathbb{E}_{D,D'}\left[\frac{1}{(2m)!}\sum_{i=1}^{(2m)!}\sup_{h\in\mathcal{H}}\mathbb{I}\left(\left|\widehat{E}_{T_iD}(h)-\widehat{E}_{T_iD'}(h)\right|\geqslant\frac{1}{2}\epsilon\right)\right]\\
&\leqslant\mathbb{E}_{D,D'}\left[\sum_{h\in\mathcal{H}_{|D+D'}}\frac{1}{(2m)!}\sum_{i=1}^{(2m)!}\mathbb{I}\left(\left|\widehat{E}_{T_iD}(h)-\widehat{E}_{T_iD'}(h)\right|\geqslant\frac{1}{2}\epsilon\right)\right]\ . \qquad (4.17)
\end{aligned}
$$

其中 $\mathcal{H}_{|D+D'}$ 为 $\mathcal{H}$ 在训练集 $D+D'$ 上的限制. 接下来考虑

$$
\sum_{i=1}^{(2m)!}\mathbb{I}\left(\left|\widehat{E}_{T_iD}(h)-\widehat{E}_{T_iD'}(h)\right|\geqslant\frac{1}{2}\epsilon\right)\ . \tag{4.18}
$$

(4.18) 表示对于给定假设 h 满足 $|\widehat{E}_{T_iD}(h)-\widehat{E}_{T_iD'}(h)|\geqslant\frac{1}{2}\epsilon$ 的置换数目. 令 l 表示 h 在 $D+D'$ 上预测正确的样本数目, 有

k 表示 T_iD 中被 h 预测正确的样本数目, $m-k$ 表示 T_iD 中被 h 预测错误的样本数目, $\binom{l}{k}$ 表示从 l 个预测正确的样本中选择 k 个样本的种数, $\binom{2m-l}{m-k}$ 表示从 $2m-l$ 个预测错误的样本中选择 $m-k$ 个样本的种数, $\binom{2m}{m}$ 表示从 $2m$ 个样本中选择 m 个样本构成 T_iD 的种数. 若 $|(m-k)/m-(m-l+k)/m|\geqslant\epsilon/2$, 即 $|2k/m-l/m|\geqslant\epsilon/2$, 则 $|\widehat{E}_{T_iD}(h)-\widehat{E}_{T_iD'}(h)|\geqslant\frac{1}{2}\epsilon$.

$$
\begin{aligned}
&\frac{1}{(2m)!}\sum_{i=1}^{(2m)!}\mathbb{I}\left(\left|\widehat{E}_{T_iD}(h)-\widehat{E}_{T_iD'}(h)\right|\geqslant\frac{1}{2}\epsilon\right)\\
&=\sum_{\substack{k\in[l]\\ \text{s.t. }|2k/m-l/m|\geqslant\epsilon/2}}\frac{\binom{l}{k}\binom{2m-l}{m-k}}{\binom{2m}{m}}\\
&\leqslant 2\exp\left(-\frac{\epsilon^2 m}{8}\right)\ . \qquad (4.19)
\end{aligned}
$$

结合 (4.17) 可得

$$
P\left(\sup_{h\in\mathcal{H}}\left|\widehat{E}_D(h)-\widehat{E}_{D'}(h)\right|\geqslant\frac{1}{2}\epsilon\right)\leqslant 2|\mathcal{H}_{|D+D'}|\exp\left(-\frac{\epsilon^2 m}{8}\right)\ . \tag{4.20}
$$

由增长函数的定义 (3.2) 可知 $\left|\mathcal{H}_{|D+D'}\right|\leqslant\Pi_{\mathcal{H}}(2m)$. 再结合 (4.9), 对于任意假

设 $h \in \mathcal{H}$ 可得

$$
\begin{aligned}
& P\left(|E(h)-\widehat{E}_D(h)|>\epsilon\right) \\
\leqslant & P\left(\sup_{h\in\mathcal{H}}|E(h)-\widehat{E}(h)|>\epsilon\right) \\
\leqslant & 4\Pi_{\mathcal{H}}(2m)\exp(-\frac{m\epsilon^2}{8})\ ,
\end{aligned} \tag{4.21}
$$

从而定理得证. □

基于引理 4.1, 再结合关于 VC 维与增长函数之间关系的定理 3.1, 有下面的定理.

定理 4.3 若假设空间 $\mathcal{H}$ 的有限 VC 维为 d, $h\in\mathcal{H}$, 则对 $m>d$ 和 $0<\delta<1$ 有

$$
P\left(\left|E(h)-\widehat{E}(h)\right|\leqslant\sqrt{\frac{8d\ln\frac{2em}{d}+8\ln\frac{4}{\delta}}{m}}\right)\geqslant 1-\delta\ . \tag{4.22}
$$

证明 由定理 3.1 可知

$$
4\Pi_{\mathcal{H}}(2m)\exp(-\frac{m\epsilon^2}{8})\leqslant 4\left(\frac{2em}{d}\right)^d\exp(-\frac{m\epsilon^2}{8})\ . \tag{4.23}
$$

令 $4\left(\frac{2em}{d}\right)^d\exp(-\frac{m\epsilon^2}{8})=\delta$ 可得

$$
\epsilon=\sqrt{\frac{8d\ln\frac{2em}{d}+8\ln\frac{4}{\delta}}{m}}\ . \tag{4.24}
$$

将 (4.24) 带入引理 4.1, 定理得证. □

由定理 4.3 可知 $E(h)\leqslant\widehat{E}(h)+O\left(\sqrt{\frac{\ln(m/d)}{m/d}}\right)$ 以至少 $1-\delta$ 的概率成立, 泛化误差的收敛率为 $O\left(\sqrt{\frac{\ln(m/d)}{m/d}}\right)$. 对于有限 VC 维的假设空间, 泛化误差的收敛率与 VC 维的大小有关, VC 维越大, 假设空间越复杂, 泛化误差的收敛率也越慢. 其次, 有限 VC 维的不可分假设空间比有限不可分假设空间更难收敛, 这也是无限假设空间与有限假设空间的区别.

这里忽略 δ 和常数项.

基于 Rademacher 复杂度的泛化误差界

对于从 $\mathcal{D}$ 独立同分布采样得到的大小为 m 的训练集 Z, 函数空间 $\mathcal{F}$ 关于 Z 的经验 Rademacher 复杂度和关于 $\mathcal{D}$ 的 Rademacher 复杂度分别是 $\widehat{\mathfrak{R}}_Z(\mathcal{F})$ 和 $\mathfrak{R}_m(\mathcal{F})$，基于 $\widehat{\mathfrak{R}}_Z(\mathcal{F})$ 和 $\mathfrak{R}_m(\mathcal{F})$ 可以分析关于函数空间 $\mathcal{F}$ 的泛化误差界 [Mohri et al., 2018].

关于 Rademacher 复杂度参见 3.2 节 (3.29) 和 (3.30)．

定理 4.4 对于实值函数空间 $\mathcal{F}: \mathcal{Z} \mapsto [0,1]$, 从分布 $\mathcal{D}$ 独立同分布采样得到的大小为 m 的训练集 $Z = \{\boldsymbol{z}_1, \boldsymbol{z}_2, \ldots, \boldsymbol{z}_m\}$, $\boldsymbol{z}_i \in \mathcal{Z}$, $f \in \mathcal{F}$ 和 $0 < \delta < 1$, 以至少 $1-\delta$ 的概率有

$$\mathbb{E}[f(\boldsymbol{z})] \leqslant \frac{1}{m}\sum_{i=1}^{m} f(\boldsymbol{z}_i) + 2\mathfrak{R}_m(\mathcal{F}) + \sqrt{\frac{\ln(1/\delta)}{2m}} \;, \tag{4.25}$$

$$\mathbb{E}[f(\boldsymbol{z})] \leqslant \frac{1}{m}\sum_{i=1}^{m} f(\boldsymbol{z}_i) + 2\widehat{\mathfrak{R}}_Z(\mathcal{F}) + 3\sqrt{\frac{\ln(2/\delta)}{2m}} \;. \tag{4.26}$$

证明 令

$$\widehat{E}_Z(f) = \frac{1}{m}\sum_{i=1}^{m} f(\boldsymbol{z}_i) \;, \tag{4.27}$$

$$\Phi(Z) = \sup_{f\in\mathcal{F}} \left(\mathbb{E}[f] - \widehat{E}_Z(f)\right) \;, \tag{4.28}$$

Z' 为与 Z 仅有一个样本不同的训练集, 不妨设 $\boldsymbol{z}_m \in Z$ 和 $\boldsymbol{z}'_m \in Z'$ 为不同样本, 可得

$$\begin{aligned}
&\Phi(Z') - \Phi(Z) \\
&= \sup_{f\in\mathcal{F}} \left(\mathbb{E}[f] - \widehat{E}_{Z'}(f)\right) - \sup_{f\in\mathcal{F}} \left(\mathbb{E}[f] - \widehat{E}_Z(f)\right) \\
&\leqslant \sup_{f\in\mathcal{F}} \left(\widehat{E}_Z(f) - \widehat{E}_{Z'}(f)\right) \\
&= \sup_{f\in\mathcal{F}} \frac{f(\boldsymbol{z}_m) - f(\boldsymbol{z}'_m)}{m} \leqslant \frac{1}{m}.
\end{aligned} \tag{4.29}$$

同理可得

$$\Phi(Z) - \Phi(Z') \leqslant \frac{1}{m} \;. \tag{4.30}$$

从而可知

$$\left|\Phi(Z)-\Phi(Z')\right| \leqslant \frac{1}{m} . \tag{4.31}$$

根据 McDiarmid 不等式 (1.32) 可知, 对于 $0<\delta<1$,

$$\Phi(Z) \leqslant \mathbb{E}_Z[\Phi(Z)]+\sqrt{\frac{\ln(1/\delta)}{2m}} \tag{4.32}$$

以至少 $1-\delta$ 的概率成立. 下面估计 $\mathbb{E}_Z[\Phi(Z)]$ 的上界

Jensen 不等式 (1.11) .

$\boldsymbol{\sigma}=(\sigma_1;\cdots;\sigma_m)$, $\sigma_i\in\{-1,+1\}$.

$$\begin{aligned}
&\mathbb{E}_Z[\Phi(Z)]\\
&=\mathbb{E}_Z\left[\sup_{f\in\mathcal{F}}\left(\mathbb{E}[f]-\widehat{E}_Z(f)\right)\right]\\
&=\mathbb{E}_Z\left[\sup_{f\in\mathcal{F}}\mathbb{E}_{Z'}\left[\widehat{E}_{Z'}[f]-\widehat{E}_Z[f]\right]\right]\\
&\leqslant\mathbb{E}_{Z,Z'}\left[\sup_{f\in\mathcal{F}}\left(\widehat{E}_{Z'}[f]-\widehat{E}_Z[f]\right)\right]\\
&=\mathbb{E}_{Z,Z'}\left[\sup_{f\in\mathcal{F}}\frac{1}{m}\sum_{i=1}^m\left(f(\boldsymbol{z}_i')-f(\boldsymbol{z}_i)\right)\right]\\
&=\mathbb{E}_{\boldsymbol{\sigma},Z,Z'}\left[\sup_{f\in\mathcal{F}}\frac{1}{m}\sum_{i=1}^m\sigma_i\left(f(\boldsymbol{z}_i')-f(\boldsymbol{z}_i)\right)\right]\\
&\leqslant\mathbb{E}_{\boldsymbol{\sigma},Z'}\left[\sup_{f\in\mathcal{F}}\frac{1}{m}\sum_{i=1}^m\sigma_i f(\boldsymbol{z}_i')\right]+\mathbb{E}_{\boldsymbol{\sigma},Z}\left[\sup_{f\in\mathcal{F}}\frac{1}{m}\sum_{i=1}^m-\sigma_i f(\boldsymbol{z}_i)\right]\\
&=2\mathbb{E}_{\boldsymbol{\sigma},Z}\left[\sup_{f\in\mathcal{F}}\frac{1}{m}\sum_{i=1}^m\sigma_i f(\boldsymbol{z}_i)\right]\\
&=2\mathfrak{R}_m(\mathcal{F}) .
\end{aligned} \tag{4.33}$$

由 (4.27)、(4.28)、(4.32) 和 (4.33) 可知 (4.25) 得证. 根据 (3.29) 和 (4.29) 可知替换训练集中的一个样本后经验 Rademacher 复杂度最多改变 $1/m$, 即 $\left|\widehat{\mathfrak{R}}_Z(\mathcal{F})-\widehat{\mathfrak{R}}_{Z'}(\mathcal{F})\right|\leqslant 1/m$. 再根据 McDiarmid 不等式 (1.33) 可知

$\mathbb{E}\left[\widehat{\mathfrak{R}}_Z(\mathcal{F})\right]=\mathfrak{R}_m(\mathcal{F})$.

$$\mathfrak{R}_m(\mathcal{F}) \leqslant \widehat{\mathfrak{R}}_Z(\mathcal{F})+\sqrt{\frac{\ln(2/\delta)}{2m}} \tag{4.34}$$

以至少 $1-\delta/2$ 的概率成立. 由 (4.32) 可知

$$\Phi(Z) \leqslant \mathbb{E}_Z[\Phi(Z)] + \sqrt{\frac{\ln(2/\delta)}{2m}} \tag{4.35}$$

以至少 $1-\delta/2$ 的概率成立. 由 (4.33)~(4.35)和联合界不等式 (1.19) 得

$$\Phi(Z) \leqslant 2\widehat{\mathfrak{R}}_Z(\mathcal{F}) + 3\sqrt{\frac{\ln(2/\delta)}{2m}} \tag{4.36}$$

以至少 $1-\delta$ 的概率成立, 从而 (4.26) 得证. □

定理 4.4 的适用范围是实值函数空间 $\mathcal{F}: \mathcal{Z} \mapsto [0,1]$, 一般用于回归问题. 对于分类问题有下面的定理.

定理 4.5 对于假设空间 $\mathcal{H}: \mathcal{X} \mapsto \{-1,+1\}$, 从分布 $\mathcal{D}$ 独立同分布采样得到的大小为 m 的训练集 $D = \{\boldsymbol{x}_1, \ldots, \boldsymbol{x}_m\}$, $\boldsymbol{x}_i \in \mathcal{X}$, $h \in \mathcal{H}$ 和 $0 < \delta < 1$, 以至少 $1-\delta$ 的概率有

$$E(h) \leqslant \widehat{E}(h) + \mathfrak{R}_m(\mathcal{H}) + \sqrt{\frac{\ln(1/\delta)}{2m}}\ , \tag{4.37}$$

$$E(h) \leqslant \widehat{E}(h) + \widehat{\mathfrak{R}}_D(\mathcal{H}) + 3\sqrt{\frac{\ln(2/\delta)}{2m}}\ . \tag{4.38}$$

证明 对于二分类问题的假设空间 $\mathcal{H}$, 令 $\mathcal{Z} = \mathcal{X} \times \{-1,+1\}$, $\mathcal{H}$ 中的假设 h 可以变形为 $f_h(\boldsymbol{z}) = f_h(\boldsymbol{x}, y) = \mathbb{I}(h(\boldsymbol{x}) \neq y)$. 于是值域为 $\{-1,+1\}$ 的假设空间 $\mathcal{H}$ 转化为值域为 $[0,1]$ 的函数空间 $\mathcal{F}_{\mathcal{H}} = \{f_h : h \in \mathcal{H}\}$. 由 (3.29) 可知

$$\begin{aligned}
\widehat{\mathfrak{R}}_Z(\mathcal{F}_{\mathcal{H}}) &= \mathbb{E}_{\boldsymbol{\sigma}}\left[\sup_{f_h \in \mathcal{F}_{\mathcal{H}}} \frac{1}{m}\sum_{i=1}^m \sigma_i f_h(\boldsymbol{x}_i, y_i)\right] \\
&= \mathbb{E}_{\boldsymbol{\sigma}}\left[\sup_{h \in \mathcal{H}} \frac{1}{m}\sum_{i=1}^m \sigma_i \mathbb{I}\left(h(\boldsymbol{x}_i) \neq y_i\right)\right] \\
&= \mathbb{E}_{\boldsymbol{\sigma}}\left[\sup_{h \in \mathcal{H}} \frac{1}{m}\sum_{i=1}^m \sigma_i \frac{1 - y_i h(\boldsymbol{x}_i)}{2}\right] \\
&= \frac{1}{2}\mathbb{E}_{\boldsymbol{\sigma}}\left[\frac{1}{m}\sum_{i=1}^m \sigma_i + \sup_{h \in \mathcal{H}} \frac{1}{m}\sum_{i=1}^m (-y_i \sigma_i h(\boldsymbol{x}_i))\right] \\
&= \frac{1}{2}\mathbb{E}_{\boldsymbol{\sigma}}\left[\sup_{h \in \mathcal{H}} \frac{1}{m}\sum_{i=1}^m (-y_i \sigma_i h(\boldsymbol{x}_i))\right]
\end{aligned}$$

由于 $y_i \in \{-1,+1\}$, $-y_i\sigma_i$ 等价于 σ_i.

$$
\begin{aligned}
&= \frac{1}{2}\mathbb{E}_{\boldsymbol{\sigma}}\left[\sup_{h\in\mathcal{H}} \frac{1}{m}\sum_{i=1}^{m}(\sigma_i h(\boldsymbol{x}_i))\right] \\
&= \frac{1}{2}\widehat{\mathfrak{R}}_D(\mathcal{H}).
\end{aligned} \tag{4.39}
$$

同时对上式两边取期望可得

$$
\mathfrak{R}_Z(\mathcal{F}_{\mathcal{H}}) = \frac{1}{2}\mathfrak{R}_D(\mathcal{H}) \ . \tag{4.40}
$$

将 (4.40) 代入定理 4.4, 定理得证. □

4.2 泛化误差下界

基于 VC 维也可以分析泛化误差下界, 这一下界的意义在于指出对于任何学习算法存在某一数据分布, 当样本数目有限时, 学习算法不能以较大概率输出目标概念的近似, 其中的要点是如何找到这样一种数据分布. 下面将针对假设空间可分与不可分这两种情形分别进行讨论.

可分情形

首先分析可分情形下的泛化误差下界 [Ehrenfeucht et al., 1988].

定理 4.6 若假设空间 $\mathcal{H}$ 的 VC 维 $d>1$, 则对任意 $m>1$ 和学习算法 $\mathfrak{L}$, 存在分布 $\mathcal{D}$ 和目标概念 $c\in\mathcal{H}$ 使得

D 从 $\mathcal{D}$ 独立同分布采样得到, 这里泛化误差与具体的目标概念 c 相关, 因此将其记为 $E(h_D,c)$, 而不是 $E(h_D)$.

$$
P\left(E(h_D,c) > \frac{d-1}{32m}\right) \geqslant \frac{1}{100} \ , \tag{4.41}
$$

其中 h_D 为学习算法 $\mathfrak{L}$ 基于大小为 m 的训练集 D 输出的假设.

证明 由于 VC 维 $d>1$, 不妨令 $S=\{\boldsymbol{x}_0,\ldots,\boldsymbol{x}_{d-1}\}\subset\mathcal{X}$ 表示能被 $\mathcal{H}$ 打散的集合. 对于 $\epsilon>0$, 下面将构造一种数据分布 $\mathcal{D}$ 使得概率质量集中在 S 上, 并且较高的概率质量 $(1-8\epsilon)$ 集中在 $\boldsymbol{x}_0$ 上, 而其余的概率质量平均分配在其他点上.

$$
P_{\mathcal{D}}(\boldsymbol{x}_0) = 1-8\epsilon \ \wedge\ P_{\mathcal{D}}(\boldsymbol{x}_i) = \frac{8\epsilon}{d-1} \quad (i\in[d-1]) \ . \tag{4.42}
$$

目标概念可能是 $\mathcal{H}$ 中任一假设, 且 S 能够被 $\mathcal{H}$ 打散, 所以 S 中任一样本的真实标记可以是任意标记, 这样对于 S 中未出现的样本, $\mathfrak{L}$ 都可能预测错误, 因此不会优于随机结果.

根据以上构造过程, 从分布 $\mathcal{D}$ 采样得到的数据集主要包含 $\boldsymbol{x}_0$. 由于 $\mathcal{H}$ 将 S 打散, 因此对于 S 中未出现的样本, 任意学习算法 $\mathfrak{L}$ 的预测不会优于随机结果.

不失一般性, 假设学习算法 $\mathfrak{L}$ 在 $\boldsymbol{x}_0$ 上预测正确. 对于大小为 m 的训练集 D, 令 $\bar{D}$ 表示出现在 $\{\boldsymbol{x}_1,\ldots,\boldsymbol{x}_{d-1}\}$ 中的样本集合, $A=$

$\{D \sim \mathcal{D}^m \big| (|D| = m) \wedge (|\bar{D}| \leqslant (d-1)/2)\}$. 对于给定的 $D \in A$, 考虑来自均匀分布 $\mathcal{U}$ 的目标概念 $c : S \mapsto \{-1, +1\}$. 由于 S 可以被 $\mathcal{H}$ 打散, 根据如上构造可得

$$
\begin{aligned}
\mathbb{E}_{\mathcal{U}}[E(h_D, c)] &= \sum_{c} \sum_{\boldsymbol{x} \in S} \mathbb{I}(h_D(\boldsymbol{x}) \neq c(\boldsymbol{x})) P_{\boldsymbol{x} \sim \mathcal{D}}(\boldsymbol{x}) P_{c \sim \mathcal{U}}(c) \\
&\geqslant \sum_{c} \sum_{\boldsymbol{x} \in S - \bar{D} - \{\boldsymbol{x}_0\}} \mathbb{I}(h_D(\boldsymbol{x}) \neq c(\boldsymbol{x})) P_{\boldsymbol{x} \sim \mathcal{D}}(\boldsymbol{x}) P_{c \sim \mathcal{U}}(c) \\
&= \sum_{\boldsymbol{x} \in S - \bar{D} - \{\boldsymbol{x}_0\}} \left(\sum_{c} \mathbb{I}(h_D(\boldsymbol{x}) \neq c(\boldsymbol{x})) P_{c \sim \mathcal{U}}(c) \right) P_{\boldsymbol{x} \sim \mathcal{D}}(\boldsymbol{x}) \\
&= \frac{1}{2} \sum_{\boldsymbol{x} \in S - \bar{D} - \{\boldsymbol{x}_0\}} P_{\boldsymbol{x} \sim \mathcal{D}}(\boldsymbol{x}) \\
&\geqslant \frac{1}{2} \frac{d-1}{2} \frac{8\epsilon}{d-1} = 2\epsilon \ .
\end{aligned} \tag{4.43}
$$

计算时只考虑样本 $\boldsymbol{x} \in S - \bar{D} - \{\boldsymbol{x}_0\}$ 所产生的分类错误, 而未考虑所有的样本.

对 S 中未出现的样本, $\mathfrak{L}$ 的预测不会优于随机结果.

考虑分布 $\mathcal{D}$ 的构造和 $\bar{D}$ 的大小, $P_{\mathcal{D}}(\boldsymbol{x}_i) = \frac{8\epsilon}{d-1}$, $|S - \bar{D} - \{\boldsymbol{x}_0\}| \geqslant \frac{d-1}{2}$, $1 \leqslant i \leqslant d-1$.

由于 $\mathbb{E}_{\mathcal{U}}[E(h_D, c)] \geqslant 2\epsilon$ 对于任意 $D \in A$ 均成立, 因此关于 A 的期望也成立, 即 $\mathbb{E}_{D \in A}\big[\mathbb{E}_{\mathcal{U}}[E(h_D, c)]\big] \geqslant 2\epsilon$. 根据 Fubini 定理 [Stein and Shakarchi, 2009]: 若函数 $f(x, y)$ 的期望 $\mathbb{E}_{x,y}[|f(x, y)|] < \infty$, 则

$$
\mathbb{E}_x[\mathbb{E}_y[f(x, y)]] = \mathbb{E}_y[\mathbb{E}_x[f(x, y)]] \ , \tag{4.44}
$$

可知交换期望计算顺序不等式依然成立, 即有

$$
\mathbb{E}_{\mathcal{U}}\big[\mathbb{E}_{D \in A}[E(h_D, c)]\big] \geqslant 2\epsilon \ . \tag{4.45}
$$

由于期望的下界为 2ϵ, 必定存在一个目标概念 $c^* \in \mathcal{H}$ 满足 $\mathbb{E}_{D \in A}[E(h_D, c^*)] \geqslant 2\epsilon$, 其中 $E(h_D, c^*) = \mathbb{E}_{\mathcal{D}} \mathbb{I}(h_D(\boldsymbol{x}) \neq c^*(\boldsymbol{x}))$. 下面将该期望按照 $E(h_D, c^*)$ 的取值分解成如下两部分

$$
\begin{aligned}
&\mathbb{E}_{D \in A}[E(h_D, c^*)] \\
&= \sum_{D : E(h_D, c^*) > \epsilon} E(h_D, c^*) P(D) + \sum_{D : E(h_D, c^*) \leqslant \epsilon} E(h_D, c^*) P(D) \\
&\leqslant P_{\boldsymbol{x} \sim \mathcal{D}}(\boldsymbol{x} \in (S - \{\boldsymbol{x}_0\})) P_{D \in A}(E(h_D, c^*) > \epsilon) \\
&\quad + \epsilon(1 - P_{D \in A}(E(h_D, c^*) > \epsilon)) \\
&= 8\epsilon P_{D \in A}(E(h_D, c^*) > \epsilon) + \epsilon(1 - P_{D \in A}(E(h_D, c^*) > \epsilon))
\end{aligned}
$$

前一项放大至 $S - \{\boldsymbol{x}_0\}$ 全部预测错误, 即 $E(h_D, c^*) \leqslant P_{\boldsymbol{x} \sim \mathcal{D}}(\boldsymbol{x} \in (S - \{\boldsymbol{x}_0\})) = 8\epsilon$, 后一项将 $E(h_D, c^*)$ 放大至 ϵ.

$$= \epsilon + 7\epsilon P_{D\in A}\left(E(h_D, c^*) > \epsilon\right) \ . \tag{4.46}$$

基于 (4.46) 和 $\mathbb{E}_{D\in A}\left[E(h_D, c^*)\right] \geqslant 2\epsilon$, 可求解出

$$P_{D\in A}\left(E(h_D, c^*) > \epsilon\right) \geqslant \frac{1}{7\epsilon}(2\epsilon - \epsilon) = \frac{1}{7} \ . \tag{4.47}$$

因此, 在所有大小为 m 的样本集合 $\mathcal{D}^m$ 中, 满足 $E(h_D, c^*) > \epsilon$ 的样本集出现的概率为

$$\begin{aligned} & P_{D\sim\mathcal{D}^m}\left(E(h_D, c^*) > \epsilon\right) \\ \geqslant\ & P_{D\in A}(E(h_D, c^*) > \epsilon) P_{D\sim\mathcal{D}^m}(D \in A) \\ \geqslant\ & \frac{1}{7} P_{D\sim\mathcal{D}^m}(D \in A) \ . \end{aligned} \tag{4.48}$$

接下来, 只要找到 $P_{D\sim\mathcal{D}^m}(D \in A)$ 的下界即可证明定理.

令 l_m 表示从 S 中按分布 $\mathcal{D}$ 独立同分布采样 m 个样本落在 $\{\boldsymbol{x}_1, \ldots, \boldsymbol{x}_{d-1}\}$ 中的数目, 根据 Chernoff 不等式 (1.26) 可知, 对于 $\gamma > 1$, 有

$8\epsilon m$ 为样本落在 $\{\boldsymbol{x}_1, \ldots, \boldsymbol{x}_{d-1}\}$ 中的期望数目.

$$P_{D\sim\mathcal{D}^m}\left(l_m \geqslant 8\epsilon m\,(1+\gamma)\right) \leqslant e^{-8\epsilon m \frac{\gamma^2}{3}} \ . \tag{4.49}$$

令 $\epsilon = (d-1)/(32m), \gamma = 1$, 可得

$A = \{D \sim \mathcal{D}^m | (|D| = m) \wedge (|\bar{D}| \leqslant \frac{d-1}{2})\}$, $\bar{D}$ 表示出现在 $\{\boldsymbol{x}_1, \ldots, \boldsymbol{x}_{d-1}\}$ 中的样本集合.

$$\begin{aligned} & 1 - P_{D\sim\mathcal{D}^m}(D \in A) \\ & = P_{D\sim\mathcal{D}^m}\left(l_m \geqslant \frac{d-1}{2}\right) \\ & \leqslant e^{-(d-1)/12} \\ & \leqslant e^{-1/12} \ . \end{aligned} \tag{4.50}$$

令 $e^{-1/12} \leqslant 1 - 7\delta$, 可得 $P_{D\sim\mathcal{D}^m}(D \in A) \geqslant 7\delta$, 再根据

$$P_{D\sim\mathcal{D}^m}\big(E(h_D, c^*) > \epsilon\big) \geqslant \frac{1}{7} P_{D\sim\mathcal{D}^m}(D \in A) \tag{4.51}$$

可知

$$P_{D\sim\mathcal{D}^m}\big(E(h_D, c^*) > \epsilon\big) \geqslant \delta \ , \tag{4.52}$$

取 $\delta = \frac{1}{100}$, 从而定理得证. □

定理 4.6 表明对于任意学习算法 $\mathfrak{L}$, 必存在一种“坏”分布 $\mathcal{D}$ 以及一个目标概念 c^*, 使得 $\mathfrak{L}$ 输出的假设 h_D 总会以较高概率 (至少 1 %) 产生 $O(\frac{d}{m})$ 的错误. 需要注意的是, 定理 4.6 中数据分布 $\mathcal{D}$ 是与学习算法 $\mathfrak{L}$ 无关的, 只与假设空间 $\mathcal{H}$ 有关.

不可分情形

对于不可分假设空间的泛化误差下界, 主要比较学习算法 $\mathfrak{L}$ 的泛化误差与**贝叶斯最优分类器** (Bayes' classifier) 泛化误差之间的关系. 首先, 需要先给出两个引理 [Mohri et al., 2018].

分布 $\mathcal{D}$ 上取得最小泛化误差的分类器称为贝叶斯最优分类器, 参见 6.1 节.

引理 4.2 的证明过程参阅 [Slud, 1977], 可以用抛硬币实验进行解释. 有两种硬币分别记为 A 和 B, 当 σ 取值为 -1 时选取 A 硬币; 当 σ 取值为 $+1$ 时选取 B 硬币, 硬币经过抛掷后正面向上的概率为 α_σ, 函数 f 要从 m 次抛掷硬币的结果 S 推断 σ 的取值.

引理 4.2 令 σ 为服从 $\{-1,+1\}$ 上均匀分布的随机变量, 对于 $0<\alpha<1$ 构造随机变量 $\alpha_\sigma=\frac{1}{2}+\frac{\alpha\sigma}{2}$, 基于 σ 构造 $X\sim\mathcal{D}_\sigma$, 其中 $\mathcal{D}_\sigma$ 为伯努利分布 Bernoulli(α_σ), 即 $P(X=1)=\alpha_\sigma$. 令 $S=\{X_1,\ldots,X_m\}$ 表示从分布 $\mathcal{D}_\sigma^m$ 独立同分布采样得到的大小为 m 的集合, 即 $S\sim\mathcal{D}_\sigma^m$, 则对于函数 $f:X^m\mapsto\{-1,+1\}$ 有

$$\mathbb{E}_\sigma\left[P_{S\sim D_\sigma^m}\left(f(S)\neq\sigma\right)\right]\geqslant\Phi\left(2\lceil m/2\rceil,\alpha\right)\ , \tag{4.53}$$

其中 $\Phi(m,\alpha)=\frac{1}{4}\left(1-\sqrt{1-\exp\left(-\frac{m\alpha^2}{1-\alpha^2}\right)}\right)$.

根据引理 4.2 进一步推导可知, 为了确定 σ 的取值, m 至少应为 $\Omega(\frac{1}{\alpha^2})$. 此外, 还需要下面的引理以在推导过程中进行放缩.

引理 4.3 令 Z 为取值范围为 $[0,1]$ 的随机变量, 对于 $\gamma\in[0,1)$ 有

$$P(Z>\gamma)\geqslant\frac{\mathbb{E}[Z]-\gamma}{1-\gamma}\geqslant\mathbb{E}[Z]-\gamma\ . \tag{4.54}$$

证明 要点在于将 Z 的取值范围按照 γ 进行划分并分别进行放缩, 考虑随机变量 Z 的期望

前一项将 z 放大至 γ, 后一项将 z 放大至 1.

$$\begin{aligned}\mathbb{E}[Z]&=\sum_{z\leqslant\gamma}P(Z=z)z+\sum_{z>\gamma}P(Z=z)z\\&\leqslant\sum_{z\leqslant\gamma}P(Z=z)\gamma+\sum_{z>\gamma}P(Z=z)\\&=\gamma P(Z\leqslant\gamma)+P(Z>\gamma)\\&=\gamma(1-P(Z>\gamma))+P(Z>\gamma)\\&=(1-\gamma)P(Z>\gamma)+\gamma\ .\end{aligned} \tag{4.55}$$

整理化简可得

$$P(z>\gamma)\geqslant\frac{\mathbb{E}[Z]-\gamma}{1-\gamma}\geqslant\mathbb{E}[Z]-\gamma\ . \tag{4.56}$$

□

基于引理 4.2 和引理 4.3 可以分析不可分情形下的泛化误差下界 [Anthony and Bartlett, 2009].

定理 4.7 若假设空间 $\mathcal{H}$ 的 VC 维 $d>1$, 则对任意 $m>1$ 和学习算法 $\mathfrak{L}$, 存在分布 $\mathcal{D}$ 使得

$$P_{Z\sim\mathcal{D}^m}\left(E(h_Z)-\inf_{h\in\mathcal{H}}E(h)>\sqrt{\frac{d}{320m}}\right)\geqslant\frac{1}{64}\ . \tag{4.57}$$

其中 h_Z 为学习算法 $\mathfrak{L}$ 基于大小为 m 的训练集 Z 输出的假设.

证明 令 $S=\{\boldsymbol{x}_1,\ldots,\boldsymbol{x}_d\}\subset\mathcal{X}$ 表示能被 $\mathcal{H}$ 打散的集合. 对于 $\alpha\in[0,1]$ 和向量 $\boldsymbol{\sigma}=(\sigma_1;\cdots;\sigma_d)\in\{-1,+1\}^d$, 在 $S\times\mathcal{Y}$ 上构造如下分布 $\mathcal{D}_{\boldsymbol{\sigma}}$

推断 $\boldsymbol{x}_i$ 的标记需要估计 σ_i, 基于引理 4.2 可知至少需要 $\Omega(\frac{1}{\alpha^2})$ 次采样才能准确估计 σ_i 的取值.

$$P_{\mathcal{D}_{\boldsymbol{\sigma}}}(\boldsymbol{z}=(\boldsymbol{x}_i,+1))=\frac{1}{d}\left(\frac{1}{2}+\frac{\sigma_i\alpha}{2}\right)\quad(i\in[d])\ , \tag{4.58}$$

$$P_{\mathcal{D}_{\boldsymbol{\sigma}}}(\boldsymbol{z}=(\boldsymbol{x}_i,-1))=\frac{1}{d}\left(\frac{1}{2}-\frac{\sigma_i\alpha}{2}\right)\quad(i\in[d])\ . \tag{4.59}$$

令 $\inf_{h\in\mathcal{H}}E(h)$ 表示假设空间 $\mathcal{H}$ 所能达到的最优误差. 不妨考虑一种极端情形, 将 $\mathcal{H}$ 放松到所有假设空间, 即达到贝叶斯最优分类器 $h^*_{\mathcal{D}_{\boldsymbol{\sigma}}}$ 的泛化误差, 其中 $h^*_{\mathcal{D}_{\boldsymbol{\sigma}}}(\boldsymbol{x}_i)=\arg\max_{y\in\{-1,+1\}}P(y|\boldsymbol{x}_i)=\mathrm{sign}\left(\mathbb{I}(\sigma_i>0)-1/2\right)$, $i\in[d]$. 因为 S 能被 $\mathcal{H}$ 打散, 可知 $h^*_{\mathcal{D}_{\boldsymbol{\sigma}}}\in\mathcal{H}$.

对于 $h^*_{\mathcal{D}_{\boldsymbol{\sigma}}}$ 计算可得

$$\begin{aligned}E(h^*_{\mathcal{D}_{\boldsymbol{\sigma}}})&=\sum_{\boldsymbol{x}_i\in S}\Big(P_{\mathcal{D}_{\boldsymbol{\sigma}}}\big(\boldsymbol{z}=(\boldsymbol{x}_i,+1)\big)\mathbb{I}\big(h^*_{\mathcal{D}_{\boldsymbol{\sigma}}}(\boldsymbol{x}_i)=-1\big)\\&\qquad+P_{\mathcal{D}_{\boldsymbol{\sigma}}}\big(\boldsymbol{z}=(\boldsymbol{x}_i,-1)\big)\mathbb{I}\big(h^*_{\mathcal{D}_{\boldsymbol{\sigma}}}(\boldsymbol{x}_i)=+1\big)\Big)\\&=\sum_{\boldsymbol{x}_i\in S}\Big(P_{\mathcal{D}_{\boldsymbol{\sigma}}}\big(\boldsymbol{z}=(\boldsymbol{x}_i,+1)\big)\mathbb{I}\big(\sigma_i<0\big)+P_{\mathcal{D}_{\boldsymbol{\sigma}}}\big(\boldsymbol{z}=(\boldsymbol{x}_i,-1)\big)\mathbb{I}\big(\sigma_i>0\big)\Big)\\&=\sum_{\boldsymbol{x}_i\in S}\frac{1}{d}\left(\frac{1}{2}-\frac{\alpha}{2}\right)=\frac{1}{2}-\frac{\alpha}{2}\ .\end{aligned} \tag{4.60}$$

对于任意 $h \in \mathcal{H}$ 计算可得

$$\begin{aligned}
E(h) = \sum_{\boldsymbol{x}_i \in S} \Big(& P_{\mathcal{D}_{\boldsymbol{\sigma}}}\big(\boldsymbol{z} = (\boldsymbol{x}_i, +1)\big) \mathbb{I}(h(\boldsymbol{x}_i) \neq h^*_{\mathcal{D}_{\boldsymbol{\sigma}}}(\boldsymbol{x}_i)) \mathbb{I}\big(h^*_{\mathcal{D}_{\boldsymbol{\sigma}}}(\boldsymbol{x}_i) = +1\big) \\
& + P_{\mathcal{D}_{\boldsymbol{\sigma}}}\big(\boldsymbol{z} = (\boldsymbol{x}_i, +1)\big) \mathbb{I}(h(\boldsymbol{x}_i) = h^*_{\mathcal{D}_{\boldsymbol{\sigma}}}(\boldsymbol{x}_i)) \mathbb{I}\big(h^*_{\mathcal{D}_{\boldsymbol{\sigma}}}(\boldsymbol{x}_i) = -1\big) \\
& + P_{\mathcal{D}_{\boldsymbol{\sigma}}}\big(\boldsymbol{z} = (\boldsymbol{x}_i, -1)\big) \mathbb{I}(h(\boldsymbol{x}_i) \neq h^*_{\mathcal{D}_{\boldsymbol{\sigma}}}(\boldsymbol{x}_i)) \mathbb{I}\big(h^*_{\mathcal{D}_{\boldsymbol{\sigma}}}(\boldsymbol{x}_i) = -1\big) \\
& + P_{\mathcal{D}_{\boldsymbol{\sigma}}}\big(\boldsymbol{z} = (\boldsymbol{x}_i, -1)\big) \mathbb{I}(h(\boldsymbol{x}_i) = h^*_{\mathcal{D}_{\boldsymbol{\sigma}}}(\boldsymbol{x}_i)) \mathbb{I}\big(h^*_{\mathcal{D}_{\boldsymbol{\sigma}}}(\boldsymbol{x}_i) = +1\big) \\
= \sum_{\boldsymbol{x}_i \in S} & \Big(\frac{1+\alpha}{2d} \mathbb{I}\big(h(\boldsymbol{x}_i) \neq h^*_{\mathcal{D}_{\boldsymbol{\sigma}}}(\boldsymbol{x}_i)\big) + \frac{1-\alpha}{2d} \mathbb{I}\big(h(\boldsymbol{x}_i) = h^*_{\mathcal{D}_{\boldsymbol{\sigma}}}(\boldsymbol{x}_i)\big) \Big) \\
= \frac{\alpha}{d} & \sum_{\boldsymbol{x}_i \in S} \mathbb{I}\big(h(\boldsymbol{x}_i) \neq h^*_{\mathcal{D}_{\boldsymbol{\sigma}}}(\boldsymbol{x}_i)\big) + \frac{1}{2} - \frac{\alpha}{2} \;.
\end{aligned} \tag{4.61}$$

从而可知

$$E(h) - E(h^*_{\mathcal{D}_{\boldsymbol{\sigma}}}) = \frac{\alpha}{d} \sum_{\boldsymbol{x}_i \in S} \mathbb{I}\left(h(\boldsymbol{x}_i) \neq h^*_{\mathcal{D}_{\boldsymbol{\sigma}}}(\boldsymbol{x}_i)\right) \;. \tag{4.62}$$

令 h_Z 表示算法 $\mathfrak{L}$ 基于从分布 $\mathcal{D}_{\boldsymbol{\sigma}}$ 独立同分布采样得到的 Z 而输出的假设, $|Z|_{\boldsymbol{x}}$ 表示样本 $\boldsymbol{x}$ 在 Z 中出现的次数, $\mathcal{U}$ 为 $\{-1,+1\}^d$ 上的均匀分布, 基于 (4.62) 计算可得:

按 $|Z|_{\boldsymbol{x}}$ 取值进行展开.

基于引理 4.2.

基于 $\Phi(\cdot,\alpha)$ 是凸函数和 Jensen 不等式 (1.11), $\sum_{n=0}^{m} \Phi(n+1,\alpha)P(|Z|_{\boldsymbol{x}} = n) \geqslant \Phi(m/d+1,\alpha)$, $m/d+1$ 是期望.

$$\begin{aligned}
& \mathbb{E}_{\boldsymbol{\sigma}\sim\mathcal{U}, Z\sim\mathcal{D}^m_{\boldsymbol{\sigma}}} \left[\frac{1}{\alpha} \left(E(h_Z) - E(h^*_{\mathcal{D}_{\boldsymbol{\sigma}}}) \right) \right] \\
&= \frac{1}{d} \sum_{\boldsymbol{x} \in S} \mathbb{E}_{\boldsymbol{\sigma}\sim\mathcal{U}, Z\sim\mathcal{D}^m_{\boldsymbol{\sigma}}} \left[\mathbb{I}\left(h_Z(\boldsymbol{x}) \neq h^*_{\mathcal{D}_{\boldsymbol{\sigma}}}(\boldsymbol{x}) \right) \right] \\
&= \frac{1}{d} \sum_{\boldsymbol{x} \in S} \mathbb{E}_{\boldsymbol{\sigma}\sim\mathcal{U}} \left[P_{Z\sim\mathcal{D}^m_{\boldsymbol{\sigma}}} \left(h_Z(\boldsymbol{x}) \neq h^*_{\mathcal{D}_{\boldsymbol{\sigma}}}(\boldsymbol{x}) \right) \right] \\
&= \frac{1}{d} \sum_{\boldsymbol{x} \in S} \sum_{n=0}^{m} \mathbb{E}_{\boldsymbol{\sigma}\sim\mathcal{U}} \left[P_{Z\sim\mathcal{D}^m_{\boldsymbol{\sigma}}} \left(h_Z(\boldsymbol{x}) \neq h^*_{\mathcal{D}_{\boldsymbol{\sigma}}}(\boldsymbol{x}) \big| |Z|_{\boldsymbol{x}} = n \right) P(|Z|_{\boldsymbol{x}} = n) \right] \\
&\geqslant \frac{1}{d} \sum_{\boldsymbol{x} \in S} \sum_{n=0}^{m} \Phi(2\lceil n/2 \rceil, \alpha) P(|Z|_{\boldsymbol{x}} = n) \\
&\geqslant \frac{1}{d} \sum_{\boldsymbol{x} \in S} \sum_{n=0}^{m} \Phi(n+1, \alpha) P(|Z|_{\boldsymbol{x}} = n) \\
&\geqslant \frac{1}{d} \sum_{\boldsymbol{x} \in S} \Phi(m/d+1, \alpha) = \Phi(m/d+1, \alpha) \;.
\end{aligned} \tag{4.63}$$

由于上述关于 $\boldsymbol{\sigma}$ 期望的下界被 $\Phi(m/d+1,\alpha)$ 限制住, 则必定存在 $\boldsymbol{\sigma}^* \in \{-1,+1\}^d$ 使得下式成立

$$\mathbb{E}_{Z\sim\mathcal{D}_{\boldsymbol{\sigma}^*}^m}\left[\frac{1}{\alpha}\left(E(h_Z)-E(h_{\mathcal{D}_{\boldsymbol{\sigma}^*}^m}^*)\right)\right] \geqslant \Phi(m/d+1,\alpha) \ . \tag{4.64}$$

根据引理 4.3 可知, 对于 $\boldsymbol{\sigma}^*$以及任意 $\gamma\in[0,1)$ 有

$$P_{Z\sim\mathcal{D}_{\boldsymbol{\sigma}^*}^m}\left(\frac{1}{\alpha}\left(E(h_Z)-E(h_{\mathcal{D}_{\boldsymbol{\sigma}^*}^m}^*)\right)>\gamma u\right) \geqslant (1-\gamma)u \ . \tag{4.65}$$

其中 $u=\Phi(m/d+1,\alpha)$. 令 δ 与 ϵ 满足条件 $\delta\leqslant(1-\gamma)u$ 以及 $\epsilon\leqslant\gamma\alpha u$, 则有

$$P_{Z\sim\mathcal{D}_{\boldsymbol{\sigma}^*}^m}\left(E\left(h_Z\right)-E\left(h_{\mathcal{D}_{\boldsymbol{\sigma}^*}^m}^*\right)>\epsilon\right) \geqslant \delta \ . \tag{4.66}$$

为了找到满足条件的 δ 与 ϵ, 令 $\gamma=1-8\delta$, 则

$\Longleftrightarrow$ 表示“等价于”.

$$\begin{aligned}
\delta\leqslant(1-\gamma)u \Longleftrightarrow u &\geqslant \frac{1}{8}\\
&\Longleftrightarrow \frac{1}{4}\left(1-\sqrt{1-\exp\left(-\frac{(m/d+1)\alpha^2}{1-\alpha^2}\right)}\right) \geqslant \frac{1}{8}\\
&\Longleftrightarrow \frac{(m/d+1)\alpha^2}{1-\alpha^2} \leqslant \ln\frac{4}{3}\\
&\Longleftrightarrow \frac{m}{d} \leqslant \left(\frac{1}{\alpha^2}-1\right)\ln\frac{4}{3}-1 \ .
\end{aligned} \tag{4.67}$$

令 $\alpha=8\epsilon/(1-8\delta)$, 即 $\epsilon=\gamma\alpha/8$, 可将 (4.67) 转换为

$$\frac{m}{d} \leqslant \left(\frac{(1-8\delta)^2}{64\epsilon^2}-1\right)\ln\frac{4}{3}-1 \ . \tag{4.68}$$

令 $\delta\leqslant 1/64$, 可得

$$\left(\frac{(1-8\delta)^2}{64\epsilon^2}-1\right)\ln\frac{4}{3}-1 \geqslant \left(\frac{7}{64}\right)^2\frac{1}{\epsilon^2}\ln\frac{4}{3}-\ln\frac{4}{3}-1 \ . \tag{4.69}$$

(4.69) 右端为关于 $\frac{1}{\epsilon^2}$ 的函数 $f(\frac{1}{\epsilon^2})$, 可寻找 w 使得 $m/d\leqslant w/\epsilon^2$. 令 $\epsilon\leqslant 1/64$, 由 $\frac{w}{(1/64)^2}=f\left(\frac{1}{(1/64)^2}\right)$ 可得

$$w=(7/64)^2\ln(4/3)-(1/64)^2(\ln(4/3)+1)\approx 0.003127\geqslant 1/320. \tag{4.70}$$

因此, 当 $\epsilon^2 \leqslant \frac{1}{320m/d}$ 时, 满足 $\delta \leqslant (1-\gamma)u$ 以及 $\epsilon \leqslant \gamma\alpha u$. 取 $\epsilon = \sqrt{\frac{d}{320m}}$ 和 $\delta = 1/64$, 定理得证. □

定理 4.7 表明对于任意学习算法 $\mathfrak{L}$, 在不可分情形下必存在一种“坏”分布 $\mathcal{D}_{\boldsymbol{\sigma}^*}$, 使得 $\mathfrak{L}$ 输出的假设 h_Z 的泛化误差以常数概率为 $O\left(\sqrt{\frac{d}{m}}\right)$.

4.3 分析实例

本节将分析支持向量机的泛化误差界.

支持向量机考虑的假设空间是线性超平面, 定理 3.6 证明了 $\mathbb{R}^d$ 中线性超平面的 VC 维为 $d+1$, 再结合定理 4.3 可以得到支持向量机基于 VC 维的泛化误差界: 对于 $0<\delta<1$, 以至少 $1-\delta$ 的概率有

$$E(h) \leqslant \widehat{E}(h) + \sqrt{\frac{8(d+1)\ln\frac{2em}{d+1} + 8\ln\frac{4}{\delta}}{m}} . \tag{4.71}$$

当样本空间的维数相对于样本的数目很大时, (4.71) 没有给出具有实际意义的信息. 另外, 定理 3.8 给出了一种不依赖样本空间维数的 VC 维的估计方法, 但是需要限制样本的范数, 使得 $\|\boldsymbol{x}\| \leqslant r$. 因此当样本空间有界时, 基于定理 3.8 和定理 4.3 也可以得到支持向量机基于 VC 维的泛化误差界.

更多关于替代损失函数的内容参见 6.2 节.

然而在实际应用中, 支持向量机通常会使用替代损失函数, 例如 (1.72) 中提到的 hinge 损失函数. 下面我们就来讨论使用替代损失函数的支持向量机的泛化误差界. 考虑比 hinge 损失函数更具一般性的间隔损失函数:

定义 4.1 对于任意 $\rho>0$, ρ-**间隔损失** 为定义在 $z, z' \in \mathbb{R}$ 上的损失函数 $\ell_\rho : \mathbb{R}\times\mathbb{R} \mapsto \mathbb{R}_+$, $\ell_\rho(z,z') = \Phi_\rho(zz')$, 其中

$$\Phi_\rho(x) = \begin{cases} 0 & \rho \leqslant x \\ 1 - x/\rho & 0 \leqslant x \leqslant \rho \\ 1 & x \leqslant 0 \end{cases} . \tag{4.72}$$

对于集合 $D = \{\boldsymbol{x}_1, \ldots, \boldsymbol{x}_m\}$ 与假设 h, 经验间隔损失表示为

$$\widehat{E}_\rho(h) = \frac{1}{m}\sum_{i=1}^{m} \Phi_\rho\left(y_i h(\boldsymbol{x}_i)\right) . \tag{4.73}$$

考虑到 $\Phi_\rho(y_i h(\boldsymbol{x}_i)) \leqslant \mathbb{I}_{y_i h(\boldsymbol{x}_i)\leqslant\rho}$, 对于经验间隔损失, 有

$$\widehat{E}_\rho(h) \leqslant \frac{1}{m}\sum_{i=1}^{m}\mathbb{I}_{y_i h(\boldsymbol{x}_i)\leqslant\rho} . \tag{4.74}$$

Φ_ρ 的导数最大为 $\frac{1}{\rho}$.

由经验间隔损失 (4.72) 可知 Φ_ρ 最多是 $\frac{1}{\rho}$-Lipschitz. 引理 4.4 表明 Lipschitz 函数和假设空间 $\mathcal{H}$ 复合后的经验 Rademacher 复杂度可以基于假设空间 $\mathcal{H}$ 的经验 Rademacher 复杂度进行表示.

证明过程参阅 [Ledoux and Talagrand, 1991].

函数的复合 $f_2 \circ f_1(\boldsymbol{x}) = f_2(f_1(\boldsymbol{x}))$.

引理 4.4 若 $\Phi: \mathbb{R} \mapsto \mathbb{R}$ 为 l-Lipschitz 函数, 则对于任意实值假设空间 $\mathcal{H}$ 有下式成立:

$$\widehat{\mathfrak{R}}_D(\Phi \circ \mathcal{H}) \leqslant l\widehat{\mathfrak{R}}_D(\mathcal{H}) . \tag{4.75}$$

下面将给出基于间隔损失函数的二分类问题支持向量机的泛化误差界.

定理 4.8 令 $\mathcal{H}$ 为实值假设空间, 给定 $\rho > 0$, 对于 $0 < \delta < 1$ 和 $h \in \mathcal{H}$, 以至少 $1-\delta$ 的概率有

$$E(h) \leqslant \widehat{E}_\rho(h) + \frac{2}{\rho}\mathfrak{R}_m(\mathcal{H}) + \sqrt{\frac{\ln\frac{1}{\delta}}{2m}} , \tag{4.76}$$

$$E(h) \leqslant \widehat{E}_\rho(h) + \frac{2}{\rho}\widehat{\mathfrak{R}}_D(\mathcal{H}) + 3\sqrt{\frac{\ln\frac{2}{\delta}}{2m}} . \tag{4.77}$$

证明 构造 $\widetilde{\mathcal{H}} = \{\boldsymbol{z} = (\boldsymbol{x}, y) \mapsto yh(\boldsymbol{x}) : h \in \mathcal{H}\}$, 考虑值域为 $[0,1]$ 的假设空间 $\mathcal{F} = \{\Phi_\rho \circ f : f \in \widetilde{\mathcal{H}}\}$, 根据 (4.25) 可知对于所有 $g \in \mathcal{F}$, 以至少 $1-\delta$ 的概率有

$$\mathbb{E}[g(\boldsymbol{z})] \leqslant \frac{1}{m}\sum_{i=1}^{m} g(\boldsymbol{z}_i) + 2\mathfrak{R}_m(\mathcal{F}) + \sqrt{\frac{\ln\frac{1}{\delta}}{2m}} . \tag{4.78}$$

因此, 对 $h \in \mathcal{H}$, 以至少 $1-\delta$ 的概率有

$$\mathbb{E}[\Phi_\rho(yh(\boldsymbol{x}))] \leqslant \widehat{E}_\rho(h) + 2\mathfrak{R}_m(\Phi_\rho \circ \widetilde{\mathcal{H}}) + \sqrt{\frac{\ln\frac{1}{\delta}}{2m}} . \tag{4.79}$$

因为 $\mathbb{I}_{u\leqslant 0} \leqslant \Phi_\rho(u)$ 对任意 $u \in \mathbb{R}$ 成立, 所以 $E(h) = \mathbb{E}[\mathbb{I}_{yh(\boldsymbol{x})\leqslant 0}] \leqslant \mathbb{E}[\Phi_\rho(yh(\boldsymbol{x}))]$, 代入 (4.96) 可知

$$E(h) \leqslant \widehat{E}_\rho(h) + 2\mathfrak{R}_m(\Phi_\rho \circ \widetilde{\mathcal{H}}) + \sqrt{\frac{\ln\frac{1}{\delta}}{2m}} \tag{4.80}$$

以至少 $1-\delta$ 的概率成立. 由于 Φ_ρ 是 $\frac{1}{\rho}$-Lipschitz, 根据引理 4.4 可知

$$\mathfrak{R}_m(\Phi_\rho \circ \widetilde{\mathcal{H}}) \leqslant \frac{1}{\rho}\mathfrak{R}_m(\widetilde{\mathcal{H}}) \ . \tag{4.81}$$

Rademacher 复杂度 $\mathfrak{R}_m(\widetilde{\mathcal{H}})$ 参见定义 3.4.

考虑到 $\mathfrak{R}_m(\widetilde{\mathcal{H}})$ 可以重写为

$$\begin{aligned}\mathfrak{R}_m(\widetilde{\mathcal{H}}) &= \frac{1}{m}\mathbb{E}_{D,\boldsymbol{\sigma}}\left[\sup_{h\in\mathcal{H}}\sum_{i=1}^{m}\sigma_i y_i h(\boldsymbol{x}_i)\right] \\ &= \frac{1}{m}\mathbb{E}_{D,\boldsymbol{\sigma}}\left[\sup_{h\in\mathcal{H}}\sum_{i=1}^{m}\sigma_i h(\boldsymbol{x}_i)\right] \\ &= \mathfrak{R}_m(\mathcal{H}) \ ,\end{aligned} \tag{4.82}$$

基于 (4.81) 可得

$$\mathfrak{R}_m(\Phi_\rho \circ \widetilde{\mathcal{H}}) \leqslant \frac{1}{\rho}\mathfrak{R}_m(\mathcal{H}) \ . \tag{4.83}$$

将其代入 (4.80), 可知

$$E(h) \leqslant \widehat{E}_\rho(h) + \frac{2}{\rho}\mathfrak{R}_m(\mathcal{H}) + \sqrt{\frac{\ln\frac{1}{\delta}}{2m}} \tag{4.84}$$

以至少 $1-\delta$ 的概率成立, 从而 (4.76) 得证.

基于 (4.26) 可知

$$\mathbb{E}[g(\boldsymbol{z})] \leqslant \frac{1}{m}\sum_{i=1}^{m}g(\boldsymbol{z}_i) + 2\widehat{\mathfrak{R}}_D(\mathcal{F}) + 3\sqrt{\frac{\ln\frac{2}{\delta}}{2m}} \tag{4.85}$$

以至少 $1-\delta$ 的概率成立. 通过类似于 (4.78)~(4.80) 的推导可知

$$E(h) \leqslant \widehat{E}_\rho(h) + 2\widehat{\mathfrak{R}}_D(\Phi_\rho \circ \widetilde{\mathcal{H}}) + 3\sqrt{\frac{\ln\frac{2}{\delta}}{2m}} \tag{4.86}$$

以至少 $1-\delta$ 的概率成立.

对于经验 Rademacher 复杂度, 由于 Φ_ρ 是 $\frac{1}{\rho}$-Lipschitz, 类似 (4.81) 可得

$$\widehat{\mathfrak{R}}_D(\Phi_\rho \circ \widetilde{\mathcal{H}}) \leqslant \frac{1}{\rho}\widehat{\mathfrak{R}}_D(\widetilde{\mathcal{H}}) \ . \tag{4.87}$$

考虑到 $\widehat{\mathfrak{R}}_D(\widetilde{\mathcal{H}})$ 可以重写为

$$\begin{aligned}\widehat{\mathfrak{R}}_D(\widetilde{\mathcal{H}}) &= \frac{1}{m}\mathbb{E}_{\boldsymbol{\sigma}}\left[\sup_{h\in\mathcal{H}}\sum_{i=1}^{m}\sigma_i y_i h(\boldsymbol{x}_i)\right] \\ &= \frac{1}{m}\mathbb{E}_{\boldsymbol{\sigma}}\left[\sup_{h\in\mathcal{H}}\sum_{i=1}^{m}\sigma_i h(\boldsymbol{x}_i)\right] \\ &= \widehat{\mathfrak{R}}_m(\mathcal{H})\ ,\end{aligned} \tag{4.88}$$

结合 (4.86)~(4.88) 可知

$$E(h) \leqslant \widehat{E}_\rho(h) + \frac{2}{\rho}\widehat{\mathfrak{R}}_D(\mathcal{H}) + 3\sqrt{\frac{\ln\frac{2}{\delta}}{2m}} \tag{4.89}$$

以至少 $1-\delta$ 的概率成立, 从而 (4.77) 得证. □

定理 4.8 中要求 ρ 是事先给定的, 下面给出的定理则可以对任意 $\rho\in(0,1)$ 均成立.

证明过程参阅 [Mohri et al., 2018].

定理 4.9 令 $\mathcal{H}$ 为实值假设空间, 对于 $0<\delta<1$, $h\in\mathcal{H}$ 以及任意 $\rho\in(0,1)$, 以至少 $1-\delta$ 的概率有

$$E(h) \leqslant \widehat{E}_\rho(h) + \frac{4}{\rho}\mathfrak{R}_m(\mathcal{H}) + \sqrt{\frac{\ln\log_2\frac{2}{\rho}}{m}} + \sqrt{\frac{\ln\frac{2}{\delta}}{2m}}\ , \tag{4.90}$$

$$E(h) \leqslant \widehat{E}_\rho(h) + \frac{4}{\rho}\widehat{\mathfrak{R}}_D(\mathcal{H}) + \sqrt{\frac{\ln\log_2\frac{2}{\rho}}{m}} + 3\sqrt{\frac{\ln\frac{4}{\delta}}{2m}}\ . \tag{4.91}$$

由定理 3.7 可知 $\widehat{\mathfrak{R}}_D(\mathcal{H})\leqslant\sqrt{\frac{r^2\Lambda^2}{m}}$, 对其两边取期望可得 $\mathfrak{R}_m(\mathcal{H})\leqslant\sqrt{\frac{r^2\Lambda^2}{m}}$, 进一步结合定理 4.8 和定理 4.9 可得下面的两个推论.

推论 4.1 令 $\mathcal{H}=\{\boldsymbol{x}\mapsto\boldsymbol{w}\cdot\boldsymbol{x}:\|\boldsymbol{w}\|\leqslant\Lambda\}$ 且 $\|\boldsymbol{x}\|\leqslant r$, 对于 $0<\delta<1$, $h\in\mathcal{H}$ 和固定的 $\rho>0$, 以至少 $1-\delta$ 的概率有

$$E(h) \leqslant \widehat{E}_\rho(h) + 2\sqrt{\frac{r^2\Lambda^2/\rho^2}{m}} + \sqrt{\frac{\ln\frac{1}{\delta}}{2m}}\ . \tag{4.92}$$

推论 4.2 令 $\mathcal{H}=\{\boldsymbol{x}\mapsto\boldsymbol{w}\cdot\boldsymbol{x}:\|\boldsymbol{w}\|\leqslant\Lambda\}$ 且 $\|\boldsymbol{x}\|\leqslant r$, 对于 $0<\delta<1$,

$h \in \mathcal{H}$ 和任意 $\rho \in (0,1)$, 以至少 $1-\delta$ 的概率有

$$E(h) \leqslant \widehat{E}_{\rho}(h) + 4\sqrt{\frac{r^2\Lambda^2/\rho^2}{m}} + \sqrt{\frac{\ln\log_2\frac{2}{\rho}}{m}} + \sqrt{\frac{\ln\frac{2}{\delta}}{2m}} \ . \tag{4.93}$$

由本章的内容可以发现, 泛化界主要讨论的是学习算法 $\mathfrak{L}$ 输出假设 h 的泛化误差与经验误差之间的关系, 而第 2 章介绍的 PAC 学习理论要求的是找到假设空间中具有最小泛化误差假设的 ϵ 近似. 若要实现这一目标, 则需要引入**经验风险最小化** (Empirical Risk Minimization) :

更多关于经验风险最小化的内容参见 5.2.2 节.

如果学习算法 $\mathfrak{L}$ 输出 $\mathcal{H}$ 中具有最小经验误差的假设 h, 即 $\widehat{E}(h) = \min_{h'\in\mathcal{H}}\widehat{E}(h')$, 则称 $\mathfrak{L}$ 为满足经验风险最小化原则的算法.

接下来我们讨论是否能够基于经验风险最小化原则找到假设空间中具有最小泛化误差假设的 ϵ 近似. 假设 $\mathfrak{L}$ 为满足经验风险最小化原则的算法, 令 g 表示 $\mathcal{H}$ 中具有最小泛化误差的假设, 即 $E(g) = \min_{h\in\mathcal{H}} E(h)$, 对于 $0<\epsilon,\delta<1$, 由引理 2.1 可知

$$P\left(\left|\widehat{E}(g) - E(g)\right| \geqslant \frac{\epsilon}{2}\right) \leqslant 2\exp\left(-\frac{m\epsilon^2}{2}\right) \ . \tag{4.94}$$

令 $\delta' = \frac{\delta}{2}$, $\sqrt{\frac{(\ln 2/\delta')}{2m}} \leqslant \frac{\epsilon}{2}$, 由 (4.94) 可知

$$\widehat{E}(g) - \frac{\epsilon}{2} \leqslant E(g) \leqslant \widehat{E}(g) + \frac{\epsilon}{2} \tag{4.95}$$

以至少$1-\delta/2$的概率成立. 令

$$\sqrt{\frac{8d\ln\frac{2em}{d} + 8\ln\frac{4}{\delta'}}{m}} \leqslant \frac{\epsilon}{2} \ , \tag{4.96}$$

这里以基于定理 4.3 的分析作为例子, 其他关于泛化误差的定理 (如定理 4.2、定理 4.5 等) 也可以有类似分析.

由定理 4.3 可知

$$\left|E(h) - \widehat{E}(h)\right| \leqslant \frac{\epsilon}{2} \tag{4.97}$$

以至少$1-\delta/2$的概率成立. 由 (4.95)、(4.97) 和联合界不等式 (1.19) 可知

根据经验风险最小化原则, $\widehat{E}(h) \leqslant \widehat{E}(g)$.

$$\begin{aligned} E(h) - E(g) &\leqslant \widehat{E}(h) + \frac{\epsilon}{2} - \left(\widehat{E}(g) - \frac{\epsilon}{2}\right) \\ &= \widehat{E}(h) - \widehat{E}(g) + \epsilon \\ &\leqslant \epsilon \end{aligned} \tag{4.98}$$

ϵ 与 m 有关, 具体取值可由 $\sqrt{\frac{(\ln 2/\delta')}{2m}} \leqslant \frac{\epsilon}{2}$ 和 (4.96) 求解, 有兴趣的读者可以作为习题练习.

以至少 $1-\delta$ 的概率成立. 因此, 若学习算法 $\mathfrak{L}$ 输出 $\mathcal{H}$ 中具有最小经验误差的假设 h, 其泛化误差 $E(h)$ 以至少 $1-\delta$ 的概率不大于最小泛化误差 $E(g)+\epsilon$.

4.4 阅读材料

本章主要讨论了二分类问题的泛化误差界, 对于多分类问题 [Natarajan, 1989]、回归问题 [Cherkassky et al., 1999] 等也有相应的泛化误差界分析.

基于 VC 维的泛化误差界是分布无关且数据独立的, 仅与 VC 维和训练集大小有关, 而基于 Rademacher 复杂度的泛化误差界与分布 $\mathcal{D}$ 有关 ($\mathfrak{R}_m(\mathcal{H})$ 项) 或与数据 D 有关 ($\widehat{\mathfrak{R}}_D(\mathcal{H})$ 项). 换言之, 基于 Rademacher 复杂度的泛化误差界依赖于具体学习问题上的数据及其分布, 是为具体的学习问题量身定制, 因此通常比基于 VC 维的泛化误差界更紧一些. 更多关于二者之间区别的讨论可参阅 [Bartlett and Mendelson, 2002].

本章的泛化误差界分析是基于第 2 章的 PAC 学习理论, McAllester [1999] 等从贝叶斯 (Bayes) 的角度提出了 PAC-Bayesian 理论, 后续相继出现了 PAC-Bayes 泛化误差界分析, 例如 Seeger [2002] 给出了高斯过程的 PAC-Bayes 泛化误差界, Morvant et al. [2012] 给出了多分类问题的 PAC-Bayes 泛化误差界等. 一直以来, Rademacher 复杂度与 PAC-Bayes 理论并行发展, 近来 Yang et al. [2019] 尝试建立 Rademacher 复杂度和 PAC-Bayes 理论之间的联系. 目前, 大部分泛化误差界分析都基于样本独立同分布这一重要假设, 一些考虑放松独立同分布假设的泛化误差分析工作也逐步出现 [Kuznetsov and Mohri, 2017].

本章在分析支持向量机的泛化误差界时用到了 **间隔理论**, 引入间隔后使得泛化误差界与数据分布相关. 间隔理论还在 AdaBoost 理论分析上发挥了重要作用 [周志华, 2020]. 许多学习算法已有泛化误差分析结果, 如决策树 [Mansour and Mcallester, 2000]、对率回归 [Krishnapuram et al., 2005] 等.

由于深度学习的兴起, 关于深度神经网络的泛化误差界分析也引起了关注. Zhang et al. [2017] 通过实验结果指出传统基于 VC 维和 Rademacher 复杂度的泛化误差分析无法解释深度神经网络中参数数目远远大于样本数目却仍具有良好泛化性这一现象. Arpit et al. [2017] 进一步指出分析深度神经网络的泛化误差界不能简单考虑深度神经网络理论上所能表达的假设空间复杂度, 而需结合训练深度神经网络采用的优化算法及训练数据, 考虑分析深度神经网络所能优化假设构成的假设空间的复杂度. 深度神经网络的泛化误差分析目前仅有一些初步探索工作 [Arora et al., 2018].

习题

4.1 试给出轴平行矩形假设空间基于 VC 维的泛化误差界, 并与 (2.23) 进行比较.

4.2 若假设空间 $\mathcal{H}$ 的 VC 维为 d,

(1) 试证明对任一大小为 m 的集合 D, $\widehat{\mathfrak{R}}_D(\mathcal{H}) \leqslant \sqrt{\frac{2d\ln(\frac{em}{d})}{m}}$; 进一步, 对任一分布 $\mathcal{D}$, $\mathfrak{R}_m(\mathcal{H}) \leqslant \sqrt{\frac{2d\ln(\frac{em}{d})}{m}}$.

(2) 试利用基于 Rademacher 复杂度的泛化误差界 (定理 4.5) 和 (1) 中的结果推导基于 VC 维的泛化误差界, 并与定理 4.3 进行比较.

4.3 若假设空间 $\mathcal{H}$ 满足 $|\mathcal{H}| \geqslant 3$, 试证明对于任意学习算法 $\mathfrak{L}$ 存在分布 $\mathcal{D}$ 和目标概念 $c \in \mathcal{H}$, 使得至少需要 $\Omega(\frac{1}{\epsilon}\ln\frac{1}{\delta})$ 个样本才有

$$P\left(E_{\mathcal{D}}(h_D, c) \leqslant \epsilon\right) \geqslant 1 - \delta \ ,$$

其中 h_D 为 $\mathfrak{L}$ 基于从 $\mathcal{D}$ 独立同分布采样得到的训练集 D 输出的假设.

4.4 4.3 节分析实例中给出了二分类问题中支持向量机的泛化误差界. 对于多分类问题, 可以定义打分函数 $h(\boldsymbol{x}, y) : \mathcal{X} \times \mathcal{Y} \mapsto \mathbb{R}$ 实现分类结果 $\arg\max_{y \in \mathcal{Y}} h(\boldsymbol{x}, y)$, 其中 $\mathcal{Y} = \{0, \ldots, K-1\}$.

$\Phi_\rho(\cdot)$ 参见 (4.72).

(1) 定义打分函数 h 在点 $(\boldsymbol{x}, y)$ 处的间隔为 $\tau_h(\boldsymbol{x}, y) = h(\boldsymbol{x}, y) - \max_{y' \neq y} h(\boldsymbol{x}, y')$, h 在 $D = \{(\boldsymbol{x}_1, y_1), \ldots, (\boldsymbol{x}_m, y_m)\}$ 上的经验间隔损失为 $\widehat{E}_{D,\rho}(h) = \frac{1}{m}\sum_{i=1}^{m} \Phi_\rho\left(\tau_h(\boldsymbol{x}_i, y_i)\right)$, 试证明:

$$\widehat{E}_{D,\rho}(h) \leqslant \frac{1}{m}\sum_{i=1}^{m} \mathbb{I}\left(\tau_h(\boldsymbol{x}_i, y_i) \leqslant \rho\right) \ .$$

(2) 定义 $\tau_{\theta,h}(\boldsymbol{x}, y) = \min_{y' \in \mathcal{Y}}\left(h(\boldsymbol{x}, y) - h(\boldsymbol{x}, y') + \theta\mathbb{I}(y' \neq y)\right)$, 其中 $\theta > 0$ 为任意常数, $(\boldsymbol{x}, y) \sim \mathcal{D}$, 试证明:

$$\mathbb{E}_{\mathcal{D}}\left[\mathbb{I}\left(\tau_h(\boldsymbol{x}, y) \leqslant 0\right)\right] \leqslant \mathbb{E}_{\mathcal{D}}\left[\mathbb{I}\left(\tau_{\theta,h}(\boldsymbol{x}, y) \leqslant 0\right)\right] \ .$$

(3) 令 $\mathcal{H} \subseteq \mathbb{R}^{\mathcal{X} \times \mathcal{Y}}$ 表示函数 h 构成的集合, 固定 $\rho > 0$, 考虑假设空间 $\widetilde{\mathcal{H}} = \{(\boldsymbol{x}, y) \mapsto \tau_{\theta,h}(\boldsymbol{x}, y) : h \in \mathcal{H}\}$, 其中 $\theta = 2\rho$, h 的泛化误差表示为 $E(h) = \mathbb{E}_{\mathcal{D}}\left[\mathbb{I}\left(\tau_h(\boldsymbol{x}, y) \leqslant 0\right)\right]$, 试证明对 $0 < \delta < 1$,

$h \in \mathcal{H}$, 以至少 $1-\delta$ 的概率有

$$E(h) \leqslant \widehat{E}_{D,\rho}(h) + \frac{2}{\rho}\mathfrak{R}_m(\widetilde{\mathcal{H}}) + \sqrt{\frac{\ln\frac{1}{\delta}}{2m}}\ .$$

参考文献

周志华. (2020). “Boosting 学习理论的探索.” 中国计算机学会通讯, 16(4): 36–42.

Anthony, M. and P. L. Bartlett. (2009). *Neural Network Learning: Theoretical Foundations*. Cambridge University Press, Cambridge, UK.

Arora, S., R. Ge, B. Neyshabur, and Y. Zhang. (2018), “Stronger generalization bounds for deep nets via a compression approach.” In *Proceedings of the 35th International Conference on Machine Learning (ICML)*, pp. 254–263, Stockholm, Sweden.

Arpit, D., S. Jastrzebski, N. Ballas, D. Krueger, E. Bengio, M. S. Kanwal, T. Maharaj, A. Fischer, et al. (2017), “A closer look at memorization in deep networks.” In *Proceedings of the 34th International Conference on Machine Learning (ICML)*, pp. 233–242, Sydney, Australia.

Bartlett, P. L. and S. Mendelson. (2002). “Rademacher and Gaussian complexities: Risk bounds and structural results.” *Journal of Machine Learning Research*, 3:463–482.

Cherkassky, V., X. Shao, F. M. Mulier, and V. N. Vapnik. (1999). “Model complexity control for regression using VC generalization bounds.” *IEEE Transactions on Neural Networks*, 10(5):1075–1089.

Ehrenfeucht, A., D. Haussler, M. J. Kearns, and L. G. Valiant. (1988), “A general lower bound on the number of examples needed for learning.” In *Proceedings of the 1st Annual Conference on Computational Learning Theory (COLT)*, pp. 139–154, Cambridge, MA.

Krishnapuram, B., L. Carin, et al. (2005). “Sparse multinomial logistic regression: Fast algorithms and generalization bounds.” *IEEE Transactions on Pattern Analysis and Machine Intelligence*, 27(6):957–968.

Kuznetsov, V. and M. Mohri. (2017). “Generalization bounds for non-stationary mixing processes.” *Machine Learning*, 106(1):93–117.

Ledoux, M. and M. Talagrand. (1991). *Probability in Banach Spaces: Isoperimetry and Processes*. Springer, Berlin, Germany.

Mansour, Y. and D. A. Mcallester. (2000), “Generalization bounds for decision trees.” In *Proceedings of the 13th Annual Conference on Computational*

Learning Theory (COLT), pp. 69–74, Palo Alto, CA.

McAllester, D. A. (1999). "Some PAC-Bayesian theorems." *Machine Learning*, 37(3):355–363.

Mohri, M., A. Rostamizadeh, and A. Talwalkar. (2018). *Foundations of Machine Learning*, 2nd edition. MIT Press, Cambridge, MA.

Morvant, E. et al. (2012), "PAC-Bayesian generalization bound on confusion matrix for multi-class classification." In *Proceedings of the 29th International Conference on Machine Learning (ICML)*, pp. 1211–1218, Edinburgh, UK.

Natarajan, B. K. (1989). "On learning sets and functions." *Machine Learning*, 4(1):67–97.

Seeger, M. W. (2002). "PAC-Bayesian generalisation error bounds for Gaussian process classification." *Journal of Machine Learning Research*, 3:233–269.

Slud, E. V. (1977). "Distribution inequalities for the binomial law." *Annals of Probability*, 5(3):404–412.

Stein, E. M. and R. Shakarchi. (2009). *Real Analysis: Measure Theory, Integration, and Hilbert Spaces.* Princeton University Press, Princeton, NJ.

Vapnik, V. N. and A. Chervonenkis. (1971). "On the uniform convergence of relative frequencies of events to their probabilities." *Theory of Probability and Its Applications*, 16(2):264–280.

Yang, J., S. Sun, and D. M. Roy. (2019), "Fast-rate PAC-Bayes generalization bounds via shifted rademacher processes." In *Advances in Neural Information Processing Systems 32* (H. Wallach, H. Larochelle, A. Beygelzimer, F. d'Alché-Buc, E. Fox, and R. Garnett, eds.), pp. 10802–10812, Curran Associates Inc., Red Hook, NY.

Zhang, C., S. Bengio, M. Hardt, B. Recht, et al. (2017), "Understanding deep learning requires rethinking generalization." In *Proceedings of the 5th International Conference on Learning Representations (ICLR)*, Toulon, France.

第 5 章　稳定性

第 4 章介绍的泛化误差界主要基于不同的假设空间复杂度度量, 如增长函数, VC 维和 Rademacher 复杂度等, 与具体的学习算法无关. 这些泛化误差界保证了有限 VC 维学习方法的泛化性, 但不能应用于无限 VC 维的学习方法. 例如, 最近邻方法的每个训练集均可以看作一个分类函数, 其 VC 维是无限的 [Devroye and Wagner, 1979a], 然而其在现实应用中表现出良好的泛化性, 我们不能利用假设空间复杂度来分析最近邻方法的泛化性. 本章介绍一种新的分析工具: 算法的稳定性 (stability). 直观而言, 稳定性刻画了训练集的扰动对算法结果的影响.

5.1 基本概念

前 4 章主要考虑二分类问题 $\mathcal{Y}=\{-1,+1\}$, 本章考虑更一般的学习问题 $\mathcal{Y}\subset\mathbb{R}$.

考虑样本空间 $\mathcal{X}\subseteq\mathbb{R}^d$ 和标记空间 $\mathcal{Y}\subset\mathbb{R}$, 假设 $\mathcal{D}$ 是空间 $\mathcal{X}\times\mathcal{Y}$ 上的一个联合分布. 训练集 $D=\{(\boldsymbol{x}_1,y_1),(\boldsymbol{x}_2,y_2),\ldots,(\boldsymbol{x}_m,y_m)\}$ 基于分布 $\mathcal{D}$ 独立同分布采样所得. 记 $\boldsymbol{z}=(\boldsymbol{x},y)$ 和 $\boldsymbol{z}_i=(\boldsymbol{x}_i,y_i)$. 在稳定性研究中, 一般考虑训练集 D 的两种扰动: 移除样本和替换样本, 其定义如下:

- $D^{\setminus i}$ 表示移除训练集 D 中第 i 个样本而得到的数据集, 即

$$D^{\setminus i}=\{\boldsymbol{z}_1,\boldsymbol{z}_2,\ldots,\boldsymbol{z}_{i-1},\boldsymbol{z}_{i+1},\ldots,\boldsymbol{z}_m\}\ ;$$

- $D^{i,\boldsymbol{z}_i'}$ 表示将训练集 D 中第 i 个样本 $\boldsymbol{z}_i=(\boldsymbol{x}_i,y_i)$ 替换为 $\boldsymbol{z}_i'=(\boldsymbol{x}_i',y_i')$ 所得的数据集, 即

$$D^{i,\boldsymbol{z}_i'}=\{\boldsymbol{z}_1,\boldsymbol{z}_2,\ldots,\boldsymbol{z}_{i-1},\boldsymbol{z}_i',\boldsymbol{z}_{i+1},\ldots,\boldsymbol{z}_m\}\ .$$

给定学习算法 $\mathfrak{L}$, 令 $\mathfrak{L}_D\colon\mathcal{X}\mapsto\mathcal{Y}$ 表示 $\mathfrak{L}$ 基于训练集 D 学习所得的输出函数 (output function), 本章考虑输出函数 $\mathfrak{L}_D$ 与训练集 D 有关, 但与 D 中样本的顺序无关.

本章考虑更一般的学习问题 $\mathcal{Y}\subset\mathbb{R}$, 所以称为输出函数; 对于分类问题, 可称为分类器 (classifier) 或假设 (hypothesis).

为衡量输出函数 $\mathfrak{L}_D$ 在样本 $\boldsymbol{z}=(\boldsymbol{x},y)$ 上的性能, 如预测能力等, 通常引入一个损失函数 ℓ. 针对不同的学习任务可考虑不同的损失函数 ℓ, 例如, 对分类

问题一般考虑 0/1 损失函数

$$\ell(\mathfrak{L}_D, \boldsymbol{z}) = \mathbb{I}(\mathfrak{L}_D(\boldsymbol{x}) \neq y) \ ; \tag{5.1}$$

对回归问题一般考虑平方函数

$$\ell(\mathfrak{L}_D, \boldsymbol{z}) = (\mathfrak{L}_D(\boldsymbol{x}) - y)^2 \ . \tag{5.2}$$

通常假设损失函数 ℓ 是非负有上界的, 即存在 $M > 0$, 对任意数据集 D 和样本 $\boldsymbol{z}$ 有 $\ell(\mathfrak{L}_D, \boldsymbol{z}) \in [0, M]$ 成立.

为衡量输出函数 $\mathfrak{L}_D$ 在数据集或数据分布下的性能, 下面定义三种常用的风险 (risk):

前 4 章主要考虑 0/1 分类错误, 称为误差 (error); 对更一般的学习问题, 通常引入损失函数而称为风险 (risk).

- 函数 $\mathfrak{L}_D$ 在数据集 D 上的性能被称为 **经验风险**, 即

$$\widehat{R}(\mathfrak{L}_D) = \frac{1}{m} \sum_{i=1}^{m} \ell(\mathfrak{L}_D, \boldsymbol{z}_i) \ . \tag{5.3}$$

- 函数 $\mathfrak{L}_D$ 在数据分布 $\mathcal{D}$ 上的性能被称为 **泛化风险**, 即

$$R(\mathfrak{L}_D) = \mathbb{E}_{\boldsymbol{z} \sim \mathcal{D}}[\ell(\mathfrak{L}_D, \boldsymbol{z})] \ . \tag{5.4}$$

- 给定数据集 D, **留一风险** (leave-one-out risk) 为

$$R_{loo}(\mathfrak{L}_D) = \frac{1}{m} \sum_{i=1}^{m} \ell(\mathfrak{L}_{D^{\setminus i}}, \boldsymbol{z}_i) \ . \tag{5.5}$$

对经验风险、泛化风险和留一风险, 有如下关系:

引理 5.1 对任意数据集 D 和 $i \in [m]$, 有

$$\mathbb{E}_D[R(\mathfrak{L}_D) - \widehat{R}(\mathfrak{L}_D)] = \mathbb{E}_{D, \boldsymbol{z}_i'}[\ell(\mathfrak{L}_D, \boldsymbol{z}_i') - \ell(\mathfrak{L}_{D^{i, \boldsymbol{z}_i'}}, \boldsymbol{z}_i')] \ , \tag{5.6}$$

$$\mathbb{E}_D[R(\mathfrak{L}_{D^{\setminus i}}) - R_{loo}(\mathfrak{L}_D)] = 0 \ , \tag{5.7}$$

$$\mathbb{E}_D[R(\mathfrak{L}_D) - R_{loo}(\mathfrak{L}_D)] = \mathbb{E}_{D, \boldsymbol{z}}[\ell(\mathfrak{L}_D, \boldsymbol{z}) - \ell(\mathfrak{L}_{D^{\setminus i}}, \boldsymbol{z}_i)] \ . \tag{5.8}$$

证明 根据泛化风险 (5.4) 可知

$$\mathbb{E}_D[R(\mathfrak{L}_D)] = \mathbb{E}_{D, \boldsymbol{z}}[\ell(\mathfrak{L}_D, \boldsymbol{z})] = \mathbb{E}_{D, \boldsymbol{z}_i'}[\ell(\mathfrak{L}_D, \boldsymbol{z}_i')] \ . \tag{5.9}$$

由于数据集 D 中的样本 $\boldsymbol{z}_1, \boldsymbol{z}_2, \ldots, \boldsymbol{z}_m$ 是基于分布 $\mathcal{D}$ 独立同分布采样得到的, 根据经验风险 (5.3) 可得

$$\mathbb{E}_D\left[\widehat{R}(\mathfrak{L}_D)\right] = \frac{1}{m}\sum_{j=1}^{m}\mathbb{E}_D[\ell(\mathfrak{L}_D, \boldsymbol{z}_j)] = \mathbb{E}_D[\ell(\mathfrak{L}_D, \boldsymbol{z}_i)] \ , \tag{5.10}$$

将 (5.10) 中样本 $\boldsymbol{z}_i$ 替换为 $\boldsymbol{z}_i'$, 有

$$\mathbb{E}_D\left[\widehat{R}(\mathfrak{L}_D)\right] = \mathbb{E}_{D,\boldsymbol{z}_i'}[\ell(\mathfrak{L}_{D^{i,\boldsymbol{z}_i'}}, \boldsymbol{z}_i')] \ . \tag{5.11}$$

结合 (5.9) 和 (5.11) 可得 (5.6). 同理可证 (5.7) 和 (5.8). □

根据 (5.6) 和 (5.8), 经验风险和留一风险可看作泛化风险的经验估计. 对于经验风险最小化的学习算法, 其经验风险是泛化风险的一种较为乐观的估计. 根据 (5.7) 可知留一风险是泛化风险的一种无偏估计, 为使用留一法评估学习方法的泛化性提供了保障.

下面给出几种经典的稳定性概念, 首先介绍 **均匀稳定性** (uniform stability), 分为替换样本均匀稳定性和移除样本均匀稳定性两种情况.

定义 5.1 替换样本均匀稳定性: 对任意数据集 D 和样本 $\boldsymbol{z}, \boldsymbol{z}' \in \mathcal{X} \times \mathcal{Y}$, 若学习算法 $\mathfrak{L}$ 满足

$$|\ell(\mathfrak{L}_D, \boldsymbol{z}) - \ell(\mathfrak{L}_{D^{i,\boldsymbol{z}'}}, \boldsymbol{z})| \leqslant \beta \quad (i \in [m]) \ , \tag{5.12}$$

则称算法 $\mathfrak{L}$ 具有关于损失函数 ℓ 的替换样本 β-均匀稳定性.

定义 5.2 移除样本均匀稳定性: 对任意数据集 D 和样本 $\boldsymbol{z} \in \mathcal{X} \times \mathcal{Y}$, 若学习算法 $\mathfrak{L}$ 满足

$$\left|\ell(\mathfrak{L}_D, \boldsymbol{z}) - \ell(\mathfrak{L}_{D^{\setminus i}}, \boldsymbol{z})\right| \leqslant \gamma \quad (i \in [m]) \ , \tag{5.13}$$

则称算法 $\mathfrak{L}$ 具有关于损失函数 ℓ 的移除样本 γ-均匀稳定性.

若算法 $\mathfrak{L}$ 具有移除样本 γ-均匀稳定性, 则有

$$\begin{aligned}&|\ell(\mathfrak{L}_D, \boldsymbol{z}) - \ell(\mathfrak{L}_{D^{i,\boldsymbol{z}'}}, \boldsymbol{z})| \\ &\quad\leqslant |\ell(\mathfrak{L}_D, \boldsymbol{z}) - \ell(\mathfrak{L}_{D^{\setminus i}}, \boldsymbol{z})| + |\ell(\mathfrak{L}_{D^{i,\boldsymbol{z}'}}, \boldsymbol{z}) - \ell(\mathfrak{L}_{D^{\setminus i}}, \boldsymbol{z})| \leqslant 2\gamma \ ,\end{aligned} \tag{5.14}$$

从而证明了算法 $\mathfrak{L}$ 具有替换样本 2γ-均匀稳定性. 因此移除样本均匀稳定性可推导出替换样本均匀稳定性.

一般而言, 替换样本 β-均匀稳定性中的系数 β 与训练集的大小 m 相关, 即 $\beta = \beta(m)$. 若算法 $\mathfrak{L}$ 满足

对 γ 可做类似讨论.

$$\lim_{m\to\infty} \beta = \lim_{m\to\infty} \beta(m) = 0 \ , \tag{5.15}$$

则称算法 $\mathfrak{L}$ 是稳定的 (stable). 直观而言, 均匀稳定性确保了当训练数据足够多时, 替换一个样本对学习算法输出函数的影响较小.

考虑到均匀稳定性要求对任意的数据集 D 和样本 $\boldsymbol{z}$ 有 (5.12) 或 (5.13) 成立, 这是一个较强的条件. 我们适当放松这个条件: 对数据集 D 和样本 $\boldsymbol{z}$ 取期望, 在期望条件下考虑训练集的扰动对算法输出函数的影响, 就产生了如下的**假设稳定性**.

定义 5.3 替换样本假设稳定性 (hypothesis stability): 若学习算法 $\mathfrak{L}$ 满足

$$\mathbb{E}_{D,\boldsymbol{z}_i'\sim\mathcal{D}^{m+1}}\left[\left|\ell(\mathfrak{L}_D,\boldsymbol{z}_i)-\ell(\mathfrak{L}_{D^{i,\boldsymbol{z}_i'}},\boldsymbol{z}_i)\right|\right] \leqslant \beta \quad (i\in[m]) \ , \tag{5.16}$$

则称算法 $\mathfrak{L}$ 具有关于损失函数 ℓ 的替换样本 β-假设稳定性.

这里仅给出替换样本假设稳定性, 类似可定义移除样本假设稳定性.

5.2 重要性质

5.2.1 稳定性与泛化性

泛化性研究通过训练数据学得的输出函数能否很好地适用于未见过的新数据, 这是机器学习关心的根本问题. 第 4 章主要从函数空间复杂度来研究泛化性, 与具体学习算法无关. 本节从算法稳定性的角度来研究泛化性, 完全从算法自身的属性研究泛化性, 与函数空间复杂度无关, 因此本节的研究可用于无限函数空间复杂度的学习算法.

首先研究具有均匀稳定性的学习算法的泛化性, 有如下定理 [Bousquet and Elisseeff, 2002].

定理 5.1 给定学习算法 $\mathfrak{L}$ 和数据集 $D=\{\boldsymbol{z}_1,\boldsymbol{z}_2,\ldots,\boldsymbol{z}_m\}$, 假设损失函数 $\ell(\cdot,\cdot)\in[0,M]$, 若学习算法 $\mathfrak{L}$ 具有替换样本 β-均匀稳定性, 则对任意 $\delta\in(0,1)$, 以至少 $1-\delta$ 的概率有

$$R(\mathfrak{L}_D) \leqslant \widehat{R}(\mathfrak{L}_D) + \beta + (2m\beta + M)\sqrt{\frac{\ln(1/\delta)}{2m}} \ ; \tag{5.17}$$

若学习算法 $\mathfrak{L}$ 具有移除样本 γ-均匀稳定性, 则对任意 $\delta \in (0,1)$, 以至少 $1-\delta$ 的概率有

$$R(\mathfrak{L}_D) \leqslant R_{loo}(\mathfrak{L}_D) + \gamma + (4m\gamma + M)\sqrt{\frac{\ln(1/\delta)}{2m}} \ . \tag{5.18}$$

证明 首先设函数

$$\Phi(D) = \Phi(\boldsymbol{z}_1, \boldsymbol{z}_2, \ldots, \boldsymbol{z}_m) = R(\mathfrak{L}_D) - \widehat{R}(\mathfrak{L}_D) \ . \tag{5.19}$$

对任意 $i \in [m]$, 根据引理 5.1 中 (5.6) 可得

根据替换样本 β-均匀稳定性.

$$\begin{aligned} \mathbb{E}_D[\Phi(D)] &= \mathbb{E}_D[R(\mathfrak{L}_D) - \widehat{R}(\mathfrak{L}_D)] \\ &= \mathbb{E}_{D,\boldsymbol{z}_i'}[\ell(\mathfrak{L}_D, \boldsymbol{z}_i') - \ell(\mathfrak{L}_{D^{i,\boldsymbol{z}_i'}}, \boldsymbol{z}_i')] \leqslant \beta \ . \end{aligned} \tag{5.20}$$

给定样本 $\boldsymbol{z}_i' \in \mathcal{X} \times \mathcal{Y}$, 有

$$\left|\Phi(D) - \Phi(D^{i,\boldsymbol{z}_i'})\right| \leqslant \left|R(\mathfrak{L}_D) - R(\mathfrak{L}_{D^{i,\boldsymbol{z}_i'}})\right| + \left|\widehat{R}(\mathfrak{L}_{D^{i,\boldsymbol{z}_i'}}) - \widehat{R}(\mathfrak{L}_D)\right| \ . \tag{5.21}$$

对替换样本 β-均匀稳定性的算法 $\mathfrak{L}$, 有

根据 $\ell(\cdot,\cdot) \in [0, M]$.

$$\begin{aligned} &\left|\widehat{R}(\mathfrak{L}_{D^{i,\boldsymbol{z}_i'}}) - \widehat{R}(\mathfrak{L}_D)\right| \\ &\leqslant \frac{\left|\ell(\mathfrak{L}_D, \boldsymbol{z}_i) - \ell(\mathfrak{L}_{D^{i,\boldsymbol{z}_i'}}, \boldsymbol{z}_i')\right|}{m} + \sum_{j \neq i} \frac{\left|\ell(\mathfrak{L}_D, \boldsymbol{z}_j) - \ell(\mathfrak{L}_{D^{i,\boldsymbol{z}_i'}}, \boldsymbol{z}_j)\right|}{m} \\ &\leqslant \beta + M/m \ , \end{aligned} \tag{5.22}$$

以及进一步有

$$\left|R(\mathfrak{L}_D) - R(\mathfrak{L}_{D^{i,\boldsymbol{z}_i'}})\right| = \left|\mathbb{E}_{\boldsymbol{z}\sim\mathcal{D}}[\ell(\mathfrak{L}_D, \boldsymbol{z}) - \ell(\mathfrak{L}_{D^{i,\boldsymbol{z}_i'}}, \boldsymbol{z})]\right| \leqslant \beta \ . \tag{5.23}$$

将 (5.22) 和 (5.23) 代入 (5.21) 可得

$$|\Phi(D) - \Phi(D^{i,\boldsymbol{z}_i'})| \leqslant 2\beta + M/m \ . \tag{5.24}$$

结合 (5.20) 和 (5.24), 将 McDiarmid 不等式 (1.32) 应用于函数 $\Phi(D)$, 对任意 $\epsilon > 0$ 有

$$\begin{aligned} P\left(R(\mathfrak{L}_D) - \widehat{R}(\mathfrak{L}_D) \geqslant \beta + \epsilon\right) &= P\left(\Phi(D) \geqslant \beta + \epsilon\right) \\ &\leqslant P\left(\Phi(D) \geqslant \mathbb{E}[\Phi(D)] + \epsilon\right) \leqslant \exp\left(\frac{-2m\epsilon^2}{(2m\beta + M)^2}\right) . \end{aligned} \tag{5.25}$$

令 $\delta = \exp\left(-2m\epsilon^2/(2m\beta + M)^2\right)$, 解出 $\epsilon = (2m\beta + M)\sqrt{\ln(1/\delta)/2m}$, 代入 (5.25) 可得, 以至少 $1 - \delta$ 的概率有

$$R(\mathfrak{L}_D) - \widehat{R}(\mathfrak{L}_D) < \beta + (2m\beta + M)\sqrt{\frac{\ln(1/\delta)}{2m}} , \tag{5.26}$$

由此证明 (5.17).

同理可证 (5.18), 证明思路是首先构造 $\Phi'(D) = R(\mathfrak{L}_D) - R_{loo}(\mathfrak{L}_D)$, 然后利用 McDiarmid 不等式 (1.32) 完成证明. □

定理 5.1 给出了基于替换样本均匀稳定性的泛化界, 类似可给出基于移除样本均匀稳定性的泛化界, 我们将此作为一个习题.

习题 5.1.

根据 (5.17) 可知:

- 若 $\lim_{m\to+\infty} m\beta = c \in (0, \infty)$, 则有 $R(\mathfrak{L}_D) \leqslant \widehat{R}(\mathfrak{L}_D) + O(1/\sqrt{m})$ 成立, 此时基于稳定性的泛化界与基于 VC 维或 Rademacher 复杂度的泛化界是一致的;
- 若 $\lim_{m\to+\infty} m\beta = 0$, 则有 $R(\mathfrak{L}_D) \leqslant \widehat{R}(\mathfrak{L}_D)$, 从而保证了泛化风险不会超过在训练集上的经验风险;
- 若 $\lim_{m\to+\infty} m\beta = \infty$, 则不能对算法的泛化性能有任何保障.

接下来探讨假设稳定性, 我们给出替换样本假设稳定性的泛化性分析 [Bousquet and Elisseeff, 2002], 类似可考虑移除样本假设稳定性.

定理 5.2 给定学习算法 $\mathfrak{L}$ 和训练集 $D = \{\boldsymbol{z}_1, \boldsymbol{z}_2, \ldots, \boldsymbol{z}_m\}$, 假设损失函数 $\ell(\cdot,\cdot) \in [0, M]$, 若学习算法 $\mathfrak{L}$ 具有替换样本 β-假设稳定性, 则有

$$\mathbb{E}_{D\sim\mathcal{D}^m}\left[\left(R(\mathfrak{L}_D) - \widehat{R}(\mathfrak{L}_D)\right)^2\right] \leqslant 4M\beta + \frac{M^2}{m} . \tag{5.27}$$

证明 根据泛化风险 (5.4) 和经验风险 (5.3) 的定义可知

$$\begin{aligned}\mathbb{E}_D\left[(R(\mathfrak{L}_D)-\widehat{R}(\mathfrak{L}_D))^2\right] &= \mathbb{E}_D\left[\left(R(\mathfrak{L}_D)-\frac{1}{m}\sum_{i=1}^m \ell(\mathfrak{L}_D,\boldsymbol{z}_i)\right)^2\right] \\ &= \frac{1}{m^2}\sum_{i\neq j}\mathbb{E}_D\big[(R(\mathfrak{L}_D)-\ell(\mathfrak{L}_D,\boldsymbol{z}_i))(R(\mathfrak{L}_D)-\ell(\mathfrak{L}_D,\boldsymbol{z}_j))\big] \\ &\quad +\frac{1}{m^2}\sum_{i=1}^m \mathbb{E}_D\left[(R(\mathfrak{L}_D)-\ell(\mathfrak{L}_D,\boldsymbol{z}_i))^2\right] . \end{aligned} \tag{5.28}$$

根据损失函数 $\ell(\cdot,\cdot)\in[0,M]$ 可得 $R(\mathfrak{L}_D)=\mathbb{E}_{\boldsymbol{z}\sim\mathcal{D}}[\ell(\mathfrak{L}_D,\boldsymbol{z})]\in[0,M]$, 以及

$$\frac{1}{m^2}\sum_{i=1}^m \mathbb{E}_D\left[(R(\mathfrak{L}_D)-\ell(\mathfrak{L}_D,\boldsymbol{z}_i))^2\right]\leqslant\frac{M^2}{m} . \tag{5.29}$$

根据训练集 D 的独立同分布假设有

$$\begin{aligned}&\frac{1}{m^2}\sum_{i\neq j}\mathbb{E}_D\big[(R(\mathfrak{L}_D)-\ell(\mathfrak{L}_D,\boldsymbol{z}_i))(R(\mathfrak{L}_D)-\ell(\mathfrak{L}_D,\boldsymbol{z}_j))\big] \\ &= (1-1/m)\mathbb{E}_D\big[(R(\mathfrak{L}_D)-\ell(\mathfrak{L}_D,\boldsymbol{z}_1))(R(\mathfrak{L}_D)-\ell(\mathfrak{L}_D,\boldsymbol{z}_2))\big] \\ &\leqslant \mathbb{E}_{D,\boldsymbol{z},\boldsymbol{z}'}\big[\ell(\mathfrak{L}_D,\boldsymbol{z})\ell(\mathfrak{L}_D,\boldsymbol{z}')-\ell(\mathfrak{L}_D,\boldsymbol{z})\ell(\mathfrak{L}_D,\boldsymbol{z}_1) \\ &\qquad +\ell(\mathfrak{L}_D,\boldsymbol{z}_1)\ell(\mathfrak{L}_D,\boldsymbol{z}_2)-\ell(\mathfrak{L}_D,\boldsymbol{z}')\ell(\mathfrak{L}_D,\boldsymbol{z}_2)\big] . \end{aligned} \tag{5.30}$$

引入数据集 $D^{1,\boldsymbol{z}}=\{\boldsymbol{z},\boldsymbol{z}_2,\ldots,\boldsymbol{z}_n\}$, 根据独立同分布假设有

$$\mathbb{E}_{D,\boldsymbol{z},\boldsymbol{z}'}\big[\ell(\mathfrak{L}_D,\boldsymbol{z})\ell(\mathfrak{L}_D,\boldsymbol{z}')\big] = \mathbb{E}_{D,\boldsymbol{z},\boldsymbol{z}'}\big[\ell(\mathfrak{L}_{D^{1,\boldsymbol{z}}},\boldsymbol{z}_1)\ell(\mathfrak{L}_{D^{1,\boldsymbol{z}}},\boldsymbol{z}')\big] . \tag{5.31}$$

进一步利用 $\ell(\cdot,\cdot)\in[0,M]$ 和替换样本 β-假设稳定性可得

$$\begin{aligned}&\mathbb{E}_{D,\boldsymbol{z},\boldsymbol{z}'}\big[\ell(\mathfrak{L}_D,\boldsymbol{z})\ell(\mathfrak{L}_D,\boldsymbol{z}')-\ell(\mathfrak{L}_D,\boldsymbol{z}')\ell(\mathfrak{L}_D,\boldsymbol{z}_1)\big] \\ &= \mathbb{E}_{D,\boldsymbol{z},\boldsymbol{z}'}\big[\ell(\mathfrak{L}_{D^{1,\boldsymbol{z}}},\boldsymbol{z}_1)\ell(\mathfrak{L}_{D^{1,\boldsymbol{z}}},\boldsymbol{z}')-\ell(\mathfrak{L}_D,\boldsymbol{z}')\ell(\mathfrak{L}_D,\boldsymbol{z}_1)\big] \\ &\leqslant \mathbb{E}_{D,\boldsymbol{z},\boldsymbol{z}'}\big[|\ell(\mathfrak{L}_{D^{1,\boldsymbol{z}}},\boldsymbol{z}')|\times|\ell(\mathfrak{L}_{D^{1,\boldsymbol{z}}},\boldsymbol{z}_1)-\ell(\mathfrak{L}_D,\boldsymbol{z}_1)|\big] \\ &\quad +\mathbb{E}_{D,\boldsymbol{z},\boldsymbol{z}'}\big[|\ell(\mathfrak{L}_D,\boldsymbol{z}_1)|\times|\ell(\mathfrak{L}_{D^{1,\boldsymbol{z}}},\boldsymbol{z}')-\ell(\mathfrak{L}_D,\boldsymbol{z}')|\big]\leqslant 2M\beta . \end{aligned} \tag{5.32}$$

引入数据集 $D^{1,\boldsymbol{z}'}=\{\boldsymbol{z}',\boldsymbol{z}_2,\ldots,\boldsymbol{z}_n\}$, 同理可证

$$
\begin{aligned}
&\mathbb{E}_{D,\boldsymbol{z},\boldsymbol{z}'}\left[\ell(\mathfrak{L}_D,\boldsymbol{z}_1)\ell(\mathfrak{L}_D,\boldsymbol{z}_2)-\ell(\mathfrak{L}_D,\boldsymbol{z}')\ell(\mathfrak{L}_D,\boldsymbol{z}_2)\right] \\
&\quad=\mathbb{E}_{D,\boldsymbol{z},\boldsymbol{z}'}\left[\ell(\mathfrak{L}_D,\boldsymbol{z}_1)\ell(\mathfrak{L}_D,\boldsymbol{z}_2)-\ell(\mathfrak{L}_{D^{1,\boldsymbol{z}'}},\boldsymbol{z}_1)\ell(\mathfrak{L}_{D^{1,\boldsymbol{z}'}},\boldsymbol{z}_2)\right]\leqslant 2M\beta\ . \qquad (5.33)
\end{aligned}
$$

结合 (5.28)~(5.33), 定理 5.2 得证. □

过拟合 (overfitting) 是泛化性研究中一个重要的概念. 给定训练集 D, 若算法 $\mathfrak{L}$ 输出函数的经验风险较小、而泛化风险较大, 则称过拟合现象, 即经验风险与泛化风险之间的差距 $\mathbb{E}_{D\sim\mathcal{D}^m}[R(\mathfrak{L}_D)-\widehat{R}(\mathfrak{L}_D)]$ 较大.

训练集的"扰动"主要指替换样本, 可类似考虑移除样本.

稳定性研究训练集 D 的扰动对算法 $\mathfrak{L}$ 输出函数的影响, 稳定的算法要求 $|\ell(\mathfrak{L}_{D^{i,\boldsymbol{z}'}},\boldsymbol{z}_i)-\ell(\mathfrak{L}_D,\boldsymbol{z}_i)|$ 的值较小, 其中 $D^{i,\boldsymbol{z}'}=\{\boldsymbol{z}_1,\ldots,\boldsymbol{z}_{i-1},\boldsymbol{z}',\boldsymbol{z}_{i+1},\ldots,\boldsymbol{z}_m\}$ 与样本 $\boldsymbol{z}_i$ 无关, 此时 $\ell(\mathfrak{L}_{D^{i,\boldsymbol{z}'}},\boldsymbol{z}_i)$ 可看作泛化风险, 同理可将 $\ell(\mathfrak{L}_D,\boldsymbol{z}_i)$ 看作经验风险. 因此过拟合与稳定性之间存在一定的关系, 有如下定理 [Shalev-Shwartz and Ben-David, 2014].

定理 5.3 数据集 $D=\{\boldsymbol{z}_1,\boldsymbol{z}_2,\ldots,\boldsymbol{z}_m\}$ 和样本 $\boldsymbol{z}'$ 都是基于分布 $\mathcal{D}$ 独立同分布采样所得, 令 $\mathcal{U}(m)$ 表示在集合 $[m]=\{1,2,\ldots,m\}$ 上的均匀分布, 则对任何学习算法 $\mathfrak{L}$ 有

$$
\begin{aligned}
&\mathbb{E}_{D\sim\mathcal{D}^m}\left[R(\mathfrak{L}_D)-\widehat{R}(\mathfrak{L}_D)\right] \\
&\quad=\ \mathbb{E}_{D,\boldsymbol{z}'\sim\mathcal{D}^{m+1},i\sim\mathcal{U}(m)}\left[\ell(\mathfrak{L}_{D^{i,\boldsymbol{z}'}},\boldsymbol{z}_i)-\ell(\mathfrak{L}_D,\boldsymbol{z}_i)\right]\ . \qquad (5.34)
\end{aligned}
$$

证明 根据样本 $\boldsymbol{z}'$ 和数据集 D 的独立同分布假设可知

$$
\begin{aligned}
\mathbb{E}_{D\sim\mathcal{D}^m}[R(\mathfrak{L}_D)] &= \mathbb{E}_{D,\boldsymbol{z}'\sim\mathcal{D}^{m+1}}[\ell(\mathfrak{L}_D,\boldsymbol{z}')] \\
&= \mathbb{E}_{D,\boldsymbol{z}'\sim\mathcal{D}^{m+1},i\sim\mathcal{U}(m)}[\ell(\mathfrak{L}_{D^{i,\boldsymbol{z}'}},\boldsymbol{z}_i)]\ . \qquad (5.35)
\end{aligned}
$$

另一方面有 $\mathbb{E}_{D\sim\mathcal{D}^m}[\widehat{R}(\mathfrak{L}_D)]=\mathbb{E}_{D\sim\mathcal{D}^m,i\sim\mathcal{U}(m)}[\ell(\mathfrak{L}_D,\boldsymbol{z}_i)]$, 定理得证. □

根据定理 5.3 可知, 不出现过拟合现象的充要条件是算法在期望情况下具有替换样本稳定性. 当学习算法 $\mathfrak{L}$ 是稳定的, 替换训练数据集的单个样本不会导致算法的输出函数发生较大变化, 即 (5.34) 右端项很小, 由此不会发生过拟合现象, 反之结论依然成立.

5.2.2 稳定性与可学性

本节研究经验风险最小化 (ERM) 算法的稳定性与可学性的关系. 首先给出 ERM 算法的定义.

定义 5.4 ERM **算法**: 给定函数空间 $\mathcal{H} = \{h\colon \mathcal{X} \mapsto \mathcal{Y}\}$ 和损失函数 ℓ, 对任意训练集 D, 若学习算法 $\mathfrak{L}$ 在 D 上学习得到的输出函数 $\mathfrak{L}_D$ 满足经验风险最小化, 即

$\mathcal{H}$ 中可能存在多个在数据集 D 上经验风险最小化的函数.

$$\mathfrak{L}_D \in \arg\min_{h\in\mathcal{H}} \widehat{R}_D(h) \ , \tag{5.36}$$

则称算法 $\mathfrak{L}$ 满足经验风险最小化 (Empirical Risk Minimization) 原则, 简称 ERM 算法.

对 ERM 算法, 稳定性与可学性有如下关系:

定理 5.4 若学习算法 $\mathfrak{L}$ 是 ERM 的、且具有替换样本 β-均匀稳定性 (其中 $\beta = 1/m$), 则 (学习算法 $\mathfrak{L}$ 所考虑的) 函数空间 $\mathcal{H}$ 是不可知 PAC 可学的.

证明 令 h^* 表示 $\mathcal{H}$ 中具有最小泛化风险的函数, 即

$$R(h^*) = \min_{h\in\mathcal{H}} R(h) \ . \tag{5.37}$$

为证明不可知 PAC 可学性, 需验证: 存在多项式函数 $\mathrm{poly}(\cdot,\cdot,\cdot,\cdot)$, 使得当训练集的个数 $m \geqslant \mathrm{poly}(1/\epsilon, 1/\delta, d, \mathrm{size}(c))$ 时, 有

参见 2.2 节, d 表示样本空间 $\mathcal{X}$ 的维度, $\mathrm{size}(c)$ 表示目标概念空间的大小.

$$P\big(R(\mathfrak{L}_D) - R(h^*) \leqslant \epsilon\big) \geqslant 1 - \delta \ . \tag{5.38}$$

给定一个学习问题, 参数 d 和 $\mathrm{size}(c)$ 根据学习问题变为确定的常数, 因此只需证明存在多项式函数 $\mathrm{poly}(\cdot,\cdot)$, 当 $m \geqslant \mathrm{poly}(1/\epsilon, 1/\delta)$ 时有 (5.38) 成立. 首先有

$$\begin{aligned} &R(\mathfrak{L}_D) - R(h^*) \\ &\quad = \left(R(\mathfrak{L}_D) - \widehat{R}(\mathfrak{L}_D)\right) + \left(\widehat{R}(\mathfrak{L}_D) - \widehat{R}(h^*)\right) + \left(\widehat{R}(h^*) - R(h^*)\right) \ , \end{aligned} \tag{5.39}$$

因为算法 $\mathfrak{L}_D$ 具有替换样本 β-均匀稳定性, 其中 $\beta = 1/m$, 根据定理 5.1 可知, 对任意 $\delta \in (0,1)$, 以至少 $1 - \delta/2$ 的概率有

$$R(\mathfrak{L}_D) - \widehat{R}(\mathfrak{L}_D) \leqslant \frac{1}{m} + (2+M)\sqrt{\frac{\ln(2/\delta)}{2m}} \ . \tag{5.40}$$

考虑到函数 $\mathfrak{L}_D$ 是在训练集 D 上经验风险最小化所得, 有

$$\widehat{R}(\mathfrak{L}_D) \leqslant \widehat{R}(h^*) . \tag{5.41}$$

根据 Hoeffding 不等式 (1.30) 可知, 以至少 $1-\delta/2$ 的概率有

$$\widehat{R}(h^*) - R(h^*) \leqslant \sqrt{\frac{\ln(2/\delta)}{m}} . \tag{5.42}$$

结合 (5.39)~(5.42) 和联合界不等式 (1.19) 可知, 以至少 $1-\delta$ 的概率有

$$R(\mathfrak{L}_D) - R(h^*) \leqslant \frac{1}{m} + (2+M)\sqrt{\frac{\ln(2/\delta)}{2m}} + \sqrt{\frac{\ln(2/\delta)}{m}} . \tag{5.43}$$

不妨令

$$\epsilon = \frac{1}{m} + (2+M)\sqrt{\frac{\ln(2/\delta)}{2m}} + \sqrt{\frac{\ln(2/\delta)}{m}} , \tag{5.44}$$

从 (5.44) 求解出 $m(\epsilon,\delta) = O(\frac{1}{\epsilon^2}\ln\frac{1}{\delta})$. 因此当 $m \geqslant m(\epsilon,\delta)$ 时有

$$P\left(R(\mathfrak{L}_D) - R(h^*) \leqslant \epsilon\right) \geqslant 1-\delta . \tag{5.45}$$

考虑到 $\ln(1/\delta) \leqslant 1/\delta$, 因此存在多项式 $\mathrm{poly}(1/\epsilon, 1/\delta) \geqslant m(\epsilon,\delta)$, 使得当 $m \geqslant \mathrm{poly}(1/\epsilon, 1/\delta)$ 时有 (5.45) 成立, 定理得证. □

稳定性研究训练集的随机扰动对学习结果的影响, 其本身与函数空间 $\mathcal{H}$ 无关, 但一个问题的可学性与函数空间 $\mathcal{H}$ 相关. 在定理 5.4 中稳定性与可学性通过经验风险最小化联系起来, 从而将稳定性与函数空间 $\mathcal{H}$ 关联起来.

5.3 分析实例

5.3.1 支持向量机

本节考虑二分类支持向量机. 对样本空间 $\mathcal{X} \subseteq \mathbb{R}^d$, 标记空间 $\mathcal{Y} = \{-1,+1\}$, 以及训练集 $D = \{(\boldsymbol{x}_1,y_1), (\boldsymbol{x}_2,y_2),\ldots,(\boldsymbol{x}_m,y_m)\}$, 给定样本 $(\boldsymbol{x},y) \in \mathcal{X}\times\mathcal{Y}$ 和 $\boldsymbol{w} \in \mathbb{R}^d$, 考虑 hinge 函数 (1.72) 有

$$\ell_{\text{hinge}}(\boldsymbol{w},(\boldsymbol{x},y)) = \max(0, 1-y\boldsymbol{w}^{\mathrm{T}}\boldsymbol{x}) . \tag{5.46}$$

支持向量机参阅 1.4 节.

为便于讨论, 本节考虑未使用核函数的支持向量机, 即目标函数为

$$F_D(\boldsymbol{w}) = \frac{1}{m}\sum_{i=1}^{m}\max(0, 1 - y_i\boldsymbol{w}^{\mathrm{T}}\boldsymbol{x}_i) + \lambda\|\boldsymbol{w}\|^2 \ , \tag{5.47}$$

其中 $\boldsymbol{w} \in \mathbb{R}^d$, λ 为正则化参数.

关于支持向量机的稳定性, 有如下定理:

定理 5.5 给定常数 $r > 0$, 考虑样本空间 $\mathcal{X} = \{\boldsymbol{x} \in \mathbb{R}^d \colon \|\boldsymbol{x}\| \leqslant r\}$, 以及优化目标函数 (5.47), 则支持向量机具有替换样本 β-均匀稳定性.

证明 给定数据集 $D = \{(\boldsymbol{x}_1, y_1), (\boldsymbol{x}_2, y_2), \ldots, (\boldsymbol{x}_m, y_m)\}$, 对任意 $k \in [m]$, 令 $D' = D^{k,\boldsymbol{z}'_k}$ 表示训练集 D 中第 k 个样本被替换为 $\boldsymbol{z}'_k = (\boldsymbol{x}'_k, y'_k)$ 得到的数据集. 令 $\boldsymbol{w}_D$ 和 $\boldsymbol{w}_{D'}$ 分别表示优化目标函数 $F_D(\boldsymbol{w})$ 和 $F_{D'}(\boldsymbol{w})$ 所得的最优解, 即

$$\boldsymbol{w}_D \in \arg\min\nolimits_{\boldsymbol{w}} F_D(\boldsymbol{w}) \quad \text{和} \quad \boldsymbol{w}_{D'} \in \arg\min\nolimits_{\boldsymbol{w}} F_{D'}(\boldsymbol{w}).$$

对任意样本 $(\boldsymbol{x}, y)$, 根据 Cauchy-Schwarz 不等式 (1.14) 有

$$\begin{aligned} &\left|\max(0, 1 - y\boldsymbol{w}_D^{\mathrm{T}}\boldsymbol{x}) - \max(0, 1 - y\boldsymbol{w}_{D'}^{\mathrm{T}}\boldsymbol{x})\right| \\ \leqslant\ & \left|\boldsymbol{w}_D^{\mathrm{T}}\boldsymbol{x} - \boldsymbol{w}_{D'}^{\mathrm{T}}\boldsymbol{x}\right| = \left|(\boldsymbol{w}_D - \boldsymbol{w}_{D'})^{\mathrm{T}}\boldsymbol{x}\right| \leqslant r\left\|\boldsymbol{w}_D - \boldsymbol{w}_{D'}\right\| \ . \end{aligned} \tag{5.48}$$

由于任意凸函数加入正则项 $\lambda\|\boldsymbol{w}\|^2$ 变成 2λ-强凸函数, 从 (5.47) 可知函数 $F_D(\boldsymbol{w})$ 和 $F_{D'}(\boldsymbol{w})$ 是 2λ-强凸函数, 进一步有

$$F_D(\boldsymbol{w}_{D'}) \ \geqslant\ F_D(\boldsymbol{w}_D) + \lambda\left\|\boldsymbol{w}_D - \boldsymbol{w}_{D'}\right\|^2 \ , \tag{5.49}$$

$$F_{D'}(\boldsymbol{w}_D) \ \geqslant\ F_{D'}(\boldsymbol{w}_{D'}) + \lambda\left\|\boldsymbol{w}_D - \boldsymbol{w}_{D'}\right\|^2 \ . \tag{5.50}$$

将 (5.49) 和 (5.50) 相加可得

利用 (5.48).

$$\begin{aligned} \left\|\boldsymbol{w}_D - \boldsymbol{w}_{D'}\right\|^2 \ &\leqslant\ \left(F_D(\boldsymbol{w}_{D'}) - F_D(\boldsymbol{w}_D) - F_{D'}(\boldsymbol{w}_{D'}) + F_{D'}(\boldsymbol{w}_D)\right)/2\lambda \\ &=\ \frac{1}{2\lambda m}\left(\ell_{\text{hinge}}(\boldsymbol{w}_{D'}, (\boldsymbol{x}_k, y_k)) - \ell_{\text{hinge}}(\boldsymbol{w}_D, (\boldsymbol{x}_k, y_k))\right. \\ &\qquad \left. + \ell_{\text{hinge}}(\boldsymbol{w}_D, (\boldsymbol{x}'_k, y'_k)) - \ell_{\text{hinge}}(\boldsymbol{w}_{D'}, (\boldsymbol{x}'_k, y'_k))\right) \\ &\leqslant\ \frac{r}{\lambda m}\left\|\boldsymbol{w}_D - \boldsymbol{w}_{D'}\right\| \ . \end{aligned} \tag{5.51}$$

求解 (5.51) 可得

$$\|\boldsymbol{w}_D - \boldsymbol{w}_{D'}\| \leqslant r/(\lambda m) \ . \tag{5.52}$$

将 (5.52) 代入 (5.48) 有

$$|\ell_{\text{hinge}}(\boldsymbol{w}_D, (\boldsymbol{x}, y)) - \ell_{\text{hinge}}(\boldsymbol{w}_{D'}, (\boldsymbol{x}, y))| \leqslant r^2/(\lambda m) \ , \tag{5.53}$$

由此可知支持向量机具有替换样本 β-均匀稳定性, 其中 $\beta = r^2/(\lambda m)$. □

定理 5.5 给出了支持向量机的稳定性分析, 在证明过程中可发现正则化将凸的目标函数变成强凸函数, 从而推导出算法的稳定性.

对于有界的 hinge 函数 $\ell_{\text{hinge}}(\cdot,\cdot) \in [0, M]$, 基于稳定性我们可进一步推导支持向量机的泛化性.

推论 5.1 给定常数 $r > 0$, 考虑样本空间 $\mathcal{X} = \{\boldsymbol{x} \in \mathbb{R}^d \colon \|\boldsymbol{x}\| \leqslant r\}$ 和 hinge 函数 $\ell_{\text{hinge}}(\cdot,\cdot) \in [0, M]$, 令 $\boldsymbol{w}_D$ 表示优化目标函数 $F_D(\boldsymbol{w})$ 所得的最优解. 对任意 $\delta \in (0,1)$, 以至少 $1-\delta$ 的概率有

函数 $F_D(\boldsymbol{w})$ 见 (5.47).

$$R(\boldsymbol{w}_D) \leqslant \widehat{R}(\boldsymbol{w}_D) + \frac{r^2}{m\lambda} + \left(\frac{2r^2}{\lambda} + M\right)\sqrt{\frac{\ln(1/\delta)}{2m}} \ . \tag{5.54}$$

证明 根据定理 5.5 和 (5.53) 可知支持向量机具有替换样本 β-均匀稳定性, 其中 $\beta = r^2/(\lambda m)$. 对于有界的 hinge 函数 $\ell_{\text{hinge}}(\cdot,\cdot) \in [0, M]$, 根据定理 5.1 将 $\beta = r^2/(\lambda m)$ 代入 (5.17) 即可完成证明. □

5.3.2 支持向量回归

支持向量回归 (Support Vector Regression, SVR) 是支持向量机用于回归任务的经典算法 [周志华, 2016]. 考虑样本空间 $\mathcal{X} \subseteq \mathbb{R}^d$, 标记空间 $\mathcal{Y} \subseteq \mathbb{R}$, 以及训练集 $D = \{(\boldsymbol{x}_1, y_1), (\boldsymbol{x}_2, y_2), \ldots, (\boldsymbol{x}_m, y_m)\}$. 给定 $(\boldsymbol{x}, y) \in \mathcal{X} \times \mathcal{Y}$ 和 $\boldsymbol{w} \in \mathbb{R}^d$, 使用 ϵ-不敏感函数 (ϵ-insensitive function)

$$\ell_\epsilon(\boldsymbol{w}, (\boldsymbol{x}, y)) = \begin{cases} 0 & \text{如果} \ \ |\boldsymbol{w}^{\mathrm{T}}\boldsymbol{x} - y| \leqslant \epsilon \ , \\ |\boldsymbol{w}^{\mathrm{T}}\boldsymbol{x} - y| - \epsilon & \text{如果} \ \ |\boldsymbol{w}^{\mathrm{T}}\boldsymbol{x} - y| > \epsilon \ . \end{cases} \tag{5.55}$$

本节考虑未使用核函数的支持向量回归, 即目标函数为

$$F_D(\boldsymbol{w}) = \frac{1}{m}\sum_{i=1}^{m} \ell_\epsilon(\boldsymbol{w}, (\boldsymbol{x}_i, y_i)) + \lambda\|\boldsymbol{w}\|^2 \ , \tag{5.56}$$

其中 $\boldsymbol{w} \in \mathbb{R}^d$, λ 为正则化参数.

关于支持向量回归的稳定性, 有如下定理:

定理 5.6 给定常数 $r > 0$, 考虑样本空间 $\mathcal{X} = \{\boldsymbol{x} \in \mathbb{R}^d \colon \|\boldsymbol{x}\| \leqslant r\}$, 以及优化目标函数 (5.56), 则支持向量回归具有替换样本 β-均匀稳定性.

证明 给定训练集 $D = \{(\boldsymbol{x}_1, y_1), (\boldsymbol{x}_2, y_2), \ldots, (\boldsymbol{x}_m, y_m)\}$, 对任意 $k \in [m]$, 令 $D' = D^{k,\boldsymbol{z}'_k}$ 表示训练集 D 中第 k 个样本被替换为 $\boldsymbol{z}'_k = (\boldsymbol{x}'_k, y'_k)$ 得到的数据集. 令 $\boldsymbol{w}_D$ 和 $\boldsymbol{w}_{D'}$ 分别表示优化目标函数 $F_D(\boldsymbol{w})$ 和 $F_{D'}(\boldsymbol{w})$ 所得的最优解, 即

$$\boldsymbol{w}_D \in \arg\min_{\boldsymbol{w}} F_D(\boldsymbol{w}) \quad \text{和} \quad \boldsymbol{w}_{D'} \in \arg\min_{\boldsymbol{w}} F_{D'}(\boldsymbol{w}) \ .$$

对任意样本 $(\boldsymbol{x}, y) \in \mathcal{X} \times \mathcal{Y}$, 分下面四种情况讨论:

- 若 $|\boldsymbol{w}_D^{\mathrm{T}}\boldsymbol{x} - y| \leqslant \epsilon$ 且 $|\boldsymbol{w}_{D'}^{\mathrm{T}}\boldsymbol{x} - y| \leqslant \epsilon$, 则有

$$|\ell_\epsilon(\boldsymbol{w}_D, (\boldsymbol{x}, y)) - \ell_\epsilon(\boldsymbol{w}_{D'}, (\boldsymbol{x}, y))| = 0 \leqslant r\|\boldsymbol{w}_{D'} - \boldsymbol{w}_D\| \ ; \tag{5.57}$$

- 若 $|\boldsymbol{w}_D^{\mathrm{T}}\boldsymbol{x} - y| > \epsilon$ 且 $|\boldsymbol{w}_{D'}^{\mathrm{T}}\boldsymbol{x} - y| > \epsilon$, 则有

$$\begin{aligned} |\ell_\epsilon(\boldsymbol{w}_D, (\boldsymbol{x}, y)) - \ell_\epsilon(\boldsymbol{w}_{D'}, (\boldsymbol{x}, y))| &= \big||\boldsymbol{w}_D^{\mathrm{T}}\boldsymbol{x} - y| - |\boldsymbol{w}_{D'}^{\mathrm{T}}\boldsymbol{x} - y|\big| \\ &\leqslant |(\boldsymbol{w}_{D'} - \boldsymbol{w}_D)^{\mathrm{T}}\boldsymbol{x}| \leqslant r\|\boldsymbol{w}_{D'} - \boldsymbol{w}_D\| \ ; \end{aligned} \tag{5.58}$$

利用 Cauchy-Schwarz 不等式 (1.14) 和三角不等式.

- 若 $|\boldsymbol{w}_D^{\mathrm{T}}\boldsymbol{x} - y| > \epsilon$ 且 $|\boldsymbol{w}_{D'}^{\mathrm{T}}\boldsymbol{x} - y| \leqslant \epsilon$, 则有

$$\begin{aligned} |\ell_\epsilon(\boldsymbol{w}_D, (\boldsymbol{x}, y)) - \ell_\epsilon(\boldsymbol{w}_{D'}, (\boldsymbol{x}, y))| &= \big||\boldsymbol{w}_D^{\mathrm{T}}\boldsymbol{x} - y| - \epsilon\big| \leqslant \big||\boldsymbol{w}_D^{\mathrm{T}}\boldsymbol{x} - y| \\ &- |\boldsymbol{w}_{D'}^{\mathrm{T}}\boldsymbol{x} - y|\big| \leqslant |(\boldsymbol{w}_{D'} - \boldsymbol{w}_D)^{\mathrm{T}}\boldsymbol{x}| \leqslant r\|\boldsymbol{w}_{D'} - \boldsymbol{w}_D\| \ ; \end{aligned} \tag{5.59}$$

- 若 $|\boldsymbol{w}_D^{\mathrm{T}}\boldsymbol{x} - y| \leqslant \epsilon$ 且 $|\boldsymbol{w}_{D'}^{\mathrm{T}}\boldsymbol{x} - y| > \epsilon$, 同理可得

$$|\ell_\epsilon(\boldsymbol{w}_D, (\boldsymbol{x}, y)) - \ell_\epsilon(\boldsymbol{w}_{D'}, (\boldsymbol{x}, y))| \leqslant r\|\boldsymbol{w}_{D'} - \boldsymbol{w}_D\| \ . \tag{5.60}$$

综合上述四种情况, 对任意样本 $(\boldsymbol{x}, y) \in \mathcal{X} \times \mathcal{Y}$ 有

$$|\ell_\epsilon(\boldsymbol{w}_D, (\boldsymbol{x}, y)) - \ell_\epsilon(\boldsymbol{w}_{D'}, (\boldsymbol{x}, y))| \leqslant r\|\boldsymbol{w}_{D'} - \boldsymbol{w}_D\| \ . \tag{5.61}$$

根据支持向量回归目标函数 (5.56) 有

$$
\begin{aligned}
& F_D(\boldsymbol{w}_{D'}) - F_D(\boldsymbol{w}_D) \\
&\quad = \quad F_{D'}(\boldsymbol{w}_{D'}) + (\ell_\epsilon(\boldsymbol{w}_{D'}, (\boldsymbol{x}_k, y_k)) - \ell_\epsilon(\boldsymbol{w}_D, (\boldsymbol{x}_k, y_k)))/m \\
&\qquad\quad -F_{D'}(\boldsymbol{w}_D) + (\ell_\epsilon(\boldsymbol{w}_D, (\boldsymbol{x}'_k, y'_k)) - \ell_\epsilon(\boldsymbol{w}_{D'}, (\boldsymbol{x}'_k, y'_k)))/m \ .
\end{aligned} \tag{5.62}
$$

根据 $\boldsymbol{w}_{D'} \in \arg\min_{\boldsymbol{w}} F_{D'}(\boldsymbol{w})$ 有

$$
F_{D'}(\boldsymbol{w}_{D'}) - F_{D'}(\boldsymbol{w}_D) \leqslant 0 \ . \tag{5.63}
$$

由 (5.61) 可知

$$
|\ell_\epsilon(\boldsymbol{w}_{D'}, (\boldsymbol{x}_k, y_k)) - \ell_\epsilon(\boldsymbol{w}_D, (\boldsymbol{x}_k, y_k))| \leqslant r\|\boldsymbol{w}_{D'} - \boldsymbol{w}_D\| \ , \tag{5.64}
$$

$$
\left|\ell_\epsilon(\boldsymbol{w}_D, (\boldsymbol{x}'_k, y'_k)) - \ell_\epsilon(\boldsymbol{w}_{D'}, (\boldsymbol{x}'_k, y'_k))\right| \leqslant r\|\boldsymbol{w}_{D'} - \boldsymbol{w}_D\| \ . \tag{5.65}
$$

将 (5.63)~(5.65) 代入 (5.62) 可得

$$
F_D(\boldsymbol{w}_{D'}) - F_D(\boldsymbol{w}_D) \leqslant 2r\|\boldsymbol{w}_{D'} - \boldsymbol{w}_D\|/m \ . \tag{5.66}
$$

任意凸函数加入正则项 $\lambda\|\boldsymbol{w}\|^2$ 变成 2λ-强凸函数, 由此可知 $F_D(\boldsymbol{w})$ 是 2λ-强凸函数, 进一步有

$$
\lambda \left\|\boldsymbol{w}_{D'} - \boldsymbol{w}_D\right\|^2 \leqslant F_D(\boldsymbol{w}_{D'}) - F_D(\boldsymbol{w}_D) \ . \tag{5.67}
$$

结合 (5.66) 和 (5.67) 可得

$$
\|\boldsymbol{w}_{D'} - \boldsymbol{w}_D\| \leqslant 2r/(m\lambda) \ . \tag{5.68}
$$

对任意样本 $(\boldsymbol{x}, y) \in \mathcal{X} \times \mathcal{Y}$, 利用 (5.61) 可得

$$
|\ell_\epsilon(\boldsymbol{w}_D, (\boldsymbol{x}, y)) - \ell_\epsilon(\boldsymbol{w}_{D'}, (\boldsymbol{x}, y))| \leqslant r\|\boldsymbol{w}_{D'} - \boldsymbol{w}_D\| \leqslant 2r^2/(m\lambda) \ , \tag{5.69}
$$

因此支持向量回归具有替换样本 β-均匀稳定性, 其中 $\beta = 2r^2/(\lambda m)$. □

对于有界的 ϵ-不敏感函数 $\ell_\epsilon(\cdot, \cdot) \in [0, M]$, 基于稳定性可进一步得到支持向量回归的泛化性.

推论 5.2 给定常数 $r>0$, 考虑样本空间 $\mathcal{X}=\{\boldsymbol{x}\in\mathbb{R}^d\colon \|\boldsymbol{x}\|\leqslant r\}$ 和 ϵ-不敏感函数 $\ell_\epsilon(\cdot,\cdot)\in[0,M]$, 令 $\boldsymbol{w}_D$ 表示优化目标函数 $F_D(\boldsymbol{w})$ 所得的最优解. 对任意 $\delta\in(0,1)$, 以至少 $1-\delta$ 的概率有

函数 $F_D(\boldsymbol{w})$ 见 (5.56).

$$R(\boldsymbol{w}_D)\leqslant \widehat{R}(\boldsymbol{w}_D)+\frac{2r^2}{m\lambda}+\left(\frac{4r^2}{\lambda}+M\right)\sqrt{\frac{\ln(1/\delta)}{2m}}\ . \tag{5.70}$$

证明 根据定理 5.6 和 (5.69) 可知支持向量回归具有替换样本 β-均匀稳定性, 其中 $\beta=2r^2/(\lambda m)$. 对于有界的 ϵ-不敏感函数 $\ell_\epsilon(\cdot,\cdot)\in[0,M]$, 再根据定理 5.1 将 $\beta=2r^2/(\lambda m)$ 代入 (5.17) 即可完成证明. □

5.3.3 岭回归

岭回归 (Ridge Regression) 是一种常用的正则化回归算法 [Tikhonov and Arsenin, 1979]. 考虑样本空间 $\mathcal{X}\subseteq\mathbb{R}^d$ 和标记空间 $\mathcal{Y}\subseteq\mathbb{R}$, 以及训练集 $D=\{(\boldsymbol{x}_1,y_1),(\boldsymbol{x}_2,y_2),\ldots,(\boldsymbol{x}_m,y_m)\}$. 对任意样本 $(\boldsymbol{x},y)\in\mathcal{X}\times\mathcal{Y}$ 和 $\boldsymbol{w}\in\mathbb{R}^d$, 考虑平方函数

$$\ell_2(\boldsymbol{w},(\boldsymbol{x},y))=(\boldsymbol{w}^{\mathrm{T}}\boldsymbol{x}-y)^2\ . \tag{5.71}$$

我们考虑线性岭回归, 即目标函数为

$$F_D(\boldsymbol{w})=\frac{1}{m}\sum_{i=1}^{m}(\boldsymbol{w}^{\mathrm{T}}\boldsymbol{x}_i-y_i)^2+\lambda\|\boldsymbol{w}\|^2\ . \tag{5.72}$$

其中 $\boldsymbol{w}\in\mathbb{R}^d$, λ 为正则化参数.

关于岭回归的稳定性, 有如下定理:

定理 5.7 给定常数 $r>0$, 考虑样本空间 $\mathcal{X}=\{\boldsymbol{x}\in\mathbb{R}^d\colon \|\boldsymbol{x}\|\leqslant r\}$, 平方函数 $\ell_2(\cdot,\cdot)\in[0,M]$, 以及优化目标函数 (5.72), 则岭回归具有替换样本 β-均匀稳定性.

证明 给定训练集 $D=\{(\boldsymbol{x}_1,y_1),(\boldsymbol{x}_2,y_2),\ldots,(\boldsymbol{x}_m,y_m)\}$, 对任意 $k\in[m]$, 令 $D'=D^{k,\boldsymbol{z}'_k}$ 表示训练集 D 中第 k 个样本被替换为 $\boldsymbol{z}'_k=(\boldsymbol{x}'_k,y'_k)$ 得到的数据集. 令 $\boldsymbol{w}_D$ 和 $\boldsymbol{w}_{D'}$ 分别表示优化目标函数 $F_D(\boldsymbol{w})$ 和 $F_{D'}(\boldsymbol{w})$ 所得的最优解, 即

$$\boldsymbol{w}_D\in\arg\min\nolimits_{\boldsymbol{w}}F_D(\boldsymbol{w})\quad 和\quad \boldsymbol{w}_{D'}\in\arg\min\nolimits_{\boldsymbol{w}}F_{D'}(\boldsymbol{w})\ .$$

对任意样本 $(\boldsymbol{x}, y) \in \mathcal{X} \times \mathcal{Y}$ 和有界的平方函数 $\ell_2(\cdot,\cdot) \in [0, M]$ 有

$$\begin{aligned}
&|(\boldsymbol{w}_D^{\mathrm{T}}\boldsymbol{x} - y)^2 - (\boldsymbol{w}_{D'}^{\mathrm{T}}\boldsymbol{x} - y)^2| \\
&\leqslant \left|(\boldsymbol{w}_D - \boldsymbol{w}_{D'})^{\mathrm{T}}\boldsymbol{x}\right| \left(|\boldsymbol{w}_D^{\mathrm{T}}\boldsymbol{x} - y| + |\boldsymbol{w}_{D'}^{\mathrm{T}}\boldsymbol{x} - y|\right) \\
&\leqslant 2\sqrt{M}\left|(\boldsymbol{w}_D - \boldsymbol{w}_{D'})^{\mathrm{T}}\boldsymbol{x}\right| \\
&\leqslant 2\sqrt{M}\|\boldsymbol{w}_D - \boldsymbol{w}_{D'}\|\|\boldsymbol{x}\| \leqslant 2r\sqrt{M}\|\boldsymbol{w}_D - \boldsymbol{w}_{D'}\| \ . \qquad (5.73)
\end{aligned}$$

利用 Cauchy-Schwarz 不等式 (1.14).

任意凸函数加入正则项 $\lambda\|\boldsymbol{w}\|^2$ 变成 2λ-强凸函数, 由此可知 $F_D(\boldsymbol{w})$ 是 2λ-强凸函数, 有

$$F_D(\boldsymbol{w}_{D'}) \geqslant F_D(\boldsymbol{w}_D) + \lambda\|\boldsymbol{w}_{D'} - \boldsymbol{w}_D\|^2 \ , \qquad (5.74)$$

$$F_{D'}(\boldsymbol{w}_D) \geqslant F_{D'}(\boldsymbol{w}_{D'}) + \lambda\|\boldsymbol{w}_{D'} - \boldsymbol{w}_D\|^2 \ . \qquad (5.75)$$

根据 (5.74) 和 (5.75) 可得

$$\begin{aligned}
2\lambda\|\boldsymbol{w}_D - \boldsymbol{w}_{D'}\|^2 &\leqslant F_D(\boldsymbol{w}_{D'}) + F_{D'}(\boldsymbol{w}_D) - F_D(\boldsymbol{w}_D) - F_{D'}(\boldsymbol{w}_{D'}) \\
&= \left(\ell_2(\boldsymbol{w}_{D'}, (\boldsymbol{x}_k, y_k)) - \ell_2(\boldsymbol{w}_D, (\boldsymbol{x}_k, y_k))\right)/m \\
&\quad + \left(\ell_2(\boldsymbol{w}_D, (\boldsymbol{x}'_k, y'_k)) - \ell_2(\boldsymbol{w}_{D'}, (\boldsymbol{x}'_k, y'_k))\right)/m \, . \qquad (5.76)
\end{aligned}$$

结合 (5.73) 和 (5.76) 有

$$2\lambda\|\boldsymbol{w}_D - \boldsymbol{w}_{D'}\|^2 \leqslant 4r\sqrt{M}\|\boldsymbol{w}_D - \boldsymbol{w}_{D'}\|/m \ , \qquad (5.77)$$

求解可得

$$\|\boldsymbol{w}_D - \boldsymbol{w}_{D'}\| \leqslant 2r\sqrt{M}/(m\lambda). \qquad (5.78)$$

代入 (5.73), 可得对任意样本 $(\boldsymbol{x}, y)$ 有

$$|\ell_2(\langle \boldsymbol{w}_D, \boldsymbol{x}\rangle, y) - \ell_2(\langle \boldsymbol{w}_{D'}, \boldsymbol{x}\rangle, y)| \leqslant 4r^2M/(m\lambda) \ . \qquad (5.79)$$

由此证明了岭回归算法具有替换样本 β-均匀稳定性, 其中 $\beta = 4r^2M/(m\lambda)$. □

基于稳定性可进一步得到岭回归的泛化性.

推论 5.3 给定常数 $r > 0$, 考虑样本空间 $\mathcal{X} = \{\boldsymbol{x} \in \mathbb{R}^d \colon \|\boldsymbol{x}\| \leqslant r\}$ 和平方函数 $\ell_2(\cdot,\cdot) \in [0, M]$, 令 $\boldsymbol{w}_D$ 表示优化目标函数 $F_D(\boldsymbol{w})$ 所得的最优解. 对任意

函数 $F_D(\boldsymbol{w})$ 见 (5.72).

$\delta \in (0,1)$, 以至少 $1-\delta$ 的概率有

$$R(\boldsymbol{w}_D) \leqslant \widehat{R}(\boldsymbol{w}_D) + \frac{4Mr^2}{\lambda m} + \left(\frac{8Mr^2}{\lambda} + M\right)\sqrt{\frac{\ln(1/\delta)}{2m}} \ . \tag{5.80}$$

证明 根据定理 5.7 和 (5.79) 可知岭回归具有替换样本 β-均匀稳定性, 其中 $\beta = 4r^2M/(m\lambda)$. 对于有界的平方函数 $\ell_2(\cdot,\cdot) \in [0,M]$, 根据定理 5.1 将 $\beta = 4r^2M/(m\lambda)$ 代入 (5.17) 即可完成证明. □

5.3.4 k-近邻

k-近邻是机器学习中一种经典的分类方法 [周志华, 2016], 由于每个训练集都可看作 k-近邻方法的一个分类函数, 因此 k-近邻的函数空间 VC 维是无限的, 很难从函数空间复杂度角度来分析 k-近邻的泛化性. 本节将从稳定性角度来分析 k-近邻的泛化性.

考虑样本空间 $\mathcal{X} \subseteq \mathbb{R}^d$, 标记空间 $\mathcal{Y} = \{-1,+1\}$, 以及 $\mathcal{D}$ 是 $\mathcal{X}\times\mathcal{Y}$ 上的一个联合分布. 训练集 $D = \{(\boldsymbol{x}_1,y_1),(\boldsymbol{x}_2,y_2),\ldots,(\boldsymbol{x}_m,y_m)\}$ 基于分布 $\mathcal{D}$ 独立同分布采样得到. 给定样本 $\boldsymbol{x}\in\mathcal{X}$, 令 $\pi_1(\boldsymbol{x}),\pi_2(\boldsymbol{x}),\ldots,\pi_m(\boldsymbol{x})$ 表示根据训练样本与 $\boldsymbol{x}$ 的距离重新进行了排列, 即 $\|\boldsymbol{x}-\boldsymbol{x}_{\pi_i(\boldsymbol{x})}\| \leqslant \|\boldsymbol{x}-\boldsymbol{x}_{\pi_{i+1}(\boldsymbol{x})}\|$. 因此 k-近邻算法返回的输出函数为

可根据实际问题选择不同的距离度量, 这里采用常见的欧氏距离.

$$\mathfrak{L}_D^k(\boldsymbol{x}) = \begin{cases} +1 & \text{如果 } \sum_{i=1}^k y_{\pi_i(\boldsymbol{x})} \geqslant 0 \ , \\ -1 & \text{如果 } \sum_{i=1}^k y_{\pi_i(\boldsymbol{x})} < 0 \ . \end{cases} \tag{5.81}$$

考虑 0/1 损失函数

$$\ell(\mathfrak{L}_D^k,(\boldsymbol{x},y)) = \mathbb{I}(\mathfrak{L}_D^k(\boldsymbol{x}) \neq y) \ . \tag{5.82}$$

可以发现 k-近邻算法并不具有替换均匀稳定性或移除均匀稳定性, 因为无论有多少训练数据, 当替换或移除一个样本时都可能改变 k-近邻算法预测的标记. 下面研究 k-近邻算法的假设稳定性.

首先介绍如下引理 [Devroye and Wagner, 1979a, Lemma 3].

引理 5.2 给定整数 $k>0$, 若随机变量 X 满足

$$P(X=i) = \frac{1}{2^k}\binom{k}{i} \quad (i\in[k]) \ , \tag{5.83}$$

则对任意正整数 a 有

$$P\left(\left|X-\frac{k}{2}\right|\leqslant\frac{a}{2}\right)<\frac{2\sqrt{2}a}{\sqrt{\pi k}}\ . \tag{5.84}$$

关于 k-近邻的稳定性, 有如下定理:

定理 5.8 考虑样本空间 $\mathcal{X}\subseteq\mathbb{R}^d$ 和标记空间 $\mathcal{Y}=\{-1,+1\}$, 则 k-近邻算法具有替换样本 β-假设稳定性.

证明 给定训练集 $D=\{(\boldsymbol{x}_1,y_1),(\boldsymbol{x}_2,y_2),\ldots,(\boldsymbol{x}_m,y_m)\}$, 对任意 $i\in[m]$, 令 $D^{i,\boldsymbol{z}_i'}$ 表示训练集 D 中第 i 个样本被替换为 $\boldsymbol{z}_i'=(\boldsymbol{x}_i',y_i')$ 得到的数据集. 令 $\mathfrak{L}_D$ 和 $\mathfrak{L}_{D^{i,\boldsymbol{z}_i'}}$ 分别表示 k-近邻算法在训练集 D 和 $D^{i,\boldsymbol{z}_i'}$ 学得的输出函数, 则有

$$\begin{aligned}&P_{\boldsymbol{x}\sim\mathcal{D}_{\mathcal{X}}}\left(\mathfrak{L}_D(\boldsymbol{x})\neq\mathfrak{L}_{D^{i,\boldsymbol{z}_i'}}(\boldsymbol{x})\right)\\&=\mathbb{E}_{\boldsymbol{x},\boldsymbol{x}_{\pi_{k+1}(\boldsymbol{x})},y_{\pi_{k+1}(\boldsymbol{x})}}\left[P\left(\mathfrak{L}_D(\boldsymbol{x})\neq\mathfrak{L}_{D^{i,\boldsymbol{z}_i'}}(\boldsymbol{x})\middle|\boldsymbol{x},\boldsymbol{x}_{\pi_{k+1}(\boldsymbol{x})},y_{\pi_{k+1}(\boldsymbol{x})}\right)\right]\ .\end{aligned} \tag{5.85}$$

给定样本 $\boldsymbol{x}$ 和样本 $(\boldsymbol{x}_{\pi_{k+1}(\boldsymbol{x})},y_{\pi_{k+1}(\boldsymbol{x})})$, 令 N_+ 表示 $\boldsymbol{x}$ 的 k 个近邻样本中的正样本数. 若替换一个样本会改变样本 $\boldsymbol{x}$ 的预测标记, 即 $\mathfrak{L}_D(\boldsymbol{x})\neq\mathfrak{L}_{D^{i,\boldsymbol{z}_i'}}(\boldsymbol{x})$, 有:

- 被替换的样本 $\boldsymbol{z}_i$ 是 $\boldsymbol{x}$ 的 k 个近邻样本之一, 其发生的概率为 k/m;
- 样本 $\boldsymbol{x}$ 的 k 个近邻中正反样本个数相差不超过 1, 即 $|N_+-(k-N_+)|\leqslant 1$, 等价于 $|N_+-k/2|\leqslant 1/2$.

于是有

根据引理 5.2.

$$\begin{aligned}&P_{\boldsymbol{x}\sim\mathcal{D}_{\mathcal{X}}}\left(\mathfrak{L}_D(\boldsymbol{x})\neq\mathfrak{L}_{D^{i,\boldsymbol{z}_i'}}(\boldsymbol{x})\middle|\boldsymbol{x},\boldsymbol{x}_{\pi_{k+1}(\boldsymbol{x})},y_{\pi_{k+1}(\boldsymbol{x})}\right)\\&\leqslant\ \frac{k}{m}P\left(|N_+-k/2|\leqslant 1/2\middle|\boldsymbol{x},\boldsymbol{x}_{\pi_{k+1}(\boldsymbol{x})},y_{\pi_{k+1}(\boldsymbol{x})}\right)\leqslant\frac{2}{m}\sqrt{\frac{2k}{\pi}}\ .\end{aligned} \tag{5.86}$$

根据 (5.85) 和 (5.86) 可得

$$\begin{aligned}&E_{(\boldsymbol{x},y)\sim\mathcal{D}}\left(\left|\mathbb{I}(\mathfrak{L}_D(\boldsymbol{x})\neq y)-\mathbb{I}(\mathfrak{L}_{D^{i,\boldsymbol{z}_i'}}(\boldsymbol{x})\neq y)\right|\right)\\&=\ P_{\boldsymbol{x}\sim\mathcal{D}_{\mathcal{X}}}\left(\mathfrak{L}_D(\boldsymbol{x})\neq\mathfrak{L}_{D^{i,\boldsymbol{z}_i'}}(\boldsymbol{x})\right)\ \leqslant\ \frac{2\sqrt{2k}}{m\sqrt{\pi}}\ ,\end{aligned} \tag{5.87}$$

从而证明 k-近邻算法具有替换样本 β-假设稳定性, 其中 $\beta=2\sqrt{2k/\pi}/m$. □

基于稳定性可进一步得到 k-近邻的泛化性.

推论 5.4 考虑样本空间 $\mathcal{X} \subseteq \mathbb{R}^d$ 和标记空间 $\mathcal{Y} = \{-1, +1\}$, 令 $\mathfrak{L}_D$ 表示 k-近邻算法基于数据集 D 学习所得的输出函数, 则有

$$\mathbb{E}_{D \sim \mathcal{D}^m}\left[(R(\mathfrak{L}_D) - \widehat{R}(\mathfrak{L}_D))^2\right] \leqslant \frac{8M\sqrt{2k}}{m\sqrt{\pi}} + \frac{M^2}{m} . \tag{5.88}$$

证明 根据定理 5.8 和 (5.87) 可知 k-近邻算法具有替换样本 β-假设稳定性, 其中 $\beta = 2\sqrt{2k/\pi}/m$. 再根据定理 5.2 将 $\beta = 2\sqrt{2k/\pi}/m$ 代入 (5.27) 即可完成证明. □

5.4 阅读材料

稳定性相关理论又被称为**扰动敏感性分析** (perturbation sensitivity) [Bonnans and Shapiro, 1998]. Rogers and Wagner [1978] 通过稳定性分析了留一 (leave-one-out) 风险, 并基于稳定性给出了 k-近邻算法的泛化性分析, 这一工作使分析无限 VC 维学习算法的泛化性成为可能. 此后, Devroye and Wagner [1979a,b] 对该工作进行了推广.

留一风险参见 (5.5).

对有限 VC 维学习算法, Kearns and Ron [1999] 推导出稳定性与有限 VC 维之间的联系, 并证明了基于稳定性的泛化界不会比基于 VC 维的泛化界差. Bousquet and Elisseeff [2001, 2002] 提出了均匀稳定性, 并证明了正则化经验风险最小化算法具有均匀稳定性. Kutin and Niyogi [2002] 将均匀稳定性推广到几乎处处算法稳定性 (almost-everywhere algorithmic stability).

Mukherjee et al. [2006] 证明了经验风险最小化算法的稳定性等价于可学性, 由于在证明过程中用到了一致收敛性 (uniform convergence), 而一致收敛性仅在监督学习框架成立, 因此 Mukherjee et al. [2006] 的工作仅限于监督学习框架. 对更一般的学习框架, 如密度估计等问题, 一致收敛性未必成立 [Alon et al., 1997; Shalev-Shwartz et al., 2009b]. Shalev-Shwartz et al. [2009a] 给出了在一般学习框架下可学性与稳定性的等价条件. Gao and Zhou [2010] 提出了近似稳定性 (approximation stability), 证明了 Boosting 算法在一定条件下具有近似稳定性, 以及在一般学习框架下近似稳定性等价于可学性.

习题

5.1 给定训练集 $D = \{\boldsymbol{z}_1, \boldsymbol{z}_2, \ldots, \boldsymbol{z}_m\}$ 和学习算法 $\mathfrak{L}$, 考虑有界的损失函数 $\ell(\cdot,\cdot) \in [0, M]$. 若算法 $\mathfrak{L}$ 具有移除样本 γ-均匀稳定性, 试证明: 对任意 $\delta \in (0,1)$, 以至少 $1-\delta$ 的概率有

$$R(\mathfrak{L}_D) \leqslant R_{loo}(\mathfrak{L}_D) + \gamma + (4m\gamma + M)\sqrt{\frac{\ln(1/\delta)}{2m}} \ . \tag{5.89}$$

5.2 对任意 $k \in [m]$, 数据集 D 和样本 $\boldsymbol{z} \in \mathcal{X} \times \mathcal{Y}$, 若算法 $\mathfrak{L}$ 满足

$$\left|\hat{R}(\mathfrak{L}_D) - \sum_{\boldsymbol{z}' \in D^{k,\boldsymbol{z}}} \frac{\ell(\mathfrak{L}_{D^{k,\boldsymbol{z}}}, \boldsymbol{z}')}{m}\right| \leqslant \beta_1 \ , \tag{5.90}$$

$$\left|R(\mathfrak{L}_D) - \mathbb{E}_{\boldsymbol{z} \sim \mathcal{D}}[\ell(\mathfrak{L}_{D^{k,\boldsymbol{z}}}, \boldsymbol{z})]\right| \leqslant \beta_2 \ , \tag{5.91}$$

试证明: 对任意 $\epsilon > 0$ 有

$$P_{D \sim \mathcal{D}^m}\left(\left|R(\mathfrak{L}_D) - \hat{R}(\mathfrak{L}_D)\right| \geqslant \epsilon + \beta_2\right) \leqslant 2\exp\left(\frac{-2\epsilon^2}{m(\beta_1 + 2\beta_2)^2}\right) \ . \tag{5.92}$$

5.3 考虑样本空间 $\mathcal{X} = \{\boldsymbol{x} \in \mathbb{R}^d \colon \|\boldsymbol{x}\| \leqslant r\}$ 和标记空间 $\mathcal{Y} = \{-1, +1\}$. 给定样本 $(\boldsymbol{x}, y)$ 和 $\boldsymbol{w} \in \mathbb{R}^d$, 考虑平方 hinge 函数

$$\ell(\boldsymbol{w}, (\boldsymbol{x}, y)) = (\max(0, 1 - y\boldsymbol{w}^{\mathrm{T}}\boldsymbol{x}))^2 \ . \tag{5.93}$$

基于训练集 $D = \{\boldsymbol{z}_1, \boldsymbol{z}_2, \ldots, \boldsymbol{z}_m\}$ 经验风险最小化目标函数

$$F_D(\boldsymbol{w}) = \frac{1}{m}\sum_{i=1}^{m}(\max(0, 1 - y_i\boldsymbol{w}^{\mathrm{T}}\boldsymbol{x}_i))^2 + \lambda\|\boldsymbol{w}\|^2 \ \text{ s.t. } \|\boldsymbol{w}\| \leqslant b \, . \tag{5.94}$$

试证明该算法具有替换样本 β-均匀稳定性, 并基于稳定性推导出该算法的泛化界.

5.4 考虑样本空间 $\mathcal{X} = \{\boldsymbol{x} \in \mathbb{R}^d \colon \|\boldsymbol{x}\| \leqslant r\}$ 和标记空间 $\mathcal{Y} = \{-1, +1\}$. 给定样本 $(\boldsymbol{x}, y)$ 和 $\boldsymbol{w} \in \mathbb{R}^d$, 考虑对率函数

$$\ell(\boldsymbol{w}, (\boldsymbol{x}, y)) = \ln(1 + e^{-y\boldsymbol{w}^{\mathrm{T}}\boldsymbol{x}}) \ . \tag{5.95}$$

基于训练集 $D = \{\boldsymbol{z}_1, \boldsymbol{z}_2, \ldots, \boldsymbol{z}_m\}$ 经验风险最小化目标函数

$$F_D(\boldsymbol{w}) = \frac{1}{m}\sum_{i=1}^{m} \ln(1 + e^{-y_i \boldsymbol{w}^{\mathrm{T}} \boldsymbol{x}_i}) + \lambda \|\boldsymbol{w}\|^2 \quad \text{s.t.} \quad \|\boldsymbol{w}\| \leqslant b\,. \tag{5.96}$$

试证明该算法具有替换样本 β-均匀稳定性, 并基于稳定性推导出该算法的泛化界.

参考文献

周志华. (2016). 机器学习. 清华大学出版社, 北京.

Alon, N., S. Ben-David, N. Cesa-Bianchi, and D. Haussler. (1997). "Scale-sensitive dimensions, uniform convergence, and learnablity." *Journal of the ACM*, 44(4):615–631.

Bonnans, J. F. and A. Shapiro. (1998). "Optimization problems with perturbations: A guided tour." *SIAM Review*, 40(2):228–264.

Bousquet, O. and A. Elisseeff. (2001), "Algorithmic stability and generalization performance." In *Advances in Neural Information Processing Systems 13* (T. K. Leen, T. G. Dietterich, and V. Tresp, eds.), pp. 512–518, MIT Press, Cambridge, MA.

Bousquet, O. and A. Elisseeff. (2002). "Stability and generalization." *Journal of Machine Learning Research*, 2:499–526.

Devroye, L. and T. Wagner. (1979a). "Distribution-free inequalities for the deleted and holdout error estimates." *IEEE Transactions on Information Theory*, 25:202–207.

Devroye, L. and T. Wagner. (1979b). "Distribution-free performance bounds for potential function rules." *IEEE Transactions on Information Theory*, 25: 601–604.

Gao, W. and Z.-H. Zhou. (2010), "Approximation stability and Boosting." In *Proceedings of the 21st International Conference on Algorithmic Learning Theory (ALT)*, pp. 59–73, Canberra, Australia.

Kearns, M. and D. Ron. (1999). "Algorithmic stability and sanity-check bounds for leave-one-out cross-validation." *Neural Computation*, 11(6):1427–1453.

Kutin, S. and P. Niyogi. (2002), "Almost-everywhere algorithmic stability and generalization error." In *Proceedings of the 18th Conference in Uncertainty in Artificial Intelligence (UAI)*, pp. 275–282, Edmonton, Canada.

Mukherjee, S., P. Niyogi, T. Poggio, and R. Rifkin. (2006). "Learning theory: Stability is sufficient for generalization and necessary and sufficient for consistency of empirical risk minimization." *Advances in Computational Mathematics*, 25(1-3):161–193.

Rogers, W. and T. Wagner. (1978). "A finite sample distribution-free performance bound for local discrimination rules." *Annals of Statistics*, 6(3):506–514.

Shalev-Shwartz, S. and S. Ben-David. (2014). *Understanding Machine Learning: From Theory to Algorithms*. Cambridge University Press, Cambridge, MA.

Shalev-Shwartz, S., O. Shamir, K. Sridharan, and N. Srebro. (2009a), "Learnability and stability in the general learning setting." In *Proceedings of the 22nd Annual Conference on Learning Theory (COLT)*, Montreal, Canada.

Shalev-Shwartz, S., O. Shamir, K. Sridharan, and N. Srebro. (2009b), "Stochastic convex optimation." In *Proceedings of the 22nd Annual Conference on Learning Theory (COLT)*, Montreal, Canada.

Tikhonov, A. and V. Arsenin. (1979). "Solutions of ill-posed problems." *SIAM Review*, 21(2):266–267.

第 6 章　一致性

一致性 (consistency) 关注的是随着训练数据的增多, 甚至趋于无穷的极限过程中, 学习算法通过训练数据学习得到的分类器是否趋于贝叶斯最优分类器, 这里的贝叶斯最优分类器指在未见数据分布上所能取得最好性能的分类器 [周志华, 2016].

6.1 基本概念

本章关注二分类问题, 考虑样本空间 $\mathcal{X} \subseteq \mathbb{R}^d$ 和标记空间 $\mathcal{Y} = \{-1, +1\}$. 假设 $\mathcal{D}$ 是 $\mathcal{X} \times \mathcal{Y}$ 上的联合分布. 基于联合分布 $\mathcal{D}$ 可进一步得到样本空间 $\mathcal{X}$ 上的边缘分布 $\mathcal{D}_{\mathcal{X}}$ 和条件概率

$$\eta(\boldsymbol{x}) = P(y = +1|\boldsymbol{x}) \ . \tag{6.1}$$

分类器又被称为假设 (hypothesis).

对于分类器 $h\colon \mathcal{X} \mapsto \mathcal{Y}$, 可定义分类器 h 在分布 $\mathcal{D}$ 上的分类错误率为 **泛化风险**, 即

$$R(h) = P_{(\boldsymbol{x},y)\sim\mathcal{D}}(h(\boldsymbol{x}) \neq y) = \mathbb{E}_{(\boldsymbol{x},y)\sim\mathcal{D}}[\mathbb{I}(h(\boldsymbol{x}) \neq y)] \ . \tag{6.2}$$

这里 $\mathbb{I}(\cdot)$ 为指示函数. 泛化风险用于衡量分类器 h 在数据分布 $\mathcal{D}$ 上的预测能力. 根据边缘分布 $\mathcal{D}_{\mathcal{X}}$ 和条件概率 $\eta(\boldsymbol{x})$ 的定义有

$$\begin{aligned} R(h) &= P_{(\boldsymbol{x},y)\sim\mathcal{D}}(h(\boldsymbol{x}) \neq y) = \mathbb{E}_{(\boldsymbol{x},y)\sim\mathcal{D}}[\mathbb{I}(h(\boldsymbol{x}) \neq y)] \\ &= \mathbb{E}_{\boldsymbol{x}\sim\mathcal{D}_{\mathcal{X}}}[\eta(\boldsymbol{x})\mathbb{I}(h(\boldsymbol{x}) \neq +1) + (1-\eta(\boldsymbol{x}))\mathbb{I}(h(\boldsymbol{x}) \neq -1)] \\ &= \mathbb{E}_{\boldsymbol{x}\sim\mathcal{D}_{\mathcal{X}}}[\eta(\boldsymbol{x})\mathbb{I}(h(\boldsymbol{x}) = -1) + (1-\eta(\boldsymbol{x}))\mathbb{I}(h(\boldsymbol{x}) = +1)] \ . \end{aligned} \tag{6.3}$$

在分布 $\mathcal{D}$ 上取得最小错误率的分类器, 我们称之为 **贝叶斯最优分类器**, 或简称为 **贝叶斯分类器** (Bayes' classifier), 用 h^* 表示, 即

$$h^* \in \arg\min_h\{R(h)\} \ . \tag{6.4}$$

贝叶斯分类器的泛化风险被称为 **贝叶斯风险** (Bayes' risk), 记为

$$R^* = R(h^*) = \min_h \{R(h)\} \ . \tag{6.5}$$

根据 (6.3) 有

$$R(h^*) = \mathbb{E}_{\boldsymbol{x}\sim\mathcal{D}_\mathcal{X}}\left[\min_{h(\boldsymbol{x})}\left\{\eta(\boldsymbol{x})\mathbb{I}(h(\boldsymbol{x})=-1)+(1-\eta(\boldsymbol{x}))\mathbb{I}(h(\boldsymbol{x})=+1)\right\}\right] \ . \tag{6.6}$$

若分布 $\mathcal{D}$ 已知, 则可以直接根据分布给出贝叶斯分类器和贝叶斯风险: 当 $\eta(\boldsymbol{x}) \geqslant 1-\eta(\boldsymbol{x})$, 即 $\eta(\boldsymbol{x}) \geqslant 1/2$ 时, 根据 (6.6) 可得贝叶斯分类器 $h^*(\boldsymbol{x}) = +1$; 当 $\eta(\boldsymbol{x}) < 1/2$ 时, 可得 $h^*(\boldsymbol{x}) = -1$. 我们有

$$h^*(\boldsymbol{x}) = 2\mathbb{I}\left(\eta(\boldsymbol{x}) \geqslant \frac{1}{2}\right) - 1 \ , \tag{6.7}$$

以及贝叶斯风险

$$R^* = R(h^*) = \mathbb{E}_{\boldsymbol{x}\sim\mathcal{D}_\mathcal{X}}\left[\min\left\{\eta(\boldsymbol{x}), 1-\eta(\boldsymbol{x})\right\}\right] \ . \tag{6.8}$$

贝叶斯分类器与一般分类器之间有如下关系:

引理 6.1 对任意分类器 $h\colon \mathcal{X} \mapsto \mathcal{Y}$ 和贝叶斯分类器 h^*, 有

$$R(h) - R^* = \mathbb{E}_{\boldsymbol{x}\sim\mathcal{D}_\mathcal{X}}\left[|1-2\eta(\boldsymbol{x})|\mathbb{I}(h(\boldsymbol{x}) \neq h^*(\boldsymbol{x}))\right] \ . \tag{6.9}$$

证明 对任意样本 $\boldsymbol{x} \in \mathcal{X}$, 令

$$\begin{aligned}\Delta(\boldsymbol{x}) \ &= \ \eta(\boldsymbol{x})\mathbb{I}(h(\boldsymbol{x})=-1)+(1-\eta(\boldsymbol{x}))\mathbb{I}(h(\boldsymbol{x})=+1) \\ &\quad -\eta(\boldsymbol{x})\mathbb{I}(h^*(\boldsymbol{x})=-1)-(1-\eta(\boldsymbol{x}))\mathbb{I}(h^*(\boldsymbol{x})=+1) \ ,\end{aligned} \tag{6.10}$$

我们有

$$\begin{aligned}R(h) - R^* \ &= \ \mathbb{E}_{(\boldsymbol{x},y)\sim\mathcal{D}}[\mathbb{I}(h(\boldsymbol{x}) \neq y)] - \mathbb{E}_{(\boldsymbol{x},y)\sim\mathcal{D}}[\mathbb{I}(h^*(\boldsymbol{x}) \neq y)] \\ &= \ \mathbb{E}_{\boldsymbol{x}\sim\mathcal{D}_\mathcal{X}}[\Delta(\boldsymbol{x})] \ .\end{aligned} \tag{6.11}$$

若 $\eta(\boldsymbol{x}) > 1/2$, 则有 $h^*(\boldsymbol{x}) = +1$, 于是

- 当 $h(\boldsymbol{x}) = +1$ 时, 有 $\Delta(\boldsymbol{x}) = 0$;
- 当 $h(\boldsymbol{x}) = -1$ 时, 有 $\Delta(\boldsymbol{x}) = 2\eta(\boldsymbol{x}) - 1$.

因此得到

$$\Delta(\boldsymbol{x}) = \mathbb{I}(h(\boldsymbol{x}) \neq h^*(\boldsymbol{x}))|1 - 2\eta(\boldsymbol{x})| \ . \tag{6.12}$$

同理可证 (6.12) 当 $\eta(\boldsymbol{x}) = 1/2$ 或 $\eta(\boldsymbol{x}) < 1/2$ 时亦成立, 引理得证. □

在现实任务中, 数据分布 $\mathcal{D}$ 未知, 我们能用到的是一个训练集 $D_m = \{(\boldsymbol{x}_1, y_1), (\boldsymbol{x}_2, y_2), \ldots, (\boldsymbol{x}_m, y_m)\}$, 其每个样本基于数据分布 $\mathcal{D}$ 独立同分布采样所得. 在概率统计中, 一种常见的方法是通过训练集 D_m 估计条件概率 $\hat{\eta}(\boldsymbol{x})$, 然后构建类似于 (6.7) 的分类器

$$h(\boldsymbol{x}) = 2\mathbb{I}\left(\hat{\eta}(\boldsymbol{x}) \geqslant \frac{1}{2}\right) - 1 \ . \tag{6.13}$$

这种基于条件概率估计的分类方法被称为 **插入** (plug-in) **法** [Audibert and Tsybakov, 2007], 有如下引理:

引理 6.2 对 (6.13) 的分类器 $h(\boldsymbol{x})$ 有

$$\begin{aligned} R(h) - R^* &\leqslant 2\mathbb{E}_{\boldsymbol{x}\sim\mathcal{D}_{\mathcal{X}}}[|\hat{\eta}(\boldsymbol{x}) - \eta(\boldsymbol{x})|] \\ &\leqslant 2\sqrt{\mathbb{E}_{\boldsymbol{x}\sim\mathcal{D}_{\mathcal{X}}}\left[(\hat{\eta}(\boldsymbol{x}) - \eta(\boldsymbol{x}))^2\right]} \ . \end{aligned} \tag{6.14}$$

证明 首先根据引理 6.1 可知

$$R(h) - R^* = \mathbb{E}_{\boldsymbol{x}\sim\mathcal{D}_{\mathcal{X}}}\left[|1 - 2\eta(\boldsymbol{x})|\,\mathbb{I}\left(h(\boldsymbol{x}) \neq h^*(\boldsymbol{x})\right)\right] \ . \tag{6.15}$$

根据 (6.7) 和 (6.13) 可知, 当 $\mathbb{I}(h(\boldsymbol{x}) \neq h^*(\boldsymbol{x}))$ 时有

$$\mathbb{I}\left(\hat{\eta}(X) \geqslant \frac{1}{2}\right) \neq \mathbb{I}\left(\eta(X) \geqslant \frac{1}{2}\right) \ . \tag{6.16}$$

下面分两种情况讨论:

- 若 $\hat{\eta}(\boldsymbol{x}) \geqslant \frac{1}{2}$ 且 $\eta(\boldsymbol{x}) < \frac{1}{2}$, 则

$$|1 - 2\eta(\boldsymbol{x})| = 2\left|\frac{1}{2} - \eta(\boldsymbol{x})\right| \leqslant 2\,|\hat{\eta}(\boldsymbol{x}) - \eta(\boldsymbol{x})| \ ; \tag{6.17}$$

- 若 $\hat{\eta}(\boldsymbol{x}) < \frac{1}{2}$ 且 $\eta(\boldsymbol{x}) \geqslant \frac{1}{2}$, 则

$$|1 - 2\eta(\boldsymbol{x})| = 2\left|\frac{1}{2} - \eta(\boldsymbol{x})\right| \leqslant 2|\hat{\eta}(\boldsymbol{x}) - \eta(\boldsymbol{x})| \ . \tag{6.18}$$

由此可得

$$R(h) - R^* \leqslant 2\mathbb{E}_{\boldsymbol{x}\sim\mathcal{D}_\mathcal{X}}[|\hat{\eta}(\boldsymbol{x}) - \eta(\boldsymbol{x})|] \ . \tag{6.19}$$

$\mathbb{E}[|X|] \leqslant \sqrt{\mathbb{E}[X^2]}$.

再利用 Jensen 不等式 (1.11) 有

$$\mathbb{E}_{\boldsymbol{x}\sim\mathcal{D}_\mathcal{X}}[|\hat{\eta}(\boldsymbol{x}) - \eta(\boldsymbol{x})|] \leqslant \sqrt{\mathbb{E}_{\boldsymbol{x}\sim\mathcal{D}_\mathcal{X}}\left[|\hat{\eta}(\boldsymbol{x}) - \eta(\boldsymbol{x})|^2\right]} \ , \tag{6.20}$$

引理得证. □

学习算法 $\mathfrak{L}$ 基于训练集 D_m 学习得到分类器 $\mathfrak{L}_{D_m}$. 随着训练集规模 m 的增加, 可以得到一系列分类器

$$\mathfrak{L}_{D_1}, \quad \mathfrak{L}_{D_2}, \quad \cdots, \quad \mathfrak{L}_{D_m}, \quad \cdots$$

一致性理论研究随着训练数据规模 m 的不断增加, 甚至趋于无穷的极限过程中, 通过训练集学得的分类器 $\mathfrak{L}_{D_m}$ 的泛化风险是否趋于贝叶斯风险, 下面给出一致性的定义.

定义 6.1 **一致性** (consistency): 当 $m \to \infty$ 时, 若学习算法 $\mathfrak{L}$ 满足

$$\mathbb{E}_{D_m\sim\mathcal{D}^m}[R(\mathfrak{L}_{D_m})] \to R(h^*) \ , \tag{6.21}$$

则称学习算法 $\mathfrak{L}$ 具有一致性.

这里的一致性又被称为**弱一致性**, 关于强一致性, 参见本章阅读材料.

直觉来说, 一致性反映了在训练数据足够多的情形下, 算法 $\mathfrak{L}$ 能否学习得到贝叶斯最优分类器; 在理论上, 一致性刻画了学习算法 $\mathfrak{L}$ 在无限多数据情形下学习的性能极限.

6.2 替代函数

对二分类问题, 常见的一种方法是先学习一个实值函数 $f\colon \mathcal{X} \to \mathbb{R}$, 然后根据实值输出函数得到分类器

$$h(\boldsymbol{x}) = \begin{cases} +1 & f(\boldsymbol{x}) \geqslant 0, \\ -1 & f(\boldsymbol{x}) < 0. \end{cases}$$

例如, 经典的支持向量机和 Boosting 都属于此类学习方法. 结合 (6.3), 我们可以给出实值函数 f 在分布 $\mathcal{D}$ 上的泛化风险为

$$\begin{aligned} R(f) &= \mathbb{E}_{(\boldsymbol{x},y)\sim\mathcal{D}}[\mathbb{I}(yf(\boldsymbol{x}) \leqslant 0)] \\ &= \mathbb{E}_{\boldsymbol{x}\sim\mathcal{D}_\mathcal{X}}\left[\eta(\boldsymbol{x})\mathbb{I}(f(\boldsymbol{x}) \leqslant 0) + (1-\eta(\boldsymbol{x}))\mathbb{I}(f(\boldsymbol{x}) \geqslant 0)\right] \ . \end{aligned} \tag{6.22}$$

为了表达式的简洁, 这里未严格讨论 $f(\boldsymbol{x}) = 0$ 的情形, 对很多学习算法, 如支持向量机或 Boosting 等, $f(\boldsymbol{x})$ 的值与间隔密切相关, 反映了预测的可信度, 若 $f(\boldsymbol{x}) = 0$ 则意味着预测的可信度为 0, 此时预测为正例或反例没有本质的区别.

间隔 (margin) 见 1.4 节.

最小化泛化风险 $R(f)$ 可得贝叶斯风险

$$R^* = E_{\boldsymbol{x}\sim\mathcal{D}_\mathcal{X}}[\min(\eta(\boldsymbol{x}), 1-\eta(\boldsymbol{x}))] \ , \tag{6.23}$$

和贝叶斯实值函数

$$\begin{aligned} f^* \in \mathcal{F}^* &= \{f\colon \text{当 } \eta(\boldsymbol{x}) = 1/2 \text{ 时 } f(\boldsymbol{x}) \text{ 可以是任意的实数;} \\ &\qquad \text{当 } \eta(\boldsymbol{x}) \neq 1/2 \text{ 时 } f(\boldsymbol{x})(\eta(\boldsymbol{x}) - 1/2) > 0\} \ . \end{aligned} \tag{6.24}$$

给定训练集 $D_m = \{(\boldsymbol{x}_1, y_1), (\boldsymbol{x}_2, y_2), \ldots, (\boldsymbol{x}_m, y_m)\}$ 和实值函数 f, 函数 f 在训练集 D_m 上的分类错误率为

$$\frac{1}{m}\sum_{i=1}^{m}\mathbb{I}(y_i f(\boldsymbol{x}_i) \leqslant 0) \ , \tag{6.25}$$

其本质上是泛化风险 $R(f)$ 的一种无偏估计.

如图 6.1 所示, (6.22) 中 $\mathbb{I}(yf(\boldsymbol{x}) \leqslant 0)$ 是非凸不连续的, 因此直接优化 (6.25) 是 $\mathcal{NP}$ 难问题 [Feldman et al., 2012], 在计算与数学分析上都存在诸多困难, 当训练数据规模大时问题尤为突出.

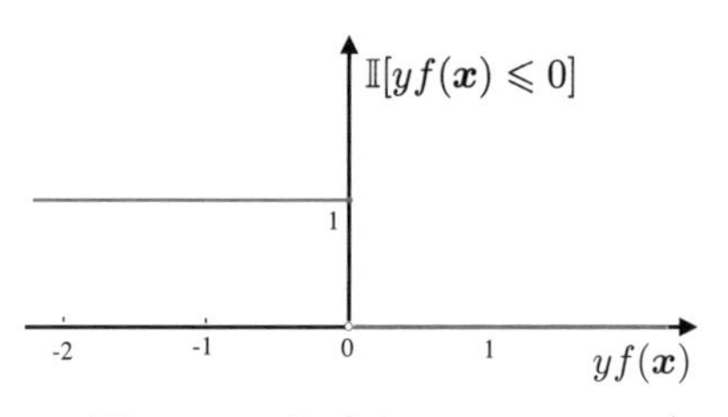

图 6.1 目标函数 $\mathbb{I}(yf(\boldsymbol{x}) \leqslant 0)$

在现实算法设计中, 可以对目标函数 $\mathbb{I}(yf(\boldsymbol{x}) \leqslant 0)$ 进行凸放松, 用一个具有良好数学性质的凸函数 $\phi\colon \mathbb{R} \mapsto \mathbb{R}$ 进行替代. 考虑一般的 **替代函数** (surrogate function)

$$\ell(f(\boldsymbol{x}), y) = \phi(yf(\boldsymbol{x})) \ , \tag{6.26}$$

其中 ϕ 是连续的凸函数或光滑的连续函数. 替代函数本质上也是损失函数, 这里使用“替代”主要针对 0/1 目标函数进行连续凸放松的替代.

在机器学习中, 常用如下一些替代函数, 如图 6.2 所示.

深度学习中的 sigmoid 函数 $\phi(t) = 1/(1+e^{-t})$ 也可看作一种连续光滑的非凸替代函数.

- 平方函数 $\phi(t) = (1-t)^2$;
- hinge 函数 $\phi(t) = \max(0, 1-t)$;
- 指数函数 $\phi(t) = e^{-t}$;
- 对率函数 $\phi(t) = \ln(1+e^{-t})$.

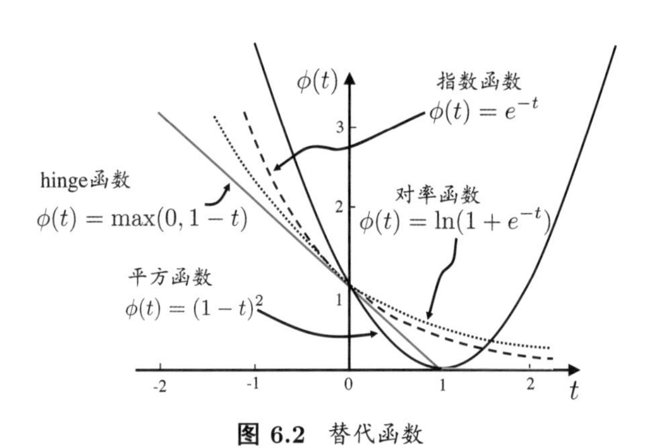

图 6.2 替代函数

这些替代函数被机器学习方法广泛应用, 例如, 支持向量机方法优化 hinge 函数

支持向量机见 1.4 节.

$$\ell(f(\boldsymbol{x}), y) = \max(0, 1 - yf(\boldsymbol{x})) \ ; \tag{6.27}$$

AdaBoost 优化指数函数 [Friedman et al., 2000]

$$\ell(f(\boldsymbol{x}),y)=\exp(-yf(\boldsymbol{x}))\ . \tag{6.28}$$

给定替代函数 ϕ, 它在数据分布 $\mathcal{D}$ 上的泛化风险定义为

$$R_\phi(f)=\mathbb{E}_{(\boldsymbol{x},y)\sim\mathcal{D}}[\phi(yf(\boldsymbol{x}))]\ , \tag{6.29}$$

注意与泛化风险 (6.22) 的区别.

称为 **替代泛化风险** (surrogate generalization risk), 进一步定义最优替代泛化风险为

$$R_\phi^*=\min_f(R_\phi(f))\ . \tag{6.30}$$

给定训练集 $D_m=\{(\boldsymbol{x}_1,y_1),(\boldsymbol{x}_2,y_2),\ldots,(\boldsymbol{x}_m,y_m)\}$ 和替代函数 ϕ, 定义 **替代经验风险** (surrogate empirical risk) 为

$$\frac{1}{m}\sum_{i=1}^m\phi(y_if(\boldsymbol{x}_i))\ , \tag{6.31}$$

替代经验风险是替代泛化风险 $R_\phi(f)$ 的一个无偏估计.

由于替代函数 ϕ 具有连续性、光滑性等性质, 我们可以更方便地利用数学工具优化替代经验风险 (6.31), 求解得到输出函数 $\hat{f}_m$. 随着训练数据规模 m 的增加, 可以得到一系列输出函数 $\hat{f}_1,\hat{f}_2,\cdots,\hat{f}_m,\cdots$.

定义 6.2 替代函数一致性: 随着训练数据规模 $m\to\infty$, 通过优化替代经验风险得到一系列输出函数 $\hat{f}_1$, $\hat{f}_2,\cdots,\hat{f}_m,\cdots$, 若 $R_\phi(\hat{f}_m)\to R_\phi^*$ 时有 $R(\hat{f}_m)\to R^*$ 成立, 则称替代函数 ϕ 对原目标函数具有一致性, 简称替代函数一致性.

直观而言, 替代函数一致性关心的是, 通过优化替代函数 $\phi(yf(\boldsymbol{x}))$ 而得到的输出函数能否有效优化原目标函数 $\mathbb{I}(yf(\boldsymbol{x})\leqslant 0)$.

下面研究满足什么性质的替代函数 ϕ 才具有对原 0/1 目标函数的一致性. 由 (6.29) 可知

$$\begin{aligned} R_\phi(f) &= \mathbb{E}_{(\boldsymbol{x},y)\sim\mathcal{D}}[\phi(yf(\boldsymbol{x}))] \\ &= \mathbb{E}_{\boldsymbol{x}\sim\mathcal{D}_\mathcal{X}}[\eta(\boldsymbol{x})\phi(f(\boldsymbol{x}))+(1-\eta(\boldsymbol{x}))\phi(-f(\boldsymbol{x}))]\ . \end{aligned} \tag{6.32}$$

进一步根据 (6.30) 可得

$$R_\phi^* = \mathbb{E}_{\boldsymbol{x}\sim\mathcal{D}_\mathcal{X}}\left[\min_{f(\boldsymbol{x})\in\mathbb{R}}(\eta(\boldsymbol{x})\phi(f(\boldsymbol{x}))+(1-\eta(\boldsymbol{x}))\phi(-f(\boldsymbol{x})))\right]\ , \tag{6.33}$$

从而得到替代函数的最优实值输出函数 $f_\phi^*(\boldsymbol{x})$ 为

$$f_\phi^*(\boldsymbol{x}) \in \mathop{\arg\min}_{f(\boldsymbol{x})\in\mathbb{R}}(\eta(\boldsymbol{x})\phi(f(\boldsymbol{x}))+(1-\eta(\boldsymbol{x}))\phi(-f(\boldsymbol{x})))\ . \tag{6.34}$$

下面的定理给出了替代函数一致性的充分条件 [Zhang, 2004b]:

$\mathcal{F}^*$ 的定义见 (6.24).

定理 6.1 对替代函数 ϕ, 若最优实值输出函数满足 $f_\phi^* \in \mathcal{F}^*$, 且存在常数 $c>0$ 和 $s \geqslant 1$ 使

$$|\eta(\boldsymbol{x})-1/2|^s \leqslant c^s(\phi(0)-\eta(\boldsymbol{x})\phi(f_\phi^*(\boldsymbol{x}))-(1-\eta(\boldsymbol{x}))\phi(-f_\phi^*(\boldsymbol{x})))\ , \tag{6.35}$$

则替代函数 ϕ 具有一致性.

证明 对任意函数 f 和样本 $\boldsymbol{x}\in\mathcal{X}$, 记

$$\begin{aligned}\Delta_1(\boldsymbol{x}) = \ & \eta(\boldsymbol{x})\mathbb{I}(f(\boldsymbol{x})\leqslant 0) \\ & + (1-\eta(\boldsymbol{x}))\mathbb{I}(f(\boldsymbol{x})\geqslant 0) - \min\{\eta(\boldsymbol{x}), 1-\eta(\boldsymbol{x})\}\ ,\end{aligned} \tag{6.36}$$

根据 (6.22) 有

$$R(f) - R^* = \mathbb{E}_{\boldsymbol{x}\sim\mathcal{D}_\mathcal{X}}\left[\Delta_1(\boldsymbol{x})\right]\ . \tag{6.37}$$

根据 $\eta(\boldsymbol{x})-1/2$ 和 $f(\boldsymbol{x})$ 的不同取值, 下面分五种情况讨论 $\Delta_1(\boldsymbol{x})$:

- 当 $\eta(\boldsymbol{x})>1/2$ 且 $f(\boldsymbol{x})>0$ 时, 有 $\Delta_1(\boldsymbol{x})=0$;
- 当 $\eta(\boldsymbol{x})>1/2$ 且 $f(\boldsymbol{x})\leqslant 0$ 时, 有 $\Delta_1(\boldsymbol{x})=2\eta(\boldsymbol{x})-1$;
- 当 $\eta(\boldsymbol{x})<1/2$ 且 $f(\boldsymbol{x})\geqslant 0$ 时, 有 $\Delta_1(\boldsymbol{x})=1-2\eta(\boldsymbol{x})$;
- 当 $\eta(\boldsymbol{x})<1/2$ 且 $f(\boldsymbol{x})<0$ 时, 有 $\Delta_1(\boldsymbol{x})=0$;
- 当 $\eta(\boldsymbol{x})=1/2$ 时, 无论 $f(\boldsymbol{x})$ 取何值, 都有 $\Delta_1(\boldsymbol{x})=0$.

综合上述五种情况可得

$$\Delta_1(\boldsymbol{x}) = 2\mathbb{I}((\eta(\boldsymbol{x})-1/2)f(\boldsymbol{x})\leqslant 0)|\eta(\boldsymbol{x})-1/2|\ . \tag{6.38}$$

代入 (6.37) 有

$$R(f) - R^* = 2\mathbb{E}_{(\eta(\boldsymbol{x})-1/2)f(\boldsymbol{x})\leqslant 0}[|\eta(\boldsymbol{x}) - 1/2|] \ . \tag{6.39}$$

对 $s \geqslant 1$, 根据 Jensen 不等式 (1.11) 有 $(\mathbb{E}[X])^s \leqslant \mathbb{E}[X^s]$, 于是有

$$R(f) - R^* \leqslant 2\sqrt[s]{\mathbb{E}_{(\eta(\boldsymbol{x})-1/2)f(\boldsymbol{x})\leqslant 0}[|\eta(\boldsymbol{x}) - 1/2|^s]} \ . \tag{6.40}$$

根据 (6.32) 和 (6.34), 分别令

$$\Delta_2(\boldsymbol{x}) = \eta(\boldsymbol{x})\phi(f(\boldsymbol{x})) + (1-\eta(\boldsymbol{x}))\phi(-f(\boldsymbol{x})) \ , \tag{6.41}$$

$$\Delta_3(\boldsymbol{x}) = \eta(\boldsymbol{x})\phi(f_\phi^*(\boldsymbol{x})) + (1-\eta(\boldsymbol{x}))\phi(-f_\phi^*(\boldsymbol{x})) \ . \tag{6.42}$$

结合 (6.40) 和定理 6.1 中条件 (6.35) 可得

$$R(f) - R^* \leqslant 2c\sqrt[s]{\mathbb{E}_{(\eta(\boldsymbol{x})-1/2)f(\boldsymbol{x})\leqslant 0}[\phi(0) - \Delta_3(\boldsymbol{x})]} \ . \tag{6.43}$$

另一方面, 根据 (6.32)~(6.34) 有

$$R_\phi(f) - R_\phi^* \geqslant \mathbb{E}_{(\eta(\boldsymbol{x})-1/2)f(\boldsymbol{x})\leqslant 0}\left[\Delta_2(\boldsymbol{x}) - \Delta_3(\boldsymbol{x})\right] \ . \tag{6.44}$$

设函数

$$\Gamma(t) = \eta(\boldsymbol{x})\phi(t) + (1-\eta(\boldsymbol{x}))\phi(-t) \ , \tag{6.45}$$

易知 $\Gamma(f(\boldsymbol{x})) = \Delta_2(\boldsymbol{x})$ 和 $\Gamma(0) = \phi(0)$. 根据凸函数性质可知, 当 $\phi(t)$ 是凸函数时 $\Gamma(t)$ 也是凸函数, 以及当 $0 \in [a, b]$ 时有

$$\Gamma(0) \leqslant \max\{\Gamma(a), \Gamma(b)\} \ . \tag{6.46}$$

下面分三种情况讨论:

- 若 $\eta(\boldsymbol{x}) > 1/2$, 由 (6.24) 可知 $f_\phi^*(\boldsymbol{x}) > 0$, 以及由 $(\eta(\boldsymbol{x}) - 1/2)f(\boldsymbol{x}) \leqslant 0$ 可知 $f(\boldsymbol{x}) \leqslant 0$. 因此 $0 \in [f(\boldsymbol{x}), f_\phi^*(\boldsymbol{x})]$, 进一步有

$$\phi(0) = \Gamma(0) \leqslant \max\{\Gamma(f(\boldsymbol{x})), \Gamma(f_\phi^*(\boldsymbol{x}))\} \ . \tag{6.47}$$

  根据 (6.33) 有 $\Gamma(f(\boldsymbol{x})) \geqslant \Gamma(f_\phi^*(\boldsymbol{x}))$, 于是得到 $\phi(0) \leqslant \Gamma(f(\boldsymbol{x})) = \Delta_2(\boldsymbol{x})$.

- 若 $\eta(\boldsymbol{x})<1/2$, 同理有 $f(\boldsymbol{x})\geqslant 0$, $f_\phi^*(\boldsymbol{x})<0$ 和 $0\in[f_\phi^*(\boldsymbol{x}),f(\boldsymbol{x})]$, 以及

$$\phi(0)=\Gamma(0)\leqslant\max\{\Gamma(f(\boldsymbol{x})),\Gamma(f_\phi^*(\boldsymbol{x}))\}=\Gamma(f(\boldsymbol{x}))=\Delta_2(\boldsymbol{x})\ . \tag{6.48}$$

- 若 $\eta(\boldsymbol{x})=1/2$, 对凸函数 ϕ 有

$$\phi(0)\leqslant\phi(f(\boldsymbol{x}))/2+\phi(-f(\boldsymbol{x}))/2=\Delta_2(\boldsymbol{x})\ . \tag{6.49}$$

综合上述三种情况, 我们有

$$\phi(0)\leqslant\Delta_2(\boldsymbol{x})\ . \tag{6.50}$$

根据 (6.43), 对任何函数 f 有

$$\begin{aligned}R(f)-R^* &\leqslant 2c\sqrt[s]{\mathbb{E}_{(\eta(\boldsymbol{x})-1/2)f(\boldsymbol{x})\leqslant 0}[\phi(0)-\Delta_3(\boldsymbol{x})]}\\ &= 2c\sqrt[s]{\mathbb{E}_{(\eta(\boldsymbol{x})-1/2)f(\boldsymbol{x})\leqslant 0}[\phi(0)-\Delta_2(\boldsymbol{x})+\Delta_2(\boldsymbol{x})-\Delta_3(\boldsymbol{x})]}\\ &\leqslant 2c\sqrt[s]{\mathbb{E}_{(\eta(\boldsymbol{x})-1/2)f(\boldsymbol{x})\leqslant 0}[\Delta_2(\boldsymbol{x})-\Delta_3(\boldsymbol{x})]}\\ &\leqslant 2c\sqrt[s]{R_\phi(f)-R_\phi^*}\ .\end{aligned} \tag{6.51}$$

根据 (6.50).

根据 (6.44).

对任何函数列 $\hat{f}_1,\hat{f}_2,\cdots,\hat{f}_m,\cdots$, 根据 (6.51) 可知

$$R(\hat{f}_m)-R^*\leqslant 2c\sqrt[s]{R_\phi(\hat{f}_m)-R_\phi^*}\ , \tag{6.52}$$

因此当 $R_\phi(\hat{f}_m)\to R_\phi^*$ 时有 $R(\hat{f}_m)\to R^*$ 成立, 定理得证. □

6.3 划分机制

"互不相容"亦称"互斥".

一些机器学习方法可看作是将样本空间 $\mathcal{X}$ 划分成多个互不相容的区域, 然后对各区域中对正例和反例分别计数, 以多数的类别作为区域中样本的标记, 这被称为 **划分机制**. 常见的基于划分机制的机器学习方法包括最近邻、决策树、随机森林等.

具体而言, 给定训练集 $D_m=\{(\boldsymbol{x}_1,y_1),(\boldsymbol{x}_2,y_2),\ldots,(\boldsymbol{x}_m,y_m)\}$, 基于某种划分机制将样本空间 $\mathcal{X}$ 划分成多个互不相容的区域 $\Omega_1,\Omega_2,\ldots,\Omega_n$, 然后对每个区域中正例和反例进行计数, 按"少数服从多数"原则确定区域中样本的标记, 即有

$$h_m(\boldsymbol{x}) = \begin{cases} +1 & \text{如果 } \sum_{\boldsymbol{x}_i\in\Omega(\boldsymbol{x})} \mathbb{I}(y_i=+1) \geqslant \sum_{\boldsymbol{x}_i\in\Omega(\boldsymbol{x})} \mathbb{I}(y_i=-1) \\ -1 & \text{如果 } \sum_{\boldsymbol{x}_i\in\Omega(\boldsymbol{x})} \mathbb{I}(y_i=+1) < \sum_{\boldsymbol{x}_i\in\Omega(\boldsymbol{x})} \mathbb{I}(y_i=-1) \end{cases} \tag{6.53}$$

这里 $\Omega(\boldsymbol{x})$ 表示样本 $\boldsymbol{x}$ 所在的区域.

R^* 表示贝叶斯最优风险 (6.8).

定义 6.3 划分机制一致性: 随着训练数据规模 $m\to\infty$, 若基于划分机制的输出函数 $h_m(\boldsymbol{x})$ 满足 $R(h_m)\to R^*$, 则称该划分机制具有一致性.

从直观上看, 划分机制具有一致性需满足两个条件: i) 划分后的区域应足够小, 从而保证能够捕捉数据的局部信息; ii) 划分后的区域应包含足够多的训练样本, 从而确保“少数服从多数”方法的有效性.

给定区域 Ω, 用 $\mathrm{Diam}(\Omega)$ 表示区域 Ω 的直径, 即

$$\mathrm{Diam}(\Omega) = \sup_{\boldsymbol{x},\boldsymbol{x}'\in\Omega} \|\boldsymbol{x}-\boldsymbol{x}'\| \ . \tag{6.54}$$

给定样本 $\boldsymbol{x}\in\mathcal{X}$, 设

$$N(\boldsymbol{x}) = \sum_{i=1}^{m} \mathbb{I}(\boldsymbol{x}_i\in\Omega(\boldsymbol{x})) \ , \tag{6.55}$$

表示落入区域 $\Omega(\boldsymbol{x})$ 的训练样本数, 即与样本 $\boldsymbol{x}$ 落入同一区域的训练样本数.

在讨论划分机制一致性之前, 我们先介绍一个引理.

Bernoulli(p) 表示参数为 p 的 Bernoulli 分布.

引理 6.3 设 $X_1,X_2,\ldots,X_m$ 是 m 个独立同分布的 Bernoulli 随机变量, 且满足 $X_i\sim\mathrm{Bernoulli}(p)$, 则有

$$\mathbb{E}\left[\left|\frac{1}{m}\sum_{i=1}^{m}X_i-\mathbb{E}[X_i]\right|\right] \leqslant \sqrt{\frac{p(1-p)}{m}} \ . \tag{6.56}$$

证明 根据 Jensen 不等式 (1.11) 有

$\mathbb{E}[|X|]\leqslant\sqrt{\mathbb{E}[X^2]}$.

符号含义参见 1.2 节.

$$\begin{aligned}\mathbb{E}\left[\left|\frac{1}{m}\sum_{i=1}^{m}X_i-\mathbb{E}[X_i]\right|\right] &\leqslant \sqrt{\mathbb{E}\left[\frac{1}{m}\sum_{i=1}^{m}X_i-\mathbb{E}[X_i]\right]^2} \\ &= \sqrt{\frac{1}{m^2}\sum_{i=1}^{m}\mathbb{E}\left[X_i-\mathbb{E}[X_i]\right]^2} = \sqrt{\frac{\mathbb{V}(X_1)}{m}} = \sqrt{\frac{p(1-p)}{m}} \ ,\end{aligned} \tag{6.57}$$

引理得证. □

下面的定理给出划分机制具有一致性的充分条件 [Devroye et al., 1996].

定理 6.2 假设条件概率 $\eta(\boldsymbol{x})$ 在样本空间 $\mathcal{X}$ 上连续. 若划分后的每个区域满足: 当 $m \to \infty$ 时有 $\mathrm{Diam}(\Omega(\boldsymbol{x})) \to 0$ 和 $N(\boldsymbol{x}) \to \infty$ 依概率成立, 则该划分机制具有一致性.

证明 对任意样本 $\boldsymbol{x} \in \mathcal{X}$, 设

$$\hat{\eta}(\boldsymbol{x}) = \sum_{\boldsymbol{x}_i \in \Omega(\boldsymbol{x})} \frac{\mathbb{I}(y_i = +1)}{N(\boldsymbol{x})} , \tag{6.58}$$

$h_m(\boldsymbol{x})$ 本质上等价于 (6.53).

根据划分机制得到分类器

$$h_m(\boldsymbol{x}) = 2\mathbb{I}\left(\hat{\eta}(\boldsymbol{x}) \geqslant \frac{1}{2}\right) - 1 . \tag{6.59}$$

根据引理 6.2 有

$$R(h_m) - R^* \leqslant 2\mathbb{E}\left[|\hat{\eta}(\boldsymbol{x}) - \eta(\boldsymbol{x})|\right] . \tag{6.60}$$

设区域 $\Omega(\boldsymbol{x})$ 的条件概率的期望为

$$\bar{\eta}(\boldsymbol{x}) = \mathbb{E}[\eta(\boldsymbol{x}')|\boldsymbol{x}' \in \Omega(\boldsymbol{x})] , \tag{6.61}$$

利用三角不等式有

$$\mathbb{E}[|\hat{\eta}(\boldsymbol{x}) - \eta(\boldsymbol{x})|] \leqslant \mathbb{E}[|\hat{\eta}(\boldsymbol{x}) - \bar{\eta}(\boldsymbol{x})|] + \mathbb{E}[|\bar{\eta}(\boldsymbol{x}) - \eta(\boldsymbol{x})|] . \tag{6.62}$$

根据 $\eta(\boldsymbol{x})$ 的连续性, 当 $m \to \infty$ 时有 $\mathrm{Diam}(\Omega(\boldsymbol{x})) \to 0$, 从而得到

$$\mathbb{E}[|\bar{\eta}(\boldsymbol{x}) - \eta(\boldsymbol{x})|] \to 0 . \tag{6.63}$$

由 (6.58) 可知 $N(\boldsymbol{x})\hat{\eta}(\boldsymbol{x})$ 表示在区域 $\Omega(\boldsymbol{x})$ 中正例的个数, 其服从二项分布 $\mathcal{B}(N(\boldsymbol{x}), \bar{\eta}(\boldsymbol{x}))$. 给定 $\boldsymbol{x}, \boldsymbol{x}_1, \ldots, \boldsymbol{x}_m$, 有

这里 $\mathcal{B}(n,p)$ 表示参数为 n 和 p 的二项分布.

$$\begin{aligned}\mathbb{E}\left[|\hat{\eta}(\boldsymbol{x}) - \bar{\eta}(\boldsymbol{x})| \,\middle|\, \boldsymbol{x}, \boldsymbol{x}_1, \ldots, \boldsymbol{x}_m\right] &\leqslant P\left(N(\boldsymbol{x}) = 0 | \boldsymbol{x}, \boldsymbol{x}_1, \ldots, \boldsymbol{x}_m\right) \\ &+ \mathbb{E}\left[\left| \sum_{\boldsymbol{x}_i \in \Omega(\boldsymbol{x})} \frac{\mathbb{I}(y_i = +1) - \bar{\eta}(\boldsymbol{x})}{N(\boldsymbol{x})} \right| \,\middle|\, N(\boldsymbol{x}) > 0, \boldsymbol{x}, \boldsymbol{x}_1, \ldots, \boldsymbol{x}_m\right] .\end{aligned} \tag{6.64}$$

根据引理 6.3 有

$$\begin{aligned}
&\mathbb{E}\left[\left|\sum_{\boldsymbol{x}_i\in\Omega(\boldsymbol{x})}\frac{\mathbb{I}(y_i=+1)-\bar{\eta}(\boldsymbol{x})}{N(\boldsymbol{x})}\right|\,\middle|\,N(\boldsymbol{x})>0,\boldsymbol{x},\boldsymbol{x}_1,\ldots,\boldsymbol{x}_m\right]\\
&\leqslant\mathbb{E}\left[\sqrt{\frac{\bar{\eta}(\boldsymbol{x})(1-\bar{\eta}(\boldsymbol{x}))}{N(\boldsymbol{x})}}\mathbb{I}(N(\boldsymbol{x})>0)\,\middle|\,\boldsymbol{x},\boldsymbol{x}_1,\ldots,\boldsymbol{x}_m\right]\\
&\leqslant\frac{1}{2}P\left(N(\boldsymbol{x})\leqslant k|\boldsymbol{x},\boldsymbol{x}_1,\ldots,\boldsymbol{x}_m\right)+\frac{1}{2\sqrt{k}}\ .
\end{aligned}\tag{6.65}$$

对任意 $k\geqslant 3$.

结合 (6.64)~(6.65), 对 $\boldsymbol{x},\boldsymbol{x}_1,\ldots,\boldsymbol{x}_m$ 取期望有

$$\mathbb{E}[|\hat{\eta}(\boldsymbol{x})-\bar{\eta}(\boldsymbol{x})|]\leqslant\frac{1}{2}P\left(N(\boldsymbol{x})\leqslant k\right)+\frac{1}{2\sqrt{k}}+P\left(N(\boldsymbol{x})=0\right)\ .\tag{6.66}$$

取 $k=\sqrt{N(\boldsymbol{x})}$, 根据定理条件 $N(\boldsymbol{x})\to\infty$ 依概率成立, 有

$$\mathbb{E}[|\hat{\eta}(\boldsymbol{x})-\bar{\eta}(\boldsymbol{x})|]\to 0\ .\tag{6.67}$$

将 (6.63) 和 (6.67) 代入 (6.62) 可知 $\mathbb{E}[|\hat{\eta}(\boldsymbol{x})-\eta(\boldsymbol{x})|]\to 0$, 再根据 (6.60) 得到 $R(h_m)\to R^*$, 定理得证. □

6.4 分析实例

6.4.1 支持向量机

如 (1.72) 所示, 支持向量机本质上优化 hinge 函数

$$\phi(t)=\max(0,1-t).\tag{6.68}$$

若分布 $\mathcal{D}$ 已知, 则优化 hinge 函数可得最优实值输出函数和最优替代泛化风险.

引理 6.4 优化 hinge 函数 $\phi(t)=\max(0,1-t)$ 得到的输出函数

$$f_\phi^*(\boldsymbol{x})=\begin{cases}\operatorname{sign}(2\eta(\boldsymbol{x})-1) & \eta(\boldsymbol{x})\neq 1/2\ ,\\ c & \eta(\boldsymbol{x})=1/2\ ,\end{cases}\tag{6.69}$$

c 是区间 $[-1,1]$ 中任意的常数.

是最优实值输出函数, 其对应的最优替代泛化风险为

$$R_\phi^*=2\mathbb{E}_{\boldsymbol{x}\sim\mathcal{D}_\mathcal{X}}\left[\min(\eta(\boldsymbol{x}),1-\eta(\boldsymbol{x}))\right]\ .\tag{6.70}$$

证明 对 hinge 函数 $\phi(t)=\max(0,1-t)$, 根据 (6.32) 可得替代泛化风险

$$R_\phi(f)=\mathbb{E}_{\boldsymbol{x}\sim\mathcal{D}_\mathcal{X}}[\eta(\boldsymbol{x})\max(0,1-f(\boldsymbol{x}))+(1-\eta(\boldsymbol{x}))\max(0,1+f(\boldsymbol{x}))]\ . \tag{6.71}$$

给定样本 $\boldsymbol{x}\in\mathcal{X}$, 设 $\alpha=f(\boldsymbol{x})$, 根据 (6.34) 可得

$$f_\phi^*(\boldsymbol{x})\in\underset{\alpha\in\mathbb{R}}{\arg\min}(\eta(\boldsymbol{x})\max(0,1-\alpha)+(1-\eta(\boldsymbol{x}))\max(0,1+\alpha))\ . \tag{6.72}$$

令 $g(\alpha)=\eta(\boldsymbol{x})\max(0,1-\alpha)+(1-\eta(\boldsymbol{x}))\max(0,1+\alpha)$, 有

$$g(\alpha)=\begin{cases}1+\alpha(1-2\eta(\boldsymbol{x})) & \alpha\in[-1,1]\ ,\\ \eta(\boldsymbol{x})(1-\alpha) & \alpha\leqslant-1\ ,\\ (1-\eta(\boldsymbol{x}))(1+\alpha) & \alpha\geqslant1\ .\end{cases} \tag{6.73}$$

根据 $f_\phi^*(\boldsymbol{x})=\arg\min_{\alpha\in\mathbb{R}}g(\alpha)$ 可知

- 当 $\eta(\boldsymbol{x})>1/2$ 时, $f_\phi^*(\boldsymbol{x})=1$;
- 当 $\eta(\boldsymbol{x})<1/2$ 时, $f_\phi^*(\boldsymbol{x})=-1$;
- 当 $\eta(\boldsymbol{x})=1/2$ 时, $f_\phi^*(\boldsymbol{x})$ 可以是区间 $[-1,1]$ 中的任意常数.

将函数 $f_\phi^*(\boldsymbol{x})$ 代入 (6.71) 可得

$$R_\phi^*=R_\phi(f_\phi^*(\boldsymbol{x}))=2\mathbb{E}_{\boldsymbol{x}\sim\mathcal{D}_\mathcal{X}}[\min(\eta(\boldsymbol{x}),1-\eta(\boldsymbol{x}))]\ , \tag{6.74}$$

引理得证. □

基于引理 6.4, 我们有如下定理:

定理 6.3 Hinge 函数 $\phi(t)=\max(0,1-t)$ 针对原 0/1 目标函数具有替代一致性.

证明 根据引理 6.4 可知优化 hinge 函数 $\phi(t)=\max(0,1-t)$ 所得的最优实值输出函数 f^* 满足: 当 $\eta(\boldsymbol{x})\neq1/2$ 时有 $f_\phi^*(\boldsymbol{x})=\operatorname{sign}(2\eta(\boldsymbol{x})-1)$; 当 $\eta(\boldsymbol{x})=1/2$ 时有 $f_\phi^*(\boldsymbol{x})\in[-1,1]$. 由此可得 $f_\phi^*(\boldsymbol{x})\in\mathcal{F}^*$.

给定样本 $\boldsymbol{x}\in\mathcal{X}$, 我们有

- 当 $\eta(\boldsymbol{x}) > 1/2$ 时有 $f_\phi^*(\boldsymbol{x}) = 1$, 以及

$$\phi(0) - \eta(\boldsymbol{x})\phi(f_\phi^*(\boldsymbol{x})) - (1-\eta(\boldsymbol{x}))\phi(-f_\phi^*(\boldsymbol{x})) = 2|\eta(\boldsymbol{x}) - 0.5| \ ; \tag{6.75}$$

- 当 $\eta(\boldsymbol{x}) < 1/2$ 时有 $f_\phi^*(\boldsymbol{x}) = -1$, 以及

$$\phi(0) - \eta(\boldsymbol{x})\phi(f_\phi^*(\boldsymbol{x})) - (1-\eta(\boldsymbol{x}))\phi(-f_\phi^*(\boldsymbol{x})) = 2|\eta(\boldsymbol{x}) - 0.5| \ ; \tag{6.76}$$

- 当 $\eta(\boldsymbol{x}) = 1/2$ 时有 $f_\phi^*(\boldsymbol{x}) \in [-1, 1]$, 以及

$$\phi(0) - \eta(\boldsymbol{x})\phi(f_\phi^*(\boldsymbol{x})) - (1-\eta(\boldsymbol{x}))\phi(-f_\phi^*(\boldsymbol{x})) = 0 = 2|\eta(\boldsymbol{x}) - 0.5| \ . \tag{6.77}$$

设 $c = 1/2$ 和 $s = 1$, 基于定理 6.1 可知 hinge 函数针对原 0/1 函数具有替代一致性. 定理得证. □

支持向量机常用的另一种替代函数是平方 hinge 函数

$$\phi(t) = (\max(0, 1-t))^2 \ . \tag{6.78}$$

在分布 $\mathcal{D}$ 已知的条件下, 我们有如下引理:

引理 6.5 优化平方 hinge 函数 $\phi(t) = (\max(0, 1-t))^2$ 得到的输出函数

$$f_\phi^*(\boldsymbol{x}) = 2\eta(\boldsymbol{x}) - 1 \tag{6.79}$$

是最优实值函数, 其对应的最优替代泛化风险为

$$R_\phi^* = \mathbb{E}_{\boldsymbol{x}\sim\mathcal{D}_\mathcal{X}}\left[4\eta(\boldsymbol{x})(1-\eta(\boldsymbol{x}))\right] \ . \tag{6.80}$$

证明 对平方 hinge 函数 $\phi(t) = (\max(0, 1-t))^2$, 根据 (6.32) 可知替代泛化风险

$$R_\phi(f) = \mathbb{E}_{\boldsymbol{x}}[\eta(\boldsymbol{x})(\max(0, 1-f(\boldsymbol{x})))^2 + (1-\eta(\boldsymbol{x}))(\max(0, 1+f(\boldsymbol{x})))^2] \ . \tag{6.81}$$

给定样本 $\boldsymbol{x} \in \mathcal{X}$, 设 $\alpha = f(\boldsymbol{x})$, 根据 (6.34) 可得

$$f_\phi^*(\boldsymbol{x}) \in \underset{\alpha\in\mathbb{R}}{\arg\min}(\eta(\boldsymbol{x})(\max(0, 1-\alpha))^2 + (1-\eta(\boldsymbol{x}))(\max(0, 1+\alpha))^2) \ . \tag{6.82}$$

设 $g(\alpha)=\eta(\boldsymbol{x})(\max(0,1-\alpha))^2+(1-\eta(\boldsymbol{x}))(\max(0,1+\alpha))^2$, 有

$$g(\alpha)=\begin{cases}\eta(\boldsymbol{x})(1-\alpha)^2+(1-\eta(\boldsymbol{x}))(1+\alpha)^2 & \alpha\in[-1,1]\ ,\\ \eta(\boldsymbol{x})(1-\alpha)^2 & \alpha\leqslant -1\ ,\\ (1-\eta(\boldsymbol{x}))(1+\alpha)^2 & \alpha\geqslant 1\ .\end{cases}\tag{6.83}$$

求解 $f_\phi^*(\boldsymbol{x})=\arg\min_{\alpha\in\mathbb{R}} g(\alpha)$ 可得 $f_\phi^*(\boldsymbol{x})=2\eta(\boldsymbol{x})-1$, 将最优函数 $f_\phi^*(\boldsymbol{x})$ 代入 (6.81) 可得 $R_\phi^*=\mathbb{E}_{\boldsymbol{x}\sim\mathcal{D}_\mathcal{X}}[4\eta(\boldsymbol{x})(1-\eta(\boldsymbol{x}))]$. 引理得证. □

基于引理 6.5, 我们有如下定理:

定理 6.4 平方 hinge 函数 $\phi(t)=(\max(0,1-t))^2$ 针对原 0/1 目标函数具有替代一致性.

证明 根据引理 6.5 可知优化平方 hinge 函数 $\phi(t)=(\max(0,1-t))^2$ 可得最优实值函数 $f_\phi^*(\boldsymbol{x})=2\eta(\boldsymbol{x})-1\in\mathcal{F}^*$.

对任意样本 $\boldsymbol{x}\in\mathcal{X}$, 有

$$\begin{aligned}&\phi(0)-\eta(\boldsymbol{x})\phi(f_\phi^*(\boldsymbol{x}))-(1-\eta(\boldsymbol{x}))\phi(-f_\phi^*(\boldsymbol{x}))\\ =&\ 1-4\eta(\boldsymbol{x})(1-\eta(\boldsymbol{x}))=(2\eta(\boldsymbol{x})-1)^2=4|\eta(\boldsymbol{x})-1/2|^2\ .\end{aligned}\tag{6.84}$$

设 $c=1/2$ 和 $s=2$, 基于定理 6.1 可知平方 hinge 函数针对原 0/1 函数具有替代一致性. 定理得证. □

6.4.2 随机森林

随机森林 (Random Forest) [Breiman, 2001] 是一种重要的集成学习 (ensemble learning) 方法 [Zhou, 2012], 通过对数据集进行有放回采样 (bootstrap sampling) 产生多个训练集, 然后基于每个训练集产生随机决策树, 最后通过投票法对随机决策树进行集成. 这些随机决策树是在决策树生成过程中, 对划分结点、划分属性 (attribute) 及划分点引入随机选择而产生的.

对随机决策树, 可以引入一个新的随机变量 $Z\in\mathcal{Z}$, 用以刻画决策树的随机性, 即用 $h_m(\boldsymbol{x},Z)$ 表示随机决策树, 这里 m 表示训练集的大小. 假设产生 n 棵随机决策树

$$h_m(\boldsymbol{x},Z_1),\ h_m(\boldsymbol{x},Z_2),\ \ldots,\ h_m(\boldsymbol{x},Z_n).$$

然后根据这些决策树进行投票, 从而构成随机森林 $\bar{h}_m(\boldsymbol{x}; Z_1, \dots, Z_n)$, 即

$$\bar{h}_m(\boldsymbol{x}; Z_1, \dots, Z_n) = \begin{cases} +1 & \text{如果 } \sum_{i=1}^n h_m(\boldsymbol{x}, Z_i) \geqslant 0, \\ -1 & \text{如果 } \sum_{i=1}^n h_m(\boldsymbol{x}, Z_i) < 0. \end{cases} \tag{6.85}$$

关于随机森林和随机决策树的一致性, 有如下引理:

引理 6.6 对随机决策树 $h_m(\boldsymbol{x}, Z)$ 和随机森林 $\bar{h}_m(\boldsymbol{x}; Z_1, \dots, Z_n)$, 有

贝叶斯最优风险 R^* 见 (6.6).

$$\mathbb{E}_{Z_1,\dots,Z_n}[R(\bar{h}_m(\boldsymbol{x}; Z_1, \dots, Z_n))] - R^* \leqslant 2(\mathbb{E}_Z[R(h_m(\boldsymbol{x}, Z))] - R^*) \ . \tag{6.86}$$

证明 根据泛化风险 (6.2) 和贝叶斯最优风险 (6.6) 可知

$$\begin{aligned} & \mathbb{E}_Z[R(h_m(\boldsymbol{x}, Z))] - R^* \\ & = \mathbb{E}_{\boldsymbol{x}\sim\mathcal{D}_\mathcal{X}}\left[(1-2\eta(\boldsymbol{x}))\mathbb{I}(\eta(\boldsymbol{x}) < 1/2)P_Z(h_m(\boldsymbol{x}, Z) = 1)\right. \\ & \quad \left. + (2\eta(\boldsymbol{x})-1)\mathbb{I}(\eta(\boldsymbol{x}) > 1/2)P_Z(h_m(\boldsymbol{x}, Z) = -1)\right] \ , \end{aligned} \tag{6.87}$$

进一步得到

$$\begin{aligned} & \mathbb{E}_{Z_1,\dots,Z_n}[R(\bar{h}_m(\boldsymbol{x}; Z_1, \dots, Z_n))] - R^* \\ & = \mathbb{E}_{\boldsymbol{x}\sim\mathcal{D}_\mathcal{X}}\left[(1-2\eta(\boldsymbol{x}))\mathbb{I}(\eta(\boldsymbol{x}) < 1/2)P_{Z_1,\dots,Z_n}(\bar{h}_m(\boldsymbol{x}; Z_1, \dots, Z_n) = 1)\right. \\ & \quad \left. + (2\eta(\boldsymbol{x})-1)\mathbb{I}(\eta(\boldsymbol{x}) > 1/2)P_{Z_1,\dots,Z_n}(\bar{h}_m(\boldsymbol{x}; Z_1, \dots, Z_n) = -1)\right] . \end{aligned} \tag{6.88}$$

对任意样本 $\boldsymbol{x} \in \mathcal{X}$, 当 $\eta(\boldsymbol{x}) < 1/2$ 时有

Markov 不等式 (1.20).

$$\begin{aligned} & P_{Z_1,\dots,Z_n}\left(\bar{h}_m(\boldsymbol{x}; Z_1, \dots, Z_n) = 1\right) \\ & = P_{Z_1,\dots,Z_n}\left(\sum_{i=1}^n \mathbb{I}(h_m(\boldsymbol{x}, Z_i) = 1) \geqslant \frac{n}{2}\right) \\ & \leqslant \frac{2}{n}\sum_{i=1}^n \mathbb{E}[\mathbb{I}(h_m(\boldsymbol{x}, Z_i) = 1)] = 2P(h_m(\boldsymbol{x}, Z) = 1) \ . \end{aligned} \tag{6.89}$$

同理可证 $\eta(\boldsymbol{x}) \geqslant 1/2$ 的情况, 引理得证. □

引理 6.6 表明, 若随机决策树 $h_m(\boldsymbol{x}, Z)$ 具有一致性, 则由随机决策树构成的随机森林 $\bar{h}_m(\boldsymbol{x}; Z_1, \dots, Z_n)$ 也具有一致性.

给定训练集 $D_m=\{(\boldsymbol{x}_1,y_1),(\boldsymbol{x}_2,y_2),\ldots,(\boldsymbol{x}_m,y_m)\}$, 下面考虑随机决策树 $h_m(\boldsymbol{x},Z)$ 的构造方式: 决策树中每个结点对应于一个区域, 所有叶结点对应的区域构成样本空间 $\mathcal{X}$ 的一个划分. 决策树的根结点是样本空间 $\mathcal{X}$ 本身, 在构造决策树的每一轮迭代中: 随机选择一个叶结点, 然后在叶结点随机选择一种划分属性, 在所选择的划分属性中随机选择一个划分点进行划分, 将上述过程迭代 k 次. 完成划分后, 在每一个区域内投票得到该区域样本的标记.

给定样本 $\boldsymbol{x}$, 令 $\Omega(\boldsymbol{x})$ 表示样本 $\boldsymbol{x}$ 所在叶结点对应的区域, 则随机决策树

$$h_m(\boldsymbol{x},Z)=\begin{cases}1 & \text{如果} \sum_{\boldsymbol{x}_i\in\Omega(\boldsymbol{x})} y_i\geqslant 0,\\ -1 & \text{如果} \sum_{\boldsymbol{x}_i\in\Omega(\boldsymbol{x})} y_i<0.\end{cases} \tag{6.90}$$

关于此随机决策树所集成的随机森林, 有如下定理 [Biau et al., 2008].

定理 6.5 当训练集规模 $m\to\infty$ 时, 如果每棵随机决策树的迭代轮数 $k=k(m)\to\infty$ 且 $k/m\to 0$, 则随机森林具有一致性.

证明 首先研究随机决策树的一致性, 随机决策树本质上是基于划分机制的一种分类方法. 考虑样本空间 $\mathcal{X}=[0,1]^d$, 对任意 $\boldsymbol{x}\in\mathcal{X}$, 令 $\Omega(\boldsymbol{x},Z)$ 表示样本 $\boldsymbol{x}$ 所在的区域, $N(\boldsymbol{x},Z)$ 表示落入 $\Omega(\boldsymbol{x},Z)$ 中的训练样本数, 即

划分机制参见 6.3 节.

$$N(\boldsymbol{x},Z)=\sum_{i=1}^{m}\mathbb{I}(\boldsymbol{x}_i\in\Omega(\boldsymbol{x},Z))\ . \tag{6.91}$$

首先证明当 $m\to\infty$ 时有 $N(\boldsymbol{x},Z)\to\infty$ 依概率几乎处处成立. 设 $\Omega_1,\ \Omega_2,\ldots,\Omega_{k+1}$ 为随机决策树通过 k 轮迭代后得到的 $k+1$ 个区域, 且设 $N_1,N_2,\ldots,N_{k+1}$ 分别为训练集 D_m 落入这些区域的样本数. 给定训练集 D_m 和随机变量 Z, 样本 $\boldsymbol{x}$ 落入区域 Ω_i 的概率为 N_i/m. 对任意给定 $t>0$, 有

$$\begin{aligned}P(N(\boldsymbol{x},Z)<t)&=\mathbb{E}\left[P\left(N(\boldsymbol{x},Z)<t|D_m,Z\right)\right]\\&=\mathbb{E}\left[\sum_{i:\ N_i<t}\frac{N_i}{m}\right]\\&\leqslant(t-1)\frac{k+1}{m}\to 0\ .\end{aligned} \tag{6.92}$$

$k/m\to 0$ 和 $m\to\infty$.

其次证明当 $k\to\infty$ 时区域 $\Omega(\boldsymbol{x},Z)$ 的直径 $\mathrm{Diam}(\Omega(\boldsymbol{x},Z))\to 0$ 依概率几乎处处成立. 令 T_m 表示区域 $\Omega(\boldsymbol{x},Z)$ 被划分的次数, 根据随机决策树的构造可

Bernoulli(p) 表示参数为 p 的 Bernoulli 分布.

知 $T_m = \sum_{i=1}^k \xi_i$, 其中 $\xi_i \sim \text{Bernoulli}(1/i)$. 于是有

$$\mathbb{E}[T_m] = \sum_{i=1}^k \frac{1}{i} \geqslant \ln k \ , \tag{6.93}$$

$$\mathbb{V}(T_m) = \sum_{i=2}^k \frac{1}{i}\left(1-\frac{1}{i}\right) \leqslant \ln k + 1 \ . \tag{6.94}$$

根据 Chebyshev 不等式 (1.21) 可知, 当 $k \to \infty$ 时有

$$\begin{aligned} P\left(|T_m - \mathbb{E}[T_m]| \geqslant \frac{\mathbb{E}[T_m]}{2}\right) &\leqslant 4\frac{\mathbb{V}(T_m)}{\mathbb{E}[T_m]^2} \\ &\leqslant 4\frac{\ln k + 1}{\ln^2 k} \to 0 \ , \end{aligned} \tag{6.95}$$

当 $k \to \infty$ 时, 因此可得

$$P\left(T_m \geqslant \ln\frac{k}{2}\right) \to 1 \ . \tag{6.96}$$

令 L_j 表示区域 $\Omega(\boldsymbol{x}, Z)$ 中第 j 个属性的边长, 根据随机决策树的构造可知

$$\mathbb{E}[L_j] \leqslant \mathbb{E}\left[\mathbb{E}\left[\prod_{i=1}^{K_j} \max(U_i, 1-U_i) \middle| K_j\right]\right] \ . \tag{6.97}$$

这里的随机变量 $K_j \sim \mathcal{B}(T_m, 1/d)$ 表示随机决策树构造中第 j 个属性被选用划分的次数, 随机变量 $U_i \sim \mathcal{U}(0,1)$ 表示第 j 个属性被划分的位置. 根据 $U_i \sim \mathcal{U}(0,1)$ 有

$\mathcal{B}(n,p)$ 表示参数为 n 和 p 的二项分布, $\mathcal{U}(a,b)$ 表示在 $[a,b]$ 上的均匀分布.

$$\mathbb{E}\left[\max(U_i, 1-U_i)\right] = 2\int_{1/2}^1 U_i dU_i = \frac{3}{4} \ , \tag{6.98}$$

由此可得

$$\mathbb{E}(L_j) = \mathbb{E}\left[\mathbb{E}\left[\prod_{i=1}^{K_j} \max(U_i, 1-U_i) \middle| K_j\right]\right] = \mathbb{E}\left[(3/4)^{K_j}\right] . \tag{6.99}$$

再根据 $K_j \sim \mathcal{B}(T_m, 1/d)$ 有

$$
\begin{aligned}
\mathbb{E}[L_j] &= \mathbb{E}[(3/4)^{K_j}] \\
&= \mathbb{E}\left[\sum_{K_j=1}^{T_m}\left(\frac{3}{4}\right)^{K_j}\binom{T_m}{K_j}\left(\frac{1}{d}\right)^{K_j}\left(1-\frac{1}{d}\right)^{T_m-K_j}\right] \\
&= \mathbb{E}\left[\sum_{K_j=1}^{T_m}\binom{T_m}{K_j}\left(\frac{3}{4d}\right)^{K_j}\left(1-\frac{1}{d}\right)^{T_m-K_j}\right] \\
&= \mathbb{E}\left[\left(1-\frac{1}{d}+\frac{3}{4d}\right)^{T_m}\right] \\
&= \mathbb{E}\left[\left(1-\frac{1}{4d}\right)^{T_m}\right] . \qquad (6.100)
\end{aligned}
$$

结合 (6.96) 和 (6.100), 当 $k \to \infty$ 时有 $\mathbb{E}[L_j] \to 0$, 进而有

$$
\mathbb{E}[\mathrm{Diam}(\Omega(\boldsymbol{x}, Z))] = \mathbb{E}[L_j]\sqrt{d} \to 0 \ , \qquad (6.101)
$$

基于定理 6.2 可得随机决策树具有一致性, 再基于引理 6.6 可知由随机决策树集成的随机森林也具有一致性. □

6.5 阅读材料

一致性理论的研究至少可追溯至 20 世纪 60 年代最近邻一致性理论 [Cover and Hart, 1967], 经典结论包括最近邻方法的泛化风险不超过贝叶斯最优风险的两倍. Devroye et al. [1996] 对 k 近邻的一致性进行了研究, 发现当 k 为固定常数时, k 近邻的泛化风险与贝叶斯最优风险之差的上界为 $O(1/\sqrt{k})$; 当 k 为训练集规模 m 的函数且满足一定条件时可证明 k 近邻的输出函数收敛于贝叶斯最优分类器. Devroye et al. [1996] 还给出了划分机制一致性的充分条件, Biau et al. [2008] 基于该充分条件证明了随机森林具有一致性.

$O(\cdot)$ 省略了常数项.

对二分类学习任务, Zhang [2004b] 给出了替代一致性的充分条件, Bartlett et al. [2006] 给出了替代一致性的充要条件, 并证明了传统二分类算法一般都具有一致性. 但对多分类学习任务, 支持向量机采用 hinge 函数不具有一致性, 而使用指数函数的 Boosting、使用对率函数的对率回归等则具有一致性 [Zhang, 2004a; Tewari and Bartlett, 2007]. 对多标记学习 (Multi-label learning) 任务, Gao and Zhou [2013] 给出了多标记学习方法具有一致性的充要条件, 并证明了常见的多标记学习方法不具有一致性. 此后, Waegeman et al. [2014] 和 Koyejo

AUC 见 [周志华, 2016, 第 2.3 节].

et al. [2015] 对多标记学习的一致性做了进一步研究. Gao and Zhou [2015] 对以 AUC 为目标函数的学习任务进行了研究, 给出了替代函数具有一致性的充分条件和必要条件.

习题

6.1 试证明平方函数 $\phi(t)=(1-t)^2$ 的最优实值输出函数为

$$f_\phi^*(\boldsymbol{x})=2\eta(\boldsymbol{x})-1\ , \tag{6.102}$$

其对应的最优替代泛化风险为

$$R_\phi^*=4\mathbb{E}_{\boldsymbol{x}\sim\mathcal{D}_\mathcal{X}}\left[\eta(\boldsymbol{x})(1-\eta(\boldsymbol{x}))\right]\ , \tag{6.103}$$

并且平方函数针对原 0/1 目标函数具有替代一致性.

6.2 试证明指数函数 $\phi(t)=e^{-t}$ 的最优实值输出函数为

$$f_\phi^*(\boldsymbol{x})=\frac{1}{2}\ln\frac{\eta(\boldsymbol{x})}{1-\eta(\boldsymbol{x})}\ , \tag{6.104}$$

其对应的最优替代泛化风险为

$$R_\phi^*=2\mathbb{E}_{\boldsymbol{x}\sim\mathcal{D}_\mathcal{X}}\left[\sqrt{\eta(\boldsymbol{x})(1-\eta(\boldsymbol{x}))}\right]\ , \tag{6.105}$$

并且指数函数针对原 0/1 目标函数具有替代一致性.

6.3 试证明对率函数 $\phi(t)=\log(1+e^{-t})$ 的最优实值输出函数

$$f_\phi^*(\boldsymbol{x})=\ln\frac{\eta(\boldsymbol{x})}{1-\eta(\boldsymbol{x})}\ , \tag{6.106}$$

其对应的最优替代泛化风险为

$$R_\phi^*=\mathbb{E}_{\boldsymbol{x}\sim\mathcal{D}_\mathcal{X}}\left[|-\eta(\boldsymbol{x})\ln\eta(\boldsymbol{x})-(1-\eta(\boldsymbol{x}))\ln(1-\eta(\boldsymbol{x}))|\right]\ , \tag{6.107}$$

并且对率函数针对原 0/1 目标函数具有替代一致性.

6.4 考虑样本空间 $\mathcal{X}=[0,1]^d$, 标记空间 $\mathcal{Y}=\{-1,+1\}$, 以及训练集 $D_m=\{(\boldsymbol{x}_1,y_1),(\boldsymbol{x}_2,y_2),\cdots,(\boldsymbol{x}_m,y_m)\}$. 假设区域 $\Omega_1,\Omega_2,\cdots,\Omega_k,\cdots$ 是样本空间的立方体划分, 其边长均为 h_m. 对任意样本 $\boldsymbol{x}\in\mathcal{X}$, 令 $\Omega(\boldsymbol{x})$ 表示样本 $\boldsymbol{x}$ 所在的立方体区域, 样本 $\boldsymbol{x}$ 的标记则由区域 $\Omega(\boldsymbol{x})$ 中训练样本按“少数服从多数”原则投票而得. 试证明: 当 $m\to\infty$ 时, 若 $h_m\to 0$ 和 $mh_m^d\to\infty$, 该算法具有一致性.

参考文献

周志华. (2016). 机器学习. 清华大学出版社, 北京.

Audibert, J.-Y. and A. Tsybakov. (2007). "Fast learning rates for plug-in classifiers." *Annals of statistics*, 35(2):608–633.

Bartlett, P., M. Jordan, and J. McAuliffe. (2006). "Convexity, classification, and risk bounds." *Journal of the American Statistical Association*, 101(473): 138–156.

Biau, G., L. Devroye, and G. Lugosi. (2008). "Consistency of random forests and other averaging classifiers." *Journal of Machine Learning Research*, 9: 2015–2033.

Breiman, L. (2001). "Random forests." *Machine Learning*, 45(1):5–32.

Cover, T. and P. Hart. (1967). "Nearest neighbor pattern classification." *IEEE Transactions on Information Theory*, 13(1):21–27.

Devroye, L., L. Györfi, and G. Lugosi. (1996). *A Probabilistic Theory of Pattern Recognition*. Springer, New York.

Feldman, V., V. Guruswami, P. Raghavendra, and Y. Wu. (2012). "Agnostic learning of monomials by halfspaces is hard." *SIAM Journal on Computing*, 41(6):1558–1590.

Friedman, J., T. Hastie, and R. Tibshirani. (2000). "Additive logistic regression: A statistical view of boosting (with discussions)." *Annals of Statistics*, 28(2):337–407.

Gao, W. and Z.-H. Zhou. (2013). "On the consistency of multi-label learning." *Artificial Intelligence*, 199:22–44.

Gao, W. and Z.-H. Zhou. (2015), "On the consistency of AUC pairwise optimization." In *Proceedings of the 24th International Joint Conference on Artificial Intelligence (IJCAI)*, pp. 939–945, Buenos Aires, Argentina.

Koyejo, P., N. Natarajan, P. Ravikumar, and I. Dhillon. (2015), "Mondrian forests: Efficient online random forests." In *Advances in Neural Information Processing Systems 28* (Z. Ghahramani, M. Welling, C. Cortes, N. D. Lawrence, and K. Q. Weinberger, eds.), pp. 3321–3329, MIT Press, Cambridge, MA.

Tewari, A. and P. L. Bartlett. (2007). "On the consistency of multiclass classification methods." *Journal of Machine Learning Research*, 8:1007–1025.

Waegeman, W., K. Dembczyński, A. Jachnik, W. Cheng, and E. Hüllermeier. (2014). "On the Bayes-optimality of f-measure maximizers." *Journal of Machine Learning Research*, 15:3333–3388.

Zhang, T. (2004a). "Statistical analysis of some multi-category large margin classification methods." *Journal of Machine Learning Research*, 5:1225–1251.

Zhang, T. (2004b). "Statistical behaviour and consistency of classification methods based on convex risk minimization." *Annals of Statistics*, 32(1): 56–134.

Zhou, Z.-H. (2012). *Ensemble Methods: Foundations and Algorithms.* Chapman & Hall/CRC, Boca Raton.

第 7 章　收敛率

本章关注 **收敛率** (convergence rate). 首先回顾一下优化问题的一般形式:

$$\min_{\boldsymbol{w} \in \mathcal{W}} \quad f(\boldsymbol{w}) \ , \tag{7.1}$$

其中 $f(\cdot)$ 是优化的目标函数, $\boldsymbol{w}$ 是优化变量, $\mathcal{W}$ 是优化变量的可行域. 为了方便讨论, 下面仅关注凸优化问题, 即要求 (7.1) 中优化的目标函数 $f(\cdot)$ 是凸函数, 优化变量 $\boldsymbol{w}$ 的可行域 $\mathcal{W}$ 是凸集合. 注意到, 第 1 章所提到的支持向量机的主问题 (1.59) 和对偶问题 (1.63) 均可以表示为上述形式. 在评价不同的优化算法时, 会有收敛条件和收敛率这两个角度来对优化进程进行评估和考量. 如果读者没有在前期的学习中了解“收敛”这个概念, 这里以一个形象的例子来说明. 当一个小球在抛物线形状的模型顶端自由落下时, 如果不考虑摩擦力, 小球将做往复运动. 但如果考虑存在摩擦力的实际情况, 小球将在最低点附近往复运动最终落至最低点. 而这个最低点类似于优化算法中的“最优解”, 小球落到最低点的速率对应于“收敛率”, 重力和摩擦力这样的外部条件则对应于“收敛条件”.

7.1 基本概念

令 (7.1) 的最优解为 $\boldsymbol{w}^* \in \arg\min_{\boldsymbol{w} \in \mathcal{W}} f(\boldsymbol{w})$, 优化算法旨在高效地寻找优化问题的最优解 $\boldsymbol{w}^*$, 或目标函数的最小值 $f(\boldsymbol{w}^*)$. 然而, 精确求解优化问题一般而言是非常困难的. 因此, 优化算法通常设计为迭代算法, 不断近似求解优化问题. 记迭代优化算法为 $\mathcal{A}$, 该算法生成一组序列 $\{\boldsymbol{w}_1, \boldsymbol{w}_2, \ldots, \boldsymbol{w}_t, \ldots\}$ 来不断逼近目标函数的最优解 $\boldsymbol{w}^*$. 一般而言, 迭代优化算法采用如下更新方法,

$$\boldsymbol{w}_{t+1} = \mathcal{M}(\boldsymbol{w}_t, \mathcal{O}(f, \boldsymbol{w}_t)) \ , \tag{7.2}$$

这里, “函数信息源”在英文中为“oracle”, 原意是“神谕”, 这里采用意译.

其中 $\mathcal{M}$ 为优化算法的更新策略, $\mathcal{O}$ 为函数信息源.

根据所使用的函数信息源 $\mathcal{O}$ 的不同, 常用优化算法可以分为零阶算法、一阶算法和二阶算法.

“阶”参见第 3 页.

(1) 零阶算法: 仅利用函数值来优化的算法, 典型的零阶优化算法有遗传算法、粒子群算法和模拟退火算法等.

(2) 一阶算法: 利用函数的梯度信息来优化的算法, 典型的一阶优化算法有 **梯度下降** (Gradient Descent, 简称 GD) 算法和 **随机梯度下降** (Stochastic Gradient Descent, 简称 SGD) 算法等.

(3) 二阶算法: 利用函数的 Hessian 矩阵来优化的算法, 典型的二阶优化算法有牛顿法.

刻画优化算法性能有两种等价的衡量准则: 收敛率和 **迭代复杂度** (iteration complexity). 假设算法迭代了 T 轮, $\boldsymbol{w}_T$ 为最终输出.

收敛率旨在刻画优化误差 $f(\boldsymbol{w}_T)-f(\boldsymbol{w}^*)$ 与迭代轮数 T 之间的关系, 常见的收敛率有

$$f(\boldsymbol{w}_T)-f(\boldsymbol{w}^*)=O\left(\frac{1}{\sqrt{T}}\right),\ O\left(\frac{1}{T}\right),\ O\left(\frac{1}{T^2}\right),\ O\left(\frac{1}{\beta^T}\right), \tag{7.3}$$

在数值优化领域, 误差以几何级数下降时称为线性收敛, 参阅 [Boyd and Vandenberghe, 2004] 的 9.3.1 节.

其中 $\beta>1$. 上面列举的收敛率越来越快, 最后一种收敛率 $O(1/\beta^T)$ 通常被称为 **线性收敛**.

迭代复杂度则是刻画为了达到 ϵ-最优解, 需要的迭代轮数. 具体而言, 迭代复杂度描述为了达到 $f(\boldsymbol{w}_T)-f(\boldsymbol{w}^*)\leqslant\epsilon$, 迭代轮数 T 和 ϵ 的关系. (7.3) 中收敛率所对应的迭代复杂度分别为:

$$T=\Omega\left(\frac{1}{\epsilon^2}\right),\ \Omega\left(\frac{1}{\epsilon}\right),\ \Omega\left(\frac{1}{\sqrt{\epsilon}}\right),\ \Omega\left(\log\frac{1}{\epsilon}\right)\ . \tag{7.4}$$

收敛率和迭代复杂度反映了目标函数的最优性. 当最优解唯一时, 也可以采用当前解和最优解之间的距离 $d(\boldsymbol{w}_t,\boldsymbol{w}^*)$ 作为评估优化算法性能的指标, 其中 $d(\cdot,\cdot)$ 是某距离度量函数, 如欧氏距离 $d(\boldsymbol{w}_t,\boldsymbol{w}^*)=\|\boldsymbol{w}_t-\boldsymbol{w}^*\|$.

常用的优化算法可以分为 **确定优化** (deterministic optimization) 和 **随机优化** (stochastic optimization) 两类. 确定优化利用函数的真实信息来进行迭代更新, 而随机优化则会利用一些随机信息 (如梯度的无偏估计) 来进行迭代更新. 下面将分别介绍确定优化方法和随机优化方法, 并考虑凸函数和强凸函数两种情况.

7.2 确定优化

7.2.1 凸函数

对于一般的凸优化问题, 可以采用 **梯度下降** 达到 $O(1/\sqrt{T})$ 的收敛率 [Nesterov, 2018], 其基本流程如下:

1: 任意初始化 $\boldsymbol{w}_1 \in \mathcal{W}$;
2: **for** $t = 1, \ldots, T$ **do**
3: 梯度下降: $\boldsymbol{w}'_{t+1} = \boldsymbol{w}_t - \eta_t \nabla f(\boldsymbol{w}_t)$;
4: 投影: $\boldsymbol{w}_{t+1} = \Pi_{\mathcal{W}}(\boldsymbol{w}'_{t+1})$;
5: **end for**
6: 返回 $\bar{\boldsymbol{w}}_T = \frac{1}{T}\sum_{t=1}^{T} \boldsymbol{w}_t$.

在第 t 轮迭代中, 首先计算函数 $f(\cdot)$ 在 $\boldsymbol{w}_t$ 上的梯度 $\nabla f(\boldsymbol{w}_t)$, 然后依据梯度下降 $\boldsymbol{w}'_{t+1} = \boldsymbol{w}_t - \eta_t \nabla f(\boldsymbol{w}_t)$ 更新当前解, 其中 $\eta_t > 0$ 为步长. 这里需要注意的是, 在原始问题 (7.1) 中存在 $\boldsymbol{w} \in \mathcal{W}$ 的约束. 但是通过梯度下降获得的中间解 $\boldsymbol{w}'_{t+1}$ 未必属于集合 $\mathcal{W}$. 因此还需要通过投影操作 $\boldsymbol{w}_{t+1} = \Pi_{\mathcal{W}}(\boldsymbol{w}'_{t+1})$ 保证下一轮的解属于 $\mathcal{W}$. 投影操作的定义为:

$$\Pi_{\mathcal{W}}(\boldsymbol{z}) = \underset{\boldsymbol{x} \in \mathcal{W}}{\arg\min} \|\boldsymbol{x} - \boldsymbol{z}\| , \tag{7.5}$$

其目的是在集合 $\mathcal{W}$ 中寻找距离输入最近的点. 最后, 将算法 T 轮迭代的平均值作为输出.

固定步长是指将步长 η_t 设置为与 t 无关的常量.

下面给出采用固定步长梯度下降的理论保障.

根据 (1.7) 可知, l-Lipschitz 连续意味着梯度的上界为 l.

定理 7.1 梯度下降收敛率 若目标函数是 l-Lipschitz 连续函数, 且可行域有界, 则采用固定步长梯度下降的收敛率为 $O\left(\frac{1}{\sqrt{T}}\right)$.

证明 假设可行域 $\mathcal{W}$ 直径为 Γ, 并且目标函数满足 l-Lipschitz 连续, 即对于任意 $\boldsymbol{u}, \boldsymbol{v} \in \mathcal{W}$,

$$\|\boldsymbol{u} - \boldsymbol{v}\| \leqslant \Gamma, \ \|\nabla f(\boldsymbol{u})\| \leqslant l . \tag{7.6}$$

为了简化分析, 考虑固定的步长 $\eta_t = \eta$.

对于任意的 $\boldsymbol{w} \in \mathcal{W}$,

利用 (1.4).

$$f(\boldsymbol{w}_t) - f(\boldsymbol{w}) \leqslant \langle \nabla f(\boldsymbol{w}_t), \boldsymbol{w}_t - \boldsymbol{w} \rangle = \frac{1}{\eta} \langle \boldsymbol{w}_t - \boldsymbol{w}'_{t+1}, \boldsymbol{w}_t - \boldsymbol{w} \rangle$$

$$
\begin{aligned}
&=\frac{1}{2\eta}\left(\|\boldsymbol{w}_t-\boldsymbol{w}\|^2-\|\boldsymbol{w}'_{t+1}-\boldsymbol{w}\|^2+\|\boldsymbol{w}_t-\boldsymbol{w}'_{t+1}\|^2\right)\\
&=\frac{1}{2\eta}\left(\|\boldsymbol{w}_t-\boldsymbol{w}\|^2-\|\boldsymbol{w}'_{t+1}-\boldsymbol{w}\|^2\right)+\frac{\eta}{2}\|\nabla f(\boldsymbol{w}_t)\|^2\\
&\leqslant\frac{1}{2\eta}\left(\|\boldsymbol{w}_t-\boldsymbol{w}\|^2-\|\boldsymbol{w}_{t+1}-\boldsymbol{w}\|^2\right)+\frac{\eta}{2}\|\nabla f(\boldsymbol{w}_t)\|^2 ,
\end{aligned}
\tag{7.7}
$$

最后一个不等号利用了凸集合投影操作的非扩展性质 [Nemirovski et al., 2009]:

$$
\|\Pi_{\mathcal{W}}(\boldsymbol{x})-\Pi_{\mathcal{W}}(\boldsymbol{z})\|\leqslant\|\boldsymbol{x}-\boldsymbol{z}\|,\quad\forall\boldsymbol{x},\boldsymbol{z}\ . \tag{7.8}
$$

注意到目标函数满足 l-Lipschitz连续, 由 (7.6) 和 (7.7) 可得

$$
f(\boldsymbol{w}_t)-f(\boldsymbol{w})\leqslant\frac{1}{2\eta}\left(\|\boldsymbol{w}_t-\boldsymbol{w}\|^2-\|\boldsymbol{w}_{t+1}-\boldsymbol{w}\|^2\right)+\frac{\eta}{2}l^2\ . \tag{7.9}
$$

对 (7.9) 从 $t=1$ 到 T 求和, 有

利用 (7.6).

$$
\begin{aligned}
\sum_{t=1}^{T}f(\boldsymbol{w}_t)-Tf(\boldsymbol{w})&\leqslant\frac{1}{2\eta}\left(\|\boldsymbol{w}_1-\boldsymbol{w}\|^2-\|\boldsymbol{w}_{T+1}-\boldsymbol{w}\|^2\right)+\frac{\eta T}{2}l^2\\
&\leqslant\frac{1}{2\eta}\|\boldsymbol{w}_1-\boldsymbol{w}\|^2+\frac{\eta T}{2}l^2\leqslant\frac{1}{2\eta}\Gamma^2+\frac{\eta T}{2}l^2\ .
\end{aligned}
\tag{7.10}
$$

最后, 依据 Jensen 不等式 (1.11) 可得

$$
\begin{aligned}
f(\bar{\boldsymbol{w}}_T)-f(\boldsymbol{w})&=f\left(\frac{1}{T}\sum_{t=1}^{T}\boldsymbol{w}_t\right)-f(\boldsymbol{w})\\
&\leqslant\frac{1}{T}\sum_{t=1}^{T}f(\boldsymbol{w}_t)-f(\boldsymbol{w})\leqslant\frac{\Gamma^2}{2\eta T}+\frac{\eta l^2}{2}\ .
\end{aligned}
\tag{7.11}
$$

因此,

$$
f(\bar{\boldsymbol{w}}_T)-\min_{\boldsymbol{w}\in\mathcal{W}}f(\boldsymbol{w})\leqslant\frac{\Gamma^2}{2\eta T}+\frac{\eta l^2}{2}=\frac{l\Gamma}{\sqrt{T}}=O\left(\frac{1}{\sqrt{T}}\right)\ , \tag{7.12}
$$

这里假设迭代轮数 T 已知, 对于 T 未知的情形, 可以采用衰减的步长, 详见习题 7.1.

其中步长设置为 $\eta=\Gamma/(l\sqrt{T})$.

定理得证. □

7.2.2 强凸函数

本节考虑目标函数 $f: \mathcal{W} \mapsto \mathbb{R}$ 是 λ-**强凸函数**, 即目标函数满足 (1.6). 对于 λ-强凸函数, 有以下定理:

证明可参阅 [Hazan and Kale, 2011].

定理 7.2 λ-**强凸函数性质**: 假设 f 为 λ-强凸函数, $\boldsymbol{w}^*$ 为其最优解, 对于任意 $\boldsymbol{w} \in \mathcal{W}$ 有

$$f(\boldsymbol{w}) - f(\boldsymbol{w}^*) \geqslant \frac{\lambda}{2}\|\boldsymbol{w} - \boldsymbol{w}^*\|^2 . \tag{7.13}$$

此外, 若梯度有上界 l, 则

$$\|\boldsymbol{w} - \boldsymbol{w}^*\| \leqslant \frac{2l}{\lambda} , \tag{7.14}$$

$$f(\boldsymbol{w}) - f(\boldsymbol{w}^*) \leqslant \frac{2l^2}{\lambda} . \tag{7.15}$$

为了得到更快的收敛率, 考虑强凸且光滑的函数, 即要求目标函数在具备强凸性质的同时, 还满足以下的光滑条件 [Boyd and Vandenberghe, 2004]:

这里的定义和 1.1 节给出的光滑定义是等价的, 参阅 [Nesterov, 2018] 定理 2.1.5.

$$f(\boldsymbol{w}') \leqslant f(\boldsymbol{w}) + \langle \nabla f(\boldsymbol{w}), \boldsymbol{w}' - \boldsymbol{w} \rangle + \frac{\gamma}{2}\|\boldsymbol{w}' - \boldsymbol{w}\|^2,\ \forall \boldsymbol{w}, \boldsymbol{w}' \in \mathcal{W} . \tag{7.16}$$

这时称 $f: \mathcal{W} \mapsto \mathbb{R}$ 为 γ-**光滑函数**. 上式表明, 对光滑函数 $f(\cdot)$, 可以在任意一个点 $\boldsymbol{w}$ 处构造一个二次函数作为其上界.

针对光滑且强凸函数的梯度下降算法的基本流程如下:

1: 任意初始化 $\boldsymbol{w}_1 \in \mathcal{W}$;
2: **for** $t = 1, \ldots, T$ **do**
3: 　梯度下降:

$$\boldsymbol{w}_{t+1} = \underset{\boldsymbol{w} \in \mathcal{W}}{\arg\min} \left(f(\boldsymbol{w}_t) + \langle \nabla f(\boldsymbol{w}_t), \boldsymbol{w} - \boldsymbol{w}_t \rangle + \frac{\gamma}{2}\|\boldsymbol{w} - \boldsymbol{w}_t\|^2 \right); \tag{7.17}$$

4: **end for**
5: 返回 $\boldsymbol{w}_T$.

和凸函数的梯度下降方法类似. 在第 t 轮迭代中, 首先计算函数 $f(\cdot)$ 在 $\boldsymbol{w}_t$ 处的梯度, 然后依据 (7.17) 更新当前解 $\boldsymbol{w}_{t+1}$. 注意到 (7.17) 中约束最小化问题

的闭式解为

$$\boldsymbol{w}_{t+1}=\Pi_{\mathcal{W}}\left(\boldsymbol{w}_t-\frac{1}{\gamma}\nabla f(\boldsymbol{w}_t)\right) . \tag{7.18}$$

因此, 其本质仍是进行梯度下降更新后再投影到可行域. 对于上述梯度下降算法, 有如下定理 [Nesterov, 2013]:

定理 7.3 梯度下降收敛率 若目标函数满足 λ-强凸且 γ-光滑, 梯度下降取得了线性收敛率 $O\left(\frac{1}{\beta^T}\right)$, 其中 $\beta>1$.

证明 根据目标函数的性质以及更新公式,

利用 (7.16).

算法更新式 (7.17).

f 是 λ-强凸函数 (1.6).

根据定理 7.2 中 (7.13).

$$\begin{aligned}
&f(\boldsymbol{w}_{t+1})\\
\leqslant& f(\boldsymbol{w}_t)+\langle\nabla f(\boldsymbol{w}_t),\boldsymbol{w}_{t+1}-\boldsymbol{w}_t\rangle+\frac{\gamma}{2}\left\|\boldsymbol{w}_{t+1}-\boldsymbol{w}_t\right\|^2\\
=&\min_{\boldsymbol{w}\in\mathcal{W}}\left(f(\boldsymbol{w}_t)+\langle\nabla f(\boldsymbol{w}_t),\boldsymbol{w}-\boldsymbol{w}_t\rangle+\frac{\gamma}{2}\left\|\boldsymbol{w}-\boldsymbol{w}_t\right\|^2\right)\\
\leqslant&\min_{\boldsymbol{w}\in\mathcal{W}}\left(f(\boldsymbol{w})-\frac{\lambda}{2}\left\|\boldsymbol{w}-\boldsymbol{w}_t\right\|^2+\frac{\gamma}{2}\left\|\boldsymbol{w}-\boldsymbol{w}_t\right\|^2\right)\\
\leqslant&\min_{\substack{\boldsymbol{w}=\alpha\boldsymbol{w}^*+(1-\alpha)\boldsymbol{w}_t,\\ \alpha\in[0,1]}}\left(f(\boldsymbol{w})+\frac{\gamma-\lambda}{2}\left\|\boldsymbol{w}-\boldsymbol{w}_t\right\|^2\right)\\
=&\min_{\alpha\in[0,1]}\left(f(\alpha\boldsymbol{w}^*+(1-\alpha)\boldsymbol{w}_t)+\frac{\gamma-\lambda}{2}\left\|\alpha\boldsymbol{w}^*+(1-\alpha)\boldsymbol{w}_t-\boldsymbol{w}_t\right\|^2\right)\\
\leqslant&\min_{\alpha\in[0,1]}\left(\alpha f(\boldsymbol{w}^*)+(1-\alpha)f(\boldsymbol{w}_t)+\frac{\gamma-\lambda}{2}\alpha^2\left\|\boldsymbol{w}^*-\boldsymbol{w}_t\right\|^2\right)\\
=&\min_{\alpha\in[0,1]}\left(f(\boldsymbol{w}_t)-\alpha\left(f(\boldsymbol{w}_t)-f(\boldsymbol{w}^*)\right)+\frac{\gamma-\lambda}{2}\alpha^2\left\|\boldsymbol{w}^*-\boldsymbol{w}_t\right\|^2\right)\\
\leqslant&\min_{\alpha\in[0,1]}\left(f(\boldsymbol{w}_t)-\alpha\left(f(\boldsymbol{w}_t)-f(\boldsymbol{w}^*)\right)+\frac{\gamma-\lambda}{2}\frac{2}{\lambda}\alpha^2\left(f(\boldsymbol{w}_t)-f(\boldsymbol{w}^*)\right)\right)\\
=&\min_{\alpha\in[0,1]}\left(f(\boldsymbol{w}_t)+\left(\frac{\gamma-\lambda}{\lambda}\alpha^2-\alpha\right)\left(f(\boldsymbol{w}_t)-f(\boldsymbol{w}^*)\right)\right) .
\end{aligned} \tag{7.19}$$

如果 $\frac{\lambda}{2(\gamma-\lambda)}\geqslant 1$, 令 $\alpha=1$, 则有

$$f(\boldsymbol{w}_{t+1})-f(\boldsymbol{w}^*)\leqslant\frac{\gamma-\lambda}{\lambda}\left(f(\boldsymbol{w}_t)-f(\boldsymbol{w}^*)\right)\leqslant\frac{1}{2}\left(f(\boldsymbol{w}_t)-f(\boldsymbol{w}^*)\right) . \tag{7.20}$$

如果 $\frac{\lambda}{2(\gamma-\lambda)}<1$, 令 $\alpha=\frac{\lambda}{2(\gamma-\lambda)}$, 则有

$$
\begin{aligned}
f(\boldsymbol{w}_{t+1})-f(\boldsymbol{w}^*) \leqslant& \left(1-\frac{\lambda}{4(\gamma-\lambda)}\right)(f(\boldsymbol{w}_t)-f(\boldsymbol{w}^*)) \\
=&\frac{4\gamma-5\lambda}{4(\gamma-\lambda)}(f(\boldsymbol{w}_t)-f(\boldsymbol{w}^*)) \ .
\end{aligned} \tag{7.21}
$$

结合 (7.20) 和 (7.21), 令

$$
\beta=\begin{cases} \frac{\lambda}{\gamma-\lambda}, & \frac{\lambda}{2(\gamma-\lambda)} \geqslant 1 \ ; \\ \frac{4(\gamma-\lambda)}{4\gamma-5\lambda}, & \frac{\lambda}{2(\gamma-\lambda)} < 1 \ ; \end{cases} \tag{7.22}
$$

那么下式总是成立

$$
f(\boldsymbol{w}_{t+1})-f(\boldsymbol{w}^*) \leqslant \frac{1}{\beta}(f(\boldsymbol{w}_t)-f(\boldsymbol{w}^*)) \ . \tag{7.23}
$$

将上式扩展可得

$$
f(\boldsymbol{w}_T)-f(\boldsymbol{w}^*) \leqslant \frac{1}{\beta^{T-1}}(f(\boldsymbol{w}_1)-f(\boldsymbol{w}^*))=O\left(\frac{1}{\beta^T}\right) \ . \tag{7.24}
$$

定理得证. □

上述推理过程假设目标函数是强凸且光滑, 如果目标函数只满足强凸性质, 可以采用 7.3.2 节中针对强凸函数的随机优化算法, 仅需要将随机梯度改为真实梯度, 本节不再赘述.

7.3 随机优化

7.3.1 凸函数

为优化凸函数, 将采用随机优化的代表性算法——**随机梯度下降**. 随机梯度下降和梯度下降非常类似, 唯一的区别在于使用随机梯度代替真实梯度. 与真实梯度相比, 随机梯度的计算通常更加简单, 因此每轮迭代的计算代价低.

对于机器学习问题, 通常利用随机选择的一个(或一些) 样本计算随机梯度, 用于代替真实梯度.

随机梯度下降算法的一般流程如下:

1: 任意初始化 $\boldsymbol{w}_1 \in \mathcal{W}$;
2: **for** $t=1,\ldots,T$ **do**
3: 梯度下降: $\boldsymbol{w}'_{t+1}=\boldsymbol{w}_t-\eta_t \mathbf{g}_t$;
4: 投影: $\boldsymbol{w}_{t+1}=\Pi_{\mathcal{W}}(\boldsymbol{w}'_{t+1})$;

5: **end for**

6: 返回 $\bar{\boldsymbol{w}}_T = \frac{1}{T}\sum_{t=1}^{T} \boldsymbol{w}_t$.

其中要求 $\boldsymbol{w}_t$ 的随机梯度 $\mathbf{g}_t$ 是真实梯度 $\nabla f(\boldsymbol{w}_t)$ 的无偏估计, 即

$$\mathbb{E}[\mathbf{g}_t] = \nabla f(\boldsymbol{w}_t) \ . \tag{7.25}$$

上述方法非常适用于机器学习问题, 尤其是在处理大数据时. 下面以监督学习为例介绍随机梯度下降的应用. 监督学习的最终目的是最小化泛化风险. 令数据分布为 $\mathcal{D}$, 可以用 **风险最小化** 来描述监督学习的目标

$$\min_{\boldsymbol{w}\in\mathcal{W}} \ f(\boldsymbol{w}) = \mathbb{E}_{\boldsymbol{z}\sim\mathcal{D}}[\ell(\boldsymbol{w},\boldsymbol{z})] \ , \tag{7.26}$$

参见第 5 章.

其中 $\boldsymbol{z}\sim\mathcal{D}$ 表示 $\boldsymbol{z}$ 是从数据分布 $\mathcal{D}$ 中采样获得, $\ell(\cdot,\cdot)$ 为损失函数. 但是在现实场景中很难直接获得真实的数据分布 $\mathcal{D}$, 因此通常采用 **经验风险最小化** 来近似求解上述问题. 从数据分布 $\mathcal{D}$ 独立同分布采样得到 m 个样本 $\boldsymbol{z}_1,\ldots,\boldsymbol{z}_m$, 其中 $\boldsymbol{z}_i = (\boldsymbol{x}_i, y_i)$, $\boldsymbol{x}_i$ 为样本特征, y_i 为样本标记. 经验风险最小化旨在优化训练数据上的平均损失, 即求解下面的优化问题:

$$\min_{\boldsymbol{w}\in\mathcal{W}} \ f(\boldsymbol{w}) = \frac{1}{m}\sum_{i=1}^{m} \ell(\boldsymbol{w},\boldsymbol{z}_i) \ . \tag{7.27}$$

随机梯度下降也可以直接优化 (7.26) 中的问题, 详见习题 7.3.

对于上述问题的求解, 如果采用确定优化, 在每轮迭代中都需要计算 $f(\boldsymbol{w})$ 的梯度. 当数据量 m 很大时, 其计算代价非常高. 因而, 在大数据优化任务中, 可以采用随机优化技术, 利用随机梯度来代替真实梯度实现梯度下降算法. 具体而言, 只需要将上述算法中第 3 步改为下式:

$$\boldsymbol{w}'_{t+1} = \boldsymbol{w}_t - \eta_t \nabla \ell(\boldsymbol{w}_t, \boldsymbol{z}_t) \ , \tag{7.28}$$

其中 $\boldsymbol{z}_t$ 是从 m 个样本中随机采样得到. 从上面的描述可以看出, 随机梯度下降的每轮迭代只需要利用 1 个样本, 因此随机梯度下降每轮迭代的计算复杂度非常低, 特别适用于大规模机器学习.

对于一般的 Lipschitz 连续凸函数, 随机梯度下降可以达到 $O(1/\sqrt{T})$ 的收敛率. 该收敛率从期望意义上成立, 并且也以大概率成立. 具体有如下定理:

定理 7.4 随机梯度下降收敛率 假设目标函数的随机梯度有上界, 且可行域有界, 则随机梯度下降的收敛率是 $O(\frac{1}{\sqrt{T}})$.

证明 假设随机梯度上界为 l, 可行域 $\mathcal{W}$ 直径为 Γ, 即对于任意 $t \in [T]$, $\boldsymbol{u}, \boldsymbol{v} \in \mathcal{W}$,

$$\|\mathbf{g}_t\| \leqslant l, \tag{7.29}$$

$$\|\boldsymbol{u} - \boldsymbol{v}\| \leqslant \Gamma \ . \tag{7.30}$$

同样为了简化分析, 考虑固定的步长 $\eta_t = \eta$.

对于任意的 $\boldsymbol{w} \in \mathcal{W}$,

$$
\begin{aligned}
& f(\boldsymbol{w}_t) - f(\boldsymbol{w}) \\
\leqslant & \langle \nabla f(\boldsymbol{w}_t), \boldsymbol{w}_t - \boldsymbol{w} \rangle = \langle \mathbf{g}_t, \boldsymbol{w}_t - \boldsymbol{w} \rangle + \langle \nabla f(\boldsymbol{w}_t) - \mathbf{g}_t, \boldsymbol{w}_t - \boldsymbol{w} \rangle \\
= & \frac{1}{\eta} \langle \boldsymbol{w}_t - \boldsymbol{w}'_{t+1}, \boldsymbol{w}_t - \boldsymbol{w} \rangle + \langle \nabla f(\boldsymbol{w}_t) - \mathbf{g}_t, \boldsymbol{w}_t - \boldsymbol{w} \rangle \\
= & \frac{1}{2\eta} \left(\|\boldsymbol{w}_t - \boldsymbol{w}\|^2 - \|\boldsymbol{w}'_{t+1} - \boldsymbol{w}\|^2 + \|\boldsymbol{w}_t - \boldsymbol{w}'_{t+1}\|^2 \right) + \langle \nabla f(\boldsymbol{w}_t) - \mathbf{g}_t, \boldsymbol{w}_t - \boldsymbol{w} \rangle \\
= & \frac{1}{2\eta} \left(\|\boldsymbol{w}_t - \boldsymbol{w}\|^2 - \|\boldsymbol{w}'_{t+1} - \boldsymbol{w}\|^2 \right) + \frac{\eta}{2} \|\mathbf{g}_t\|^2 + \langle \nabla f(\boldsymbol{w}_t) - \mathbf{g}_t, \boldsymbol{w}_t - \boldsymbol{w} \rangle \\
\leqslant & \frac{1}{2\eta} \left(\|\boldsymbol{w}_t - \boldsymbol{w}\|^2 - \|\boldsymbol{w}_{t+1} - \boldsymbol{w}\|^2 \right) + \frac{\eta}{2} \|\mathbf{g}_t\|^2 + \langle \nabla f(\boldsymbol{w}_t) - \mathbf{g}_t, \boldsymbol{w}_t - \boldsymbol{w} \rangle \\
\leqslant & \frac{1}{2\eta} \left(\|\boldsymbol{w}_t - \boldsymbol{w}\|^2 - \|\boldsymbol{w}_{t+1} - \boldsymbol{w}\|^2 \right) + \frac{\eta}{2} l^2 + \langle \nabla f(\boldsymbol{w}_t) - \mathbf{g}_t, \boldsymbol{w}_t - \boldsymbol{w} \rangle \ .
\end{aligned}
\tag{7.31}
$$

利用 (1.4).

利用 (7.8).

利用 (7.29).

对上面的不等式从 $t=1$ 到 T 求和, 得到

$$
\begin{aligned}
& \sum_{t=1}^{T} f(\boldsymbol{w}_t) - T f(\boldsymbol{w}) \\
& \leqslant \frac{1}{2\eta} \left(\|\boldsymbol{w}_1 - \boldsymbol{w}\|^2 - \|\boldsymbol{w}_{T+1} - \boldsymbol{w}\|^2 \right) + \frac{\eta T}{2} l^2 + \sum_{t=1}^{T} \langle \nabla f(\boldsymbol{w}_t) - \mathbf{g}_t, \boldsymbol{w}_t - \boldsymbol{w} \rangle \\
& \leqslant \frac{1}{2\eta} \|\boldsymbol{w}_1 - \boldsymbol{w}\|^2 + \frac{\eta T}{2} l^2 + \sum_{t=1}^{T} \langle \nabla f(\boldsymbol{w}_t) - \mathbf{g}_t, \boldsymbol{w}_t - \boldsymbol{w} \rangle \\
& \leqslant \frac{1}{2\eta} \Gamma^2 + \frac{\eta T}{2} l^2 + \sum_{t=1}^{T} \langle \nabla f(\boldsymbol{w}_t) - \mathbf{g}_t, \boldsymbol{w}_t - \boldsymbol{w} \rangle \ .
\end{aligned}
\tag{7.32}
$$

利用 (7.29).

最后, 依据 Jensen 不等式 (1.11), 可得

$$\begin{aligned} f(\bar{\boldsymbol{w}}_T) - f(\boldsymbol{w}) =& f\left(\frac{1}{T}\sum_{t=1}^{T}\boldsymbol{w}_t\right) - f(\boldsymbol{w}) \\ \leqslant& \frac{1}{T}\sum_{t=1}^{T} f(\boldsymbol{w}_t) - f(\boldsymbol{w}) \\ \leqslant& \frac{\Gamma^2}{2\eta T} + \frac{\eta l^2}{2} + \frac{1}{T}\sum_{t=1}^{T}\langle \nabla f(\boldsymbol{w}_t) - \mathbf{g}_t, \boldsymbol{w}_t - \boldsymbol{w}\rangle \ . \end{aligned} \tag{7.33}$$

可以看出, (7.33) 与 7.2.1 节梯度下降分析的结果 (7.11) 的唯一区别在于多了一项 $\frac{1}{T}\sum_{t=1}^{T}\langle \nabla f(\boldsymbol{w}_t) - \mathbf{g}_t, \boldsymbol{w}_t - \boldsymbol{w}\rangle$.

下面先证明随机梯度下降算法期望意义上的收敛率. 注意到 (7.25) 成立, 因此

$$\mathbb{E}\left[\sum_{t=1}^{T}\langle \nabla f(\boldsymbol{w}_t) - \mathbf{g}_t, \boldsymbol{w}_t - \boldsymbol{w}\rangle\right] = 0 \ . \tag{7.34}$$

对公式 (7.33) 求期望可得

$$\mathbb{E}\left[f(\bar{\boldsymbol{w}}_T)\right] - f(\boldsymbol{w}) \leqslant \frac{\Gamma^2}{2\eta T} + \frac{\eta l^2}{2} = \frac{l\Gamma}{\sqrt{T}} \ , \tag{7.35}$$

其中令 $\eta = \Gamma/(l\sqrt{T})$.

前面的分析证明了从期望意义上, $\bar{\boldsymbol{w}}_T$ 的收敛率在 $O(1/\sqrt{T})$ 量级. 由于在实际应用中, 一般只能运行随机梯度下降算法 1 次, 因此需要刻画单次运行随机梯度下降算法所能达到的效果, 即提供大概率的理论保障.

为了分析随机梯度下降算法的理论保障, 将利用针对鞅差序列的 Azuma 不等式 (1.40). 根据 (7.25) 可知, $\langle \nabla f(\boldsymbol{w}_1) - \mathbf{g}_1, \boldsymbol{w}_1 - \boldsymbol{w}\rangle, \ldots$ 组成一个鞅差序列, 从而可以利用 (1.40) 求鞅差之和的上界. 根据假设 (7.29), 可得

$$\begin{aligned} |\langle \nabla f(\boldsymbol{w}_t) - \mathbf{g}_t, \boldsymbol{w}_t - \boldsymbol{w}\rangle| &\leqslant \|\nabla f(\boldsymbol{w}_t) - \mathbf{g}_t\|\|\boldsymbol{w}_t - \boldsymbol{w}\| \\ &\leqslant \Gamma(\|\nabla f(\boldsymbol{w}_t)\| + \|\mathbf{g}_t\|) \leqslant 2l\Gamma \ . \end{aligned} \tag{7.36}$$

上式的推导过程中利用了 Jensen 不等式 (1.11) 获得 $\|\nabla f(\boldsymbol{w}_t)\|$ 的上界

$$\|\nabla f(\boldsymbol{w}_t)\| = \|\mathbb{E}[\mathbf{g}_t]\| \leqslant \mathbb{E}[\|\mathbf{g}_t\|] \leqslant l \ . \tag{7.37}$$

根据 (1.40) 可知, 以至少 $1-\delta$ 的概率有

$$\sum_{t=1}^{T}\langle\nabla f(\boldsymbol{w}_t)-\mathbf{g}_t,\boldsymbol{w}_t-\boldsymbol{w}\rangle\leqslant 2l\Gamma\sqrt{2T\log\frac{1}{\delta}}\ . \tag{7.38}$$

将上式代入 (7.33) 可得, 以至少 $1-\delta$ 的概率

$$\begin{aligned}f(\bar{\boldsymbol{w}}_T)-f(\boldsymbol{w})&\leqslant\frac{\Gamma^2}{2\eta T}+\frac{\eta l^2}{2}+2l\Gamma\sqrt{\frac{2}{T}\log\frac{1}{\delta}}=\frac{l\Gamma}{\sqrt{T}}\left(1+2\sqrt{2\log\frac{1}{\delta}}\right)\\&=O\left(\frac{1}{\sqrt{T}}\right)\ .\end{aligned} \tag{7.39}$$

定理得证. □

7.3.2 强凸函数

为了处理强凸函数, 下面介绍**阶段随机梯度下降** (Epoch-GD) [Hazan and Kale, 2011], 其基本流程为:

1: 任意初始化 $\boldsymbol{w}_1^1\in\mathcal{W}$, 设定 $k=1$;
2: **while** $\sum_{i=1}^{k}T_i\leqslant T$ **do**
3:   **for** $t=1$ to T_k **do**
4:     得到 $\boldsymbol{w}_t^k$ 的随机梯度 $\mathbf{g}_t^k$;
5:     更新 $\boldsymbol{w}_{t+1}^k=\Pi_{\mathcal{W}}\left(\boldsymbol{w}_t^k-\eta_k\mathbf{g}_t^k\right)$;
6:   **end for**
7:   $\boldsymbol{w}_1^{k+1}=\frac{1}{T_k}\sum_{t=1}^{T_k}\boldsymbol{w}_t^k$;
8:   $T_{k+1}=2T_k$, 并且 $\eta_{k+1}=\eta_k/2$;
9:   $k=k+1$;
10: **end while**
11: 返回 $\boldsymbol{w}_1^k$.

从上述算法可以看出, Epoch-GD 是一个两层循环算法, 其中内层就是采用固定步长的随机梯度下降算法. 在第 7 步, 算法把当前轮随机梯度下降算法的平均解传递给下一轮, 作为下一轮的初始值. 在第 8 步, 算法将下一轮随机梯度下降算法的迭代轮数加倍, 并将步长减少一半. 整体而言, 算法通过 While 循环中的 $\sum_{i=1}^{k}T_i\leqslant T$ 判断语句控制所需要的随机梯度数量, 保证算法最多计算 T 次随机梯度.

若目标函数 $f:\mathcal{W}\mapsto\mathbb{R}$ 是 λ-强凸, 可以证明, 在期望意义上 Epoch-GD 的额外风险界为 $O(1/[\lambda T])$. 为了得到收敛率, 先证明以下引理.

引理 7.1 将 Epoch-GD 的参数设置为 $T_1=4$ 和 $\eta_1=1/\lambda$, 令 $\Delta_k=f(\boldsymbol{w}_1^k)-f(\boldsymbol{w}^*)$, $V_k=l^2/(\lambda 2^{k-2})$. 对于任意的 k,

$$\mathbb{E}[\Delta_k]\leqslant V_k\ , \tag{7.40}$$

其中 l 为随机梯度的上界.

证明 当随机梯度的上界为 l 时, 根据 (7.37) 可知, 真实梯度的上界也为 l. 因此, 定理 7.2 成立. 然后, 容易验证下面式子成立:

$$T_k=\frac{8l^2}{\lambda V_k}=2^{k+1}\ , \tag{7.41}$$

$$\eta_k=\frac{V_k}{2l^2}=\frac{1}{\lambda 2^{k-1}}\ . \tag{7.42}$$

接下来用数学归纳法证明该引理. 根据定理 7.2 中 (7.15), 当 $k=1$ 时, 有

$$\mathbb{E}[\Delta_1]=\mathbb{E}\left[f(\boldsymbol{w}_1^1)-f(\boldsymbol{w}^*)\right]\leqslant\frac{2l^2}{\lambda}=\frac{l^2}{\lambda 2^{1-2}}=V_1\ . \tag{7.43}$$

假设对某正整数 $k\geqslant 1$, $\mathbb{E}[\Delta_k]\leqslant l^2/(\lambda 2^{k-2})$. 对于随机变量 X, 令 $\mathbb{E}_k[X]$ 为前 k 轮的期望. 那么在 $k+1$ 轮, 根据定理 7.4 中 (7.35) 的证明过程, 可得

$$\begin{aligned}\mathbb{E}_k[f(\boldsymbol{w}_1^{k+1})]-f(\boldsymbol{w}^*)\leqslant&\frac{\eta_k l^2}{2}+\frac{\|\boldsymbol{w}^*-\boldsymbol{w}_1^k\|^2}{2\eta_k T_k}\\ \leqslant&\frac{\eta_k l^2}{2}+\frac{\Delta_k}{\eta_k T_k\lambda}\ .\end{aligned} \tag{7.44}$$

利用定理 7.2 中 (7.13).

因此,

$$\begin{aligned}\mathbb{E}\left[\Delta_{k+1}\right]\leqslant&\frac{\eta_k l^2}{2}+\frac{\mathbb{E}[\Delta_k]}{\eta_k T_k\lambda}\\ \leqslant&\frac{\eta_k l^2}{2}+\frac{l^2}{2^{k-2}\eta_k T_k\lambda^2}=\frac{l^2}{2^{k-1}\lambda}\ .\end{aligned} \tag{7.45}$$

不等式利用 k 时刻的归纳假设, 等式利用 (7.41) 和 (7.42).

上式表明该命题在 $k+1$ 时仍然成立. 根据数学归纳法, 该命题对于任意 k 都成立.

引理得证. □

定理 7.5 Epoch-GD 的收敛率 当目标函数 $f(\cdot)$ 为 λ-强凸时, Epoch-GD 期望意义上的收敛率为 $O\left(\frac{1}{T}\right)$.

证明 Epoch-GD 外层循环的轮数, 是由满足 $\sum_{i=1}^{k} T_i \leqslant T$ 的最大 k 决定的. 由于

$$\sum_{i=1}^{k} 2^{i-1} T_1 = (2^k - 1) T_1 \leqslant T \ . \tag{7.46}$$

因此, 最后一轮迭代的轮数 $k^\dagger = \lfloor \log_2(T/T_1 + 1) \rfloor$, 而算法的最后输出是 $\boldsymbol{w}_1^{k^\dagger+1}$. 根据引理 7.1, 有

$$\begin{aligned}
\mathbb{E}[f(\boldsymbol{w}_1^{k^\dagger+1})] - f(\boldsymbol{w}^*) =& \mathbb{E}[\Delta_{k^\dagger+1}] \\
\leqslant & V_{k^\dagger+1} = \frac{l^2}{2^{k^\dagger-1}\lambda} \\
\leqslant & \frac{16 l^2}{\lambda T} = O\left(\frac{1}{\lambda T}\right) \ .
\end{aligned} \tag{7.47}$$

利用 $2^{k^\dagger} \geqslant \frac{1}{2}(\frac{T}{T_1}+1) \geqslant \frac{T}{2T_1}$.

定理得证. □

注意到, Epoch-GD 同样可以用于确定优化场景. 此时, 将随机梯度替换为真实梯度, 收敛率保持不变. 因此, 对于目标函数是强凸的确定优化, 可以直接应用 Epoch-GD 得到 $O(1/[\lambda T])$ 的收敛率. 此外, 还可以证明随机情况下 Epoch-GD 以大概率取得 $O(\log\log T/[\lambda T])$ 的收敛率, 但这部分的证明相对复杂, 下面的具体分析仅供感兴趣的读者参考.

Epoch-GD 的大概率结论

Hazan and Kale [2011] 提出对 Epoch-GD 算法进行修改, 通过添加额外的约束来证明大概率的收敛率. 但是, 这种做法会导致优化算法变得更加复杂. 下面, 利用更加高级的分析技术, 来说明不需要修改 Epoch-GD 算法就可以得到大概率的收敛率. 首先, 介绍一个在接下来证明中非常重要的定理.

定理 7.6 针对鞅的 Bernstein 不等式 [Cesa-Bianchi and Lugosi, 2006] 假设 $X_1, \ldots, X_n$ 是定义在 $f = (f_i)_{1 \leqslant i \leqslant n}$ 上的有界鞅差序列并且 $|X_i| \leqslant K$. 令

$$S_i = \sum_{j=1}^{i} X_j \tag{7.48}$$

为对应的鞅. 将条件方差 (conditional variances) 记为

$$V_n^2 = \sum_{t=1}^{n} \mathbb{E}\left[\delta_t^2 | f_{t-1}\right] \ . \tag{7.49}$$

那么对于任意的正数 t 和 ν, 有

$$P\left(\max_{i=1,\dots,n} S_i > t \text{ and } V_n^2 \leqslant \nu\right) \leqslant \exp\left(-\frac{t^2}{2(\nu + Kt/3)}\right) \ . \tag{7.50}$$

因此,

$$P\left(\max_i S_i > \sqrt{2\nu\tau} + \frac{2}{3}K\tau \text{ and } V_n^2 \leqslant \nu\right) \leqslant e^{-\tau} \ . \tag{7.51}$$

接下来, 分析内层循环的随机梯度下降在强凸函数下的收敛性质, 得到如下引理:

引理 7.2 假设随机梯度上界为 l, 目标函数 $f(\cdot)$ 为 λ-强凸. 运行 T 轮随机梯度下降更新

$$\boldsymbol{w}_{t+1} = \Pi_{\mathcal{W}}\left(\boldsymbol{w}_t - \eta \mathbf{g}_t\right) \ , \tag{7.52}$$

其中 $\mathbf{g}_t$ 是函数 $f(\cdot)$ 在 $\boldsymbol{w}_t$ 处的随机梯度, 以至少 $1-\delta$ 的概率有

$$\sum_{t=1}^{T} f\left(\boldsymbol{w}_t\right) - Tf(\boldsymbol{w}^*) \leqslant \frac{\eta T l^2}{2} + \frac{\|\boldsymbol{w}_1 - \boldsymbol{w}^*\|^2}{2\eta} + \frac{4l^2}{\lambda}\left(1 + \frac{8}{3}\log\frac{m}{\delta}\right) \ , \tag{7.53}$$

其中 $m = \lceil 2\log_2 T \rceil$.

证明 由于 $f(\cdot)$ 是强凸的, 因此

利用 (1.6).

$$\begin{aligned} f(\boldsymbol{w}_t) - f(\boldsymbol{w}^*) \leqslant & \langle \nabla f(\boldsymbol{w}_t), \boldsymbol{w}_t - \boldsymbol{w}^* \rangle - \frac{\lambda}{2}\|\boldsymbol{w}_t - \boldsymbol{w}^*\|^2 \\ = & \langle \mathbf{g}_t, \boldsymbol{w}_t - \boldsymbol{w}^* \rangle + \langle \nabla f(\boldsymbol{w}_t) - \mathbf{g}_t, \boldsymbol{w}_t - \boldsymbol{w}^* \rangle - \frac{\lambda}{2}\|\boldsymbol{w}_t - \boldsymbol{w}^*\|^2 \ . \end{aligned} \tag{7.54}$$

类似 (7.32) 的推导过程, 可得

$$\begin{aligned} \sum_{t=1}^{T} f(\boldsymbol{w}_t) - Tf(\boldsymbol{w}^*) \leqslant & \frac{\eta T l^2}{2} + \frac{\|\boldsymbol{w}_1 - \boldsymbol{w}^*\|^2}{2\eta} \\ & + \sum_{t=1}^{T} \langle \nabla f(\boldsymbol{w}_t) - \mathbf{g}_t, \boldsymbol{w}_t - \boldsymbol{w}^* \rangle - \frac{\lambda}{2}\sum_{t=1}^{T}\|\boldsymbol{w}_t - \boldsymbol{w}^*\|^2 \ . \end{aligned} \tag{7.55}$$

定义鞅差序列

$$\delta_t = \langle \nabla f(\boldsymbol{w}_t) - \mathbf{g}_t, \boldsymbol{w}_t - \boldsymbol{w}^* \rangle \ . \tag{7.56}$$

为了得到 $\sum_t \delta_t$ 的上界, 将利用剥离技术 (peeling) [Bartlett et al., 2005]和针对鞅的 Bernstein 不等式 (定理 7.6). 注意到 (7.56) 中鞅差序列是有界的:

第二个不等式利用定理 7.2 中的 (7.14).

$$|\delta_t| \leqslant \|\nabla f(\boldsymbol{w}_t) - \mathbf{g}_t\| \|\boldsymbol{w}_t - \boldsymbol{w}^*\| \leqslant 2l \frac{2l}{\lambda} = \frac{4l^2}{\lambda} \ . \tag{7.57}$$

为了方便讨论, 定义

$$A_T = \sum_{t=1}^{T} \|\boldsymbol{w}_t - \boldsymbol{w}^*\|^2 \leqslant \frac{4l^2 T}{\lambda^2} \ . \tag{7.58}$$

对于条件方差, 下面的不等式成立:

$$V_T^2 = \sum_{t=1}^{T} \mathbb{E}_{t-1}\left[\delta_t^2\right] \leqslant 4l^2 \sum_{t=1}^{T} \|\boldsymbol{w}_t - \boldsymbol{w}^*\|^2 = 4l^2 A_T \ . \tag{7.59}$$

首先考虑 $A_T \leqslant \frac{4l^2}{\lambda^2 T}$ 的情况. 在这种情况下:

第二个不等式利用 Cauchy-Schwarz 不等式 (1.14).

$$\sum_{t=1}^{T} \delta_t \leqslant 2l \sum_{t=1}^{T} \|\boldsymbol{w}_t - \boldsymbol{w}^*\| \leqslant 2l\sqrt{T} \sqrt{\sum_{t=1}^{T} \|\boldsymbol{w}_t - \boldsymbol{w}^*\|^2} \leqslant \frac{4l^2}{\lambda} \ . \tag{7.60}$$

这里的分解就是剥离技术的应用, 通过该方式提供了 A_T 的上界, 进而可以根据 (7.59) 控制条件方差 V_T^2.

接下来, 将另外一种情况 $A_T \in \left(\frac{4l^2}{\lambda^2 T}, \frac{4l^2 T}{\lambda^2}\right]$ 分解成 $m = \lceil 2\log_2 T \rceil$ 种可能, 即

$$A_T \in \left(2^{i-1} \frac{4l^2}{\lambda^2 T}, 2^i \frac{4l^2}{\lambda^2 T}\right], \ i = 1, \ldots, \lceil 2\log_2 T \rceil \ . \tag{7.61}$$

综合上面两种情况, 通过一系列变换可以证明

根据 (7.60), $A_T \leqslant \frac{4l^2}{\lambda^2 T}$ 时, $\sum_{t=1}^{T} \delta_t \leqslant \frac{4l^2}{\lambda}$. 因此, 右边概率为 0.

$$\begin{aligned}
& P\left(\sum_{t=1}^{T} \delta_t \geqslant 2\sqrt{4l^2 A_T \tau} + \frac{2}{3}\frac{4l^2}{\lambda}\tau + \frac{4l^2}{\lambda}\right) \\
=& P\left(\sum_{t=1}^{T} \delta_t \geqslant 2\sqrt{4l^2 A_T \tau} + \frac{2}{3}\frac{4l^2}{\lambda}\tau + \frac{4l^2}{\lambda}, A_T \leqslant \frac{4l^2}{\lambda^2 T}\right) \\
& + P\left(\sum_{t=1}^{T} \delta_t \geqslant 2\sqrt{4l^2 A_T \tau} + \frac{2}{3}\frac{4l^2}{\lambda}\tau + \frac{4l^2}{\lambda}, \frac{4l^2}{\lambda^2 T} < A_T \leqslant \frac{4l^2 T}{\lambda^2}\right)
\end{aligned}$$

利用 (7.59).

$$=P\left(\sum_{t=1}^{T}\delta_t \geqslant 2\sqrt{4l^2A_T\tau}+\frac{2}{3}\frac{4l^2}{\lambda}\tau+\frac{4l^2}{\lambda}, V_T^2\leqslant 4l^2A_T, \frac{4l^2}{\lambda^2T}<A_T\leqslant\frac{4l^2T}{\lambda^2}\right)$$

利用 (7.61) 中的分解.

$$\leqslant\sum_{i=1}^{m}P\left(\sum_{t=1}^{T}\delta_t \geqslant 2\sqrt{4l^2A_T\tau}+\frac{2}{3}\frac{4l^2}{\lambda}\tau+\frac{4l^2}{\lambda}, V_T^2\leqslant 4l^2A_T, \frac{4l^2}{\lambda^2T}2^{i-1}<A_T\leqslant\frac{4l^2}{\lambda^2T}2^i\right)$$

利用 A_T 的上下界来化简不等式.

$$\leqslant\sum_{i=1}^{m}P\left(\sum_{t=1}^{T}\delta_t \geqslant \sqrt{2\frac{16l^42^i}{\lambda^2T}\tau}+\frac{2}{3}\frac{4l^2}{\lambda}\tau, V_T^2\leqslant\frac{16l^42^i}{\lambda^2T}\right]$$

利用定理 7.6.

$$\leqslant me^{-\tau}\ . \tag{7.62}$$

然后令 $\tau=\log\frac{m}{\delta}=\log\frac{\lceil 2\log_2 T\rceil}{\delta}$ 可得, 以至少 $1-\delta$ 的概率有

$$\sum_{t=1}^{T}\delta_t\leqslant 2\sqrt{4l^2A_T\log\frac{m}{\delta}}+\frac{8l^2}{3\lambda}\log\frac{m}{\delta}+\frac{4l^2}{\lambda}\ . \tag{7.63}$$

将 (7.63) 代入 (7.55) 可知, 以至少 $1-\delta$ 的概率有

$$\begin{aligned}&\sum_{t=1}^{T}f(\boldsymbol{w}_t)-Tf(\boldsymbol{w}^*)\\ &\leqslant\frac{\eta Tl^2}{2}+\frac{\|\boldsymbol{w}_1-\boldsymbol{w}^*\|^2}{2\eta}+2\sqrt{4l^2A_T\log\frac{m}{\delta}}+\frac{8l^2}{3\lambda}\log\frac{m}{\delta}+\frac{4l^2}{\lambda}-\frac{\lambda}{2}A_T\\ &\leqslant\frac{\eta Tl^2}{2}+\frac{\|\boldsymbol{w}_1-\boldsymbol{w}^*\|^2}{2\eta}+\frac{32l^2}{3\lambda}\log\frac{m}{\delta}+\frac{4l^2}{\lambda}\ .\end{aligned} \tag{7.64}$$

引理得证. □

利用引理 7.2 分析 Epoch-GD 外层循环的性质, 得到如下引理:

引理 7.3 令 $\delta\in(0,1)$ 表示失败的概率, 定义

$$\tilde{\delta}=\frac{\delta}{k^{\dagger}}\ , \tag{7.65}$$

$$k^{\dagger}=\left\lfloor\log_2\left(\frac{2T}{\alpha}+1\right)\right\rfloor\ , \tag{7.66}$$

其中 α 为满足

$$\alpha\geqslant 24+\frac{128}{3}\log\frac{\left\lfloor\log_2\left(\frac{T}{12}+1\right)\right\rfloor\lceil 2\log_2 T\rceil}{\delta} \tag{7.67}$$

的最小偶数. 将 Epoch-GD 的参数设置为 $T_1=\alpha/2$ 和 $\eta_1=1/\lambda$, 对于任意的 k, 以至少 $(1-\tilde{\delta})^{k-1}$ 的概率有

$$\Delta_k=f(\boldsymbol{w}_1^k)-f(\boldsymbol{w}^*)\leqslant V_k=\frac{l^2}{\lambda 2^{k-2}}\ . \tag{7.68}$$

证明 根据 (7.67) 可知, $\alpha\geqslant 24$, 因此

$$k^\dagger\leqslant\left\lfloor\log_2\left(\frac{T}{12}+1\right)\right\rfloor\ , \tag{7.69}$$

$$\tilde{\delta}=\frac{\delta}{k^\dagger}\geqslant\frac{\delta}{\lfloor\log_2\left(\frac{T}{12}+1\right)\rfloor}\ . \tag{7.70}$$

从 (7.70) 解出 δ 代入 (7.67), 可得

$$\alpha\geqslant 24+\frac{128}{3}\log\frac{\lceil 2\log_2 T\rceil}{\tilde{\delta}}\ . \tag{7.71}$$

下面的证明与引理 7.1 类似, 并将多次利用定理 7.2. 首先, (7.41) 中关于 T_k 的等式需要改写为

$$T_k=\frac{\alpha l^2}{\lambda V_k}=\alpha 2^{k-2}\ . \tag{7.72}$$

(7.42) 中关于 η_k 的等式仍然成立.

接下来, 同样利用数学归纳法证明. 当 $k=1$ 时, 根据定理 7.2 中 (7.15), 命题显然成立. 假设对某正整数 $k\geqslant 1$, $\Delta_k\leqslant V_k$ 以至少 $(1-\tilde{\delta})^{k-1}$ 的概率成立. 结合引理 7.2, 以至少 $(1-\tilde{\delta})\cdot(1-\tilde{\delta})^{k-1}=(1-\tilde{\delta})^k$ 的概率有

Jensen 不等式 (1.11).

根据 (7.13).

根据 (7.42) 和 (7.72).

$$\begin{aligned}\Delta_{k+1}=&f(\boldsymbol{w}_1^{k+1})-f(\boldsymbol{w}^*)\\ \leqslant&\frac{1}{T_k}\sum_{t=1}^{T_k}f(\boldsymbol{w}_t^k)-f(\boldsymbol{w}^*)\\ \leqslant&\frac{\eta_k l^2}{2}+\frac{\|\boldsymbol{w}_1^k-\boldsymbol{w}^*\|^2}{2\eta_k T_k}+\frac{1}{T_k}\left(1+\frac{8}{3}\log\frac{m_k}{\tilde{\delta}}\right)\frac{4l^2}{\lambda}\\ \leqslant&\frac{\eta_k l^2}{2}+\frac{\Delta_k}{\eta_k T_k\lambda}+\frac{1}{T_k}\left(1+\frac{8}{3}\log\frac{m_k}{\tilde{\delta}}\right)\frac{4l^2}{\lambda}\\ \leqslant&\frac{V_k}{4}+\frac{2V_k}{\alpha}+\frac{\lambda V_k}{\alpha l^2}\left(1+\frac{8}{3}\log\frac{m_k}{\tilde{\delta}}\right)\frac{4l^2}{\lambda}\\ =&\frac{V_k}{4}+\frac{V_k}{\alpha}\left(6+\frac{32}{3}\log\frac{m_k}{\tilde{\delta}}\right)\ ,\end{aligned} \tag{7.73}$$

其中 $m_k = \lceil 2\log_2 T_k \rceil$.

根据 (7.71) 可知, 以至少 $(1-\tilde{\delta})^k$ 概率有

$$\Delta_{k+1} \leqslant \frac{V_k}{2} = V_{k+1} \ . \tag{7.74}$$

引理得证. □

结合前面的分析, 可以得到 Epoch-GD 大概率情况下的收敛率.

定理 7.7 Epoch-GD 大概率情况下的收敛率 若目标函数 $f(\cdot)$ 为 λ-强凸函数, Epoch-GD 以大概率取得 $O\left(\frac{\log\log T}{\lambda T}\right)$ 的收敛率.

证明 Epoch-GD 外层循环的轮数, 是由满足 $\sum_{i=1}^{k} T_i \leqslant T$ 的最大 k 决定的. 由于

$$\sum_{i=1}^{k} T_i = \sum_{i=1}^{k} \alpha 2^{i-2} = \frac{\alpha}{2}(2^k - 1) \ . \tag{7.75}$$

因此, 最后一轮迭代的轮数 $k^\dagger$ 与 (7.66) 中的定义吻合, 而算法的最后输出是 $\boldsymbol{w}_1^{k^\dagger+1}$. 根据引理 7.3, 以至少 $(1-\tilde{\delta})^{k^\dagger}$ 的概率有

$$\begin{aligned} f(\boldsymbol{w}_1^{k^\dagger+1}) - f(\boldsymbol{w}^*) =& \Delta_{k^\dagger+1} \\ \leqslant& V_{k^\dagger+1} = \frac{l^2}{2^{k^\dagger-1}\lambda} \leqslant \frac{2\alpha l^2}{\lambda T} \ . \end{aligned} \tag{7.76}$$

利用 $2^{k^\dagger} \geqslant \frac{1}{2}(\frac{2T}{\alpha}+1) \geqslant \frac{T}{\alpha}$.

然后, 证明概率 $(1-\tilde{\delta})^{k^\dagger}$ 大于 $1-\delta$. 由于函数 $(1-\frac{1}{x})^x$ 在 $x>1$ 时是增函数, 因此

$$\begin{aligned} (1-\tilde{\delta})^{k^\dagger} = \left(1-\frac{\delta}{k^\dagger}\right)^{k^\dagger} &= \left(\left(1-\frac{1}{k^\dagger/\delta}\right)^{k^\dagger/\delta}\right)^{\delta} \\ &\geqslant \left(\left(1-\frac{1}{1/\delta}\right)^{1/\delta}\right)^{\delta} = 1-\delta \ . \end{aligned} \tag{7.77}$$

由 (7.76) 和 (7.77) 可知, 以至少 $1-\delta$ 的概率有

$$f(\boldsymbol{w}_1^{k^\dagger+1}) - f(\boldsymbol{w}^*) \leqslant \frac{2\alpha l^2}{\lambda T} = O\left(\frac{\log\log T}{\lambda T}\right) \ . \tag{7.78}$$

根据 (7.67) 可知, $\alpha = O(\log\log T)$.

定理得证. □

7.4 分析实例

本节将应用 7.2 和 7.3 节介绍的确定优化和随机优化方法来求解两种典型的机器学习任务: 支持向量机和对率回归.

7.4.1 支持向量机

首先介绍如何使用确定优化方法来求解支持向量机. 令 $(\boldsymbol{x}_1, y_1), \ldots, (\boldsymbol{x}_m, y_m)$ 为 m 个训练样本, 其中 $\boldsymbol{x}_i \in \mathbb{R}^d$, $y_i \in \{-1, +1\}$. 支持向量机的优化问题为:

相比于原始的支持向量机优化目标 (1.59), 这里为方便起见, 不考虑截距 b. 此外, 优化问题对可行域进行了限制, 因此目标函数中没有添加正则化项 $\frac{\lambda}{2}\|\boldsymbol{w}\|^2$. 如果目标函数包含正则化项, 则可以使用 Epoch-GD 算法来优化.

$$
\begin{aligned}
&\min_{\boldsymbol{w}} f(\boldsymbol{w}) = \sum_{i=1}^{m} \max\left(0, 1 - y_i \boldsymbol{w}^{\mathrm{T}} \boldsymbol{x}_i\right) \\
&\text{s.t.} \quad \|\boldsymbol{w}\| \leqslant \Lambda \, .
\end{aligned}
\tag{7.79}
$$

需要注意的是, 由于 hinge 损失 (1.72) 不光滑, 需要计算的是 **次梯度** (sub-gradient) 来代替梯度, 其具体计算结果如下

实凸函数 $f(\cdot)$ 不一定是处处可导的, 例如 $f(\boldsymbol{x}) = \|\boldsymbol{x}\|$. 但是, 对于可行域内的任何点 $\boldsymbol{x}$, 总可以作出一条直线, 它通过点 $(\boldsymbol{x}, f(\boldsymbol{x}))$, 并且要么接触函数曲线, 要么在它的下方. 这条直线的斜率称为函数的次梯度.

$$
\nabla f(\boldsymbol{w}) = \sum_{i=1}^{m} \mathbf{g}_i \, , \tag{7.80}
$$

$$
\mathbf{g}_i = \begin{cases} -y_i \boldsymbol{x}_i, & 1 - y_i \boldsymbol{w}^{\mathrm{T}} \boldsymbol{x}_i \geqslant 0 \, ; \\ 0, & 1 - y_i \boldsymbol{w}^{\mathrm{T}} \boldsymbol{x}_i < 0 \, . \end{cases} \tag{7.81}
$$

由于目标函数是凸函数, 因此可以采用 7.2.1 节中介绍的梯度下降算法来求解 (7.79), 具体流程如下:

1: 任意初始化 $\boldsymbol{w}_1 \in \{\boldsymbol{w} \mid \|\boldsymbol{w}\| \leqslant \Lambda\}$;
2: **for** $t = 1, \ldots, T$ **do**
3: 　依据 (7.80), 计算次梯度 $\nabla f(\boldsymbol{w}_t)$;
4: 　梯度下降: $\boldsymbol{w}'_{t+1} = \boldsymbol{w}_t - \eta \nabla f(\boldsymbol{w}_t)$;
5: 　投影: $\boldsymbol{w}_{t+1} = \frac{\Lambda}{\max(\|\boldsymbol{w}'_{t+1}\|, \Lambda)} \boldsymbol{w}_{t+1}$;
6: **end for**
7: 返回 $\bar{\boldsymbol{w}}_T = \frac{1}{T} \sum_{t=1}^{T} \boldsymbol{w}_t$.

步长 η 的取值提供在定理 7.8 的证明之中.

根据定理 7.1 的分析, 可以得到如下收敛率.

定理 7.8 优化支持向量机的收敛率 梯度下降求解支持向量机的收敛率为 $O\left(\frac{1}{\sqrt{T}}\right)$.

证明 假设 $\|\boldsymbol{x}_i\| \leqslant r$, $i \in [m]$. 首先注意到根据定理 7.1, 步长的设置依赖于梯度的上界, 所以首先计算梯度的上界.

$$\|\nabla f(\boldsymbol{w})\| \leqslant \sum_{i=1}^{m} \|y_i \boldsymbol{x}_i\| \leqslant mr \ . \tag{7.82}$$

可行域的直径 $\Gamma = 2\Lambda$. 根据定理 7.1, 将步长设置为 $\eta = 2\Lambda/(mr\sqrt{T})$ 可得

$$f(\bar{\boldsymbol{w}}_T) - \min_{\|\boldsymbol{w}\| \leqslant \Lambda} f(\boldsymbol{w}) \leqslant \frac{2mr\Lambda}{\sqrt{T}} = O\left(\frac{1}{\sqrt{T}}\right) \ . \tag{7.83}$$

定理得证. □

7.4.2 对率回归

下面介绍如何使用随机优化方法来求解对率回归. 给定训练数据集 $D = \{(\boldsymbol{x}_1, y_1), \ldots, (\boldsymbol{x}_m, y_m)\}$, 对率回归的优化问题如下:

为方便计算随机梯度, 优化目标是 m 个样本上的平均损失.

$$\begin{aligned} \min_{\boldsymbol{w}} \quad & f(\boldsymbol{w}) = \frac{1}{m} \sum_{i=1}^{m} \ln\left(1 + \exp(-y_i \boldsymbol{w}^{\mathrm{T}} \boldsymbol{x}_i)\right) \\ \text{s.t.} \quad & \|\boldsymbol{w}\| \leqslant \Lambda \ , \end{aligned} \tag{7.84}$$

为了计算随机梯度, 将在每一轮均匀随机选择 1 个样本作为输入. 将第 t 轮迭代选取的样本记为 $(\boldsymbol{x}_t, y_t)$, 则 $f(\cdot)$ 在当前解 $\boldsymbol{w}_t$ 处的随机梯度可以计算为

$$\mathbf{g}_t = \frac{y_t \exp(-y_t \boldsymbol{w}_t^{\mathrm{T}} \boldsymbol{x}_t)}{1 + \exp(-y_t \boldsymbol{w}_i^{\mathrm{T}} \boldsymbol{x}_t)} \boldsymbol{x}_t \ . \tag{7.85}$$

根据 7.3.1 节的介绍, 随机梯度下降求解 (7.84) 的具体流程如下:

1: 任意初始化 $\boldsymbol{w}_1 \in \{\boldsymbol{w} \mid \|\boldsymbol{w}\| \leqslant \Lambda\}$;
2: **for** $t = 1, \ldots, T$ **do**
3: 从训练数据中均匀随机选取 1 个样本 $(\boldsymbol{x}_t, y_t)$;
4: 依据 (7.85) 计算随机梯度 $\mathbf{g}_t$;
5: 梯度下降: $\boldsymbol{w}'_{t+1} = \boldsymbol{w}_t - \eta \mathbf{g}_t$;
6: 投影: $\boldsymbol{w}_{t+1} = \frac{\Lambda}{\max(\|\boldsymbol{w}'_{t+1}\|, \Lambda)} \boldsymbol{w}'_{t+1}$;
7: **end for**
8: 返回 $\bar{\boldsymbol{w}}_T = \frac{1}{T} \sum_{t=1}^{T} \boldsymbol{w}_t$.

步长 η 的取值提供在定理 7.9 的证明之中.

根据定理 7.4 的分析, 可以得到如下收敛率.

定理 7.9 优化对率回归的收敛率 随机梯度下降求解对率回归的收敛率为 $O\left(\frac{1}{\sqrt{T}}\right)$.

证明 假设 $\|\boldsymbol{x}_i\| \leqslant r$, $i \in [m]$. 首先计算随机梯度的上界

$$\left\|\frac{\exp(-y_t \boldsymbol{w}_t^{\mathrm{T}} \boldsymbol{x}_t)}{1+\exp(-y_t \boldsymbol{w}_t^{\mathrm{T}} \boldsymbol{x}_t)} y_t \boldsymbol{x}_t\right\| \leqslant \|\boldsymbol{x}_t\| \leqslant r \ . \tag{7.86}$$

因为可行域的直径 $\Gamma = 2\Lambda$, 依据定理 7.4, 将步长设置为 $\eta = 2\Lambda/(r\sqrt{T})$, 则以至少 $1-\delta$ 的概率有

$$f(\bar{\boldsymbol{w}}_T) - \min_{\|\boldsymbol{w}\| \leqslant \Lambda} f(\boldsymbol{w}) \leqslant \frac{2\Lambda r}{\sqrt{T}}\left(1+2\sqrt{2\log\frac{1}{\delta}}\right) = O\left(\frac{1}{\sqrt{T}}\right) \ . \tag{7.87}$$

定理得证. □

7.5 阅读材料

在确定优化方法中, 梯度下降是最经典的优化算法. 本章介绍了当目标函数为凸函数时, 梯度下降算法可以达到 $O(1/\sqrt{T})$ 的收敛率 [Nesterov, 2018]. 当目标函数有额外更好的性质时, 梯度下降及其变种算法可以达到更快的收敛率. 当目标函数为强凸函数时, 梯度下降的变种可以达到 $O(1/T)$ 的收敛率 [Hazan and Kale, 2011]. 当目标函数为光滑函数时, Nesterov 加速梯度下降算法可以达到 $O(1/T^2)$ 的收敛率 [Nesterov, 2005; Tseng, 2008]. 当目标函数强凸并且光滑时, 梯度下降算法可以达到线性收敛率 [Nesterov, 2013].

随机优化方法是优化的重要分支, 在实际中被广泛使用, 其中随机梯度下降是代表性算法. 本章介绍了当目标函数为凸函数时, 随机梯度下降算法可以达到 $O(1/\sqrt{T})$ 的收敛率. 当目标函数为强凸函数时, 随机梯度下降算法可以达到 $O(\log T/T)$ 的收敛率 [Hazan et al., 2007; Kakade and Tewari, 2009]. 相比于凸函数的 $O(1/\sqrt{T})$ 收敛率, 强凸函数的 $O(\log T/T)$ 收敛率已经是巨大的提升, 但这并不是最优收敛率. 最近的研究表明, 随机梯度下降的一些变种, 如阶段梯度下降 [Hazan and Kale, 2011]、后平均的随机梯度下降 [Rakhlin et al., 2012; Harvey et al., 2019], 可以达到最优的 $O(1/T)$ 收敛率. 当目标函数满足凸且光滑, 并且最优损失较小时, 可以取得比 $O(1/\sqrt{T})$ 更快的收敛率 [Srebro et al., 2010]. 当目标函数满足强凸且光滑, 并且最优损失较小时, 可以取得

比 $O(1/T)$ 更快的收敛率 [Zhang and Zhou, 2019]. 此外, 最近的一些工作如 SVRG [Johnson and Zhang, 2013], EMGD [Zhang et al., 2013] 将确定优化和随机优化结合, 利用随机优化的轻量级计算, 取得了确定优化的快速收敛. 感兴趣的读者可参阅 [Bottou et al., 2018] 等综述以了解随机优化的最新进展.

习题

将步长设置为 $\eta_t = O(1/\sqrt{t})$.

7.1 对于优化凸函数, 试分析采用衰减步长时梯度下降的收敛率.

7.2 考虑采用随机优化方法求解岭回归问题

$$\min_{\boldsymbol{w}\in\mathcal{W}} f(\boldsymbol{w}) = \frac{1}{m}\sum_{i=1}^{m}\left[(y_i - \boldsymbol{w}^{\mathrm{T}}\boldsymbol{x}_i)^2 + \frac{\lambda}{2}\|\boldsymbol{w}\|^2\right] , \tag{7.88}$$

其中 $\mathcal{W} = \{\boldsymbol{w} \mid \|\boldsymbol{w}\| \leqslant \Lambda\} \subseteq \mathbb{R}^d$, $\lambda > 0$ 是正则化参数. 假设样本 $(\boldsymbol{x}_i, y_i)$ 满足 $\|\boldsymbol{x}_i\| \leqslant r$, $|y_i| \leqslant \Lambda r$, $i \in [m]$.

(1) 试讨论应该采用什么算法求解上述问题?

(2) 试分析上述算法的收敛率.

7.3 考虑随机优化问题

$$\min_{\boldsymbol{w}\in\mathcal{W}} f(\boldsymbol{w}) = \mathbb{E}_{\xi\sim\mathcal{D}}\left[f(\boldsymbol{w},\xi)\right] , \tag{7.89}$$

其中目标函数是 λ-强凸的. 假设算法可以从分布 $\mathcal{D}$ 对随机变量 ξ 采样, 并且 $f(\boldsymbol{w},\xi)$ 的梯度有上界 l. 试分析采用 $\eta_t = O(1/[\lambda t])$ 步长设置的随机梯度下降算法的收敛率.

参阅 [Hazan et al., 2007; Kakade and Tewari, 2009].

(1) 试证明期望意义上的收敛率为 $O(\log T/T)$.

(2) 试证明 $O(\log T/T)$ 的收敛率同样以大概率成立.

7.4 假设需要帮助用户求解下面的优化问题:

$$\min_{\boldsymbol{w}\in\mathcal{W}} \quad f(\boldsymbol{w}) = \frac{1}{m}\sum_{i=1}^{m} f_i(\boldsymbol{w}) \tag{7.90}$$

出于保护隐私的考虑, 用户只能通过接口 Query_Gradient($\cdot$) 来访问目标函数的梯度. 该接口功能如下面伪代码所示:

$[\mathbf{g}, p]$ = Query_Gradient($\boldsymbol{w}$) {

加载类别分布 $p_1, \ldots, p_m$, 其中 $\sum_{i=1}^{m} p_i = 1$;

按照类别分布 $p_1, \ldots, p_m$, 对函数 $f_1, \ldots, f_m$ 随机采样 1 次, 假设第 k 个函数被选到 (函数 f_i 被选到的概率是 p_i);

返回 $[\nabla f_k(\boldsymbol{w}), p_k]$;

}

对学习问题进行如下假设:

- 已知凸集合 $\mathcal{W}$ 的直径为 Γ, 即 $\|\boldsymbol{x}-\boldsymbol{y}\| \leqslant \Gamma$, $\forall \boldsymbol{x}, \boldsymbol{y} \in \mathcal{W}$;
- $f(\cdot)$ 是凸函数;
- 所有 $f_i(\cdot)$ 的梯度上界都是 l, 即 $\|\nabla f(\boldsymbol{w})\| \leqslant l$, $\forall \boldsymbol{w} \in \mathcal{W}$;
- 采样概率存在下界 τ, 即 $p_i \geqslant \tau$, $i=1,\ldots,m$.

要求:

(1) 基于接口 Query_Gradient$(\cdot)$, 试设计解决上述问题的随机优化算法.

(2) 试分析上述算法的收敛率.

参考文献

Bartlett, P. L., O. Bousquet, and S. Mendelson. (2005). "Local Rademacher complexities." *Annals of Statistics*, 33(4):1497–1537.

Bottou, L., F. E. Curtis, and J. Nocedal. (2018). "Optimization methods for large-scale machine learning." *SIAM Review*, 60(2):223–311.

Boyd, S. and L. Vandenberghe. (2004). *Convex Optimization*. Cambridge University Press, Cambridge, UK.

Cesa-Bianchi, N. and G. Lugosi. (2006). *Prediction, Learning, and Games*. Cambridge University Press, Cambridge, UK.

Harvey, N. J. A., C. Liaw, Y. Plan, and S. Randhawa. (2019), "Tight analyses for non-smooth stochastic gradient descent." In *Proceedings of the 32nd Annual Conference on Learning Theory (COLT)*, pp. 1579–1613, Phoenix, AZ.

Hazan, E., A. Agarwal, and S. Kale. (2007). "Logarithmic regret algorithms for online convex optimization." *Machine Learning*, 69(2-3):169–192.

Hazan, E. and S. Kale. (2011), "Beyond the regret minimization barrier: An optimal algorithm for stochastic strongly-convex optimization." In *Proceedings of the 24th Annual Conference on Learning Theory (COLT)*, pp. 421–436, Budapest, Hungary.

Johnson, R. and T. Zhang. (2013), "Accelerating stochastic gradient descent using predictive variance reduction." In *Advances in Neural Information Processing Systems 26* (C. J. C. Burges, L. Bottou, M. Welling, Z. Ghahramani, and K. Q. Weinberger, eds.), pp. 315–323, Curran Associates, Inc., Red Hook, NY.

Kakade, S. M. and A. Tewari. (2009), "On the generalization ability of online strongly convex programming algorithms." In *Advances in Neural Information Processing Systems 21* (D. Koller, D. Schuurmans, Y. Bengio, and L. Bottou, eds.), pp. 801–808, Curran Associates, Inc., Red Hook, NY.

Nemirovski, A., A. Juditsky, G. Lan, and A. Shapiro. (2009). "Robust stochastic approximation approach to stochastic programming." *SIAM Journal on Optimization*, 19(4):1574–1609.

Nesterov, Y. (2005). "Smooth minimization of non-smooth functions." *Mathe-*

matical Programming, 103(1):127–152.

Nesterov, Y. (2013). "Gradient methods for minimizing composite functions." *Mathematical Programming*, 140(1):pp. 125–161.

Nesterov, Y. (2018). *Lectures on Convex Optimization.* Springer, Cham, Switzerland.

Rakhlin, A., O. Shamir, and K. Sridharan. (2012), "Making gradient descent optimal for strongly convex stochastic optimization." In *Proceedings of the 29th International Conference on Machine Learning (ICML)*, pp. 449–456, Edinburgh, Scotland.

Srebro, N., K. Sridharan, and A. Tewari. (2010), "Smoothness, low-noise and fast rates." In *Advances in Neural Information Processing Systems 23* (J. D. Lafferty, C. K. I. Williams, J. Shawe-Taylor, R. S. Zemel, and A. Culotta, eds.), pp. 2199–2207, Curran Associates, Inc., Red Hook, NY.

Tseng, P. (2008), "On acclerated proximal gradient methods for convex-concave optimization." Technical report, University of Washington.

Zhang, L., M. Mahdavi, and R. Jin. (2013), "Linear convergence with condition number independent access of full gradients." In *Advances in Neural Information Processing Systems 26* (C. J. C. Burges, L. Bottou, M. Welling, Z. Ghahramani, and K. Q. Weinberger, eds.), pp. 980–988, Curran Associates, Inc., Red Hook, NY.

Zhang, L. and Z.-H. Zhou. (2019), "Stochastic approximation of smooth and strongly convex functions: Beyond the $O(1/T)$ convergence rate." In *Proceedings of the 32nd Conference on Learning Theory (COLT)*, pp. 3160–3179, Phoenix, AZ.

第 8 章　遗憾界

在介绍 **遗憾** (regret) 这一 **在线学习** (online learning) 的性能评价指标之前, 首先回顾一下 **批量学习** (batch learning) 对数据的利用方式及采取的评价指标. 批量学习算法只关心整个学习过程结束后得到的分类器性能, 一种常用的评价指标是 **超额风险** (excess risk), 该指标可以理解为学习算法最终输出的模型与假设空间内最优模型的风险之差. 批量学习算法假设所有的训练数据提前获得, 当数据规模非常大时, 这种模式计算复杂度高、响应慢, 无法用于实时性要求高的场景. 与批量学习不同, 在线学习考虑数据持续增长的场景, 通常利用当前到来的训练样本更新模型. 由于学习模式的不同, 在线学习利用遗憾来评价算法性能, 该指标可以理解为算法在运行过程中产生的模型与假设空间内最优模型的损失之差的求和, 因此遗憾更关注模型在整个学习过程中的表现. 由于在线学习只利用每一轮接收到的新数据更新决策, 可以显著降低学习算法的空间复杂度和时间复杂度, 实时性强. 在大数据时代, 在线学习成为解决数据规模大、增长快问题的重要技术手段, 引起了学术界和工业界的广泛关注. 接下来将介绍在线学习的基本算法和理论.

8.1 基本概念

对于批量学习而言, 学习器通过数据集 $D_T = \{(\boldsymbol{x}_1, y_1), \cdots, (\boldsymbol{x}_T, y_T)\}$ 学到模型 $\boldsymbol{w}_{T+1}$, 该模式下的算法只关心整个学习过程结束后得到的分类器性能, 可以采用超额风险作为评价指标,

$$\mathbb{E}_{(\boldsymbol{x},y)\sim\mathcal{D}}[\ell(\boldsymbol{w}_{T+1}, (\boldsymbol{x}, y))] - \min_{\boldsymbol{w}\in\mathcal{W}} \mathbb{E}_{(\boldsymbol{x},y)\sim\mathcal{D}}[\ell(\boldsymbol{w}, (\boldsymbol{x}, y))] \ . \tag{8.1}$$

上式将模型 $\boldsymbol{w}_{T+1}$ 的风险与假设空间内最优模型的风险相比较, 而第 4 章中的泛化误差则是将模型的风险与经验风险相比较.

对于在线学习而言, 学习器通过数据集 $D_{t-1} = \{(\boldsymbol{x}_1, y_1), \cdots, (\boldsymbol{x}_{t-1}, y_{t-1})\}$ 学习到模型 $\boldsymbol{w}_t$, 遭受损失 $\ell(\boldsymbol{w}_t, (\boldsymbol{x}_t, y_t))$; 然后, 学习器将样本 $(\boldsymbol{x}_t, y_t)$ 加入到数据集中, 继续更新模型. 因此对于在线学习算法, 下述的“序贯超额损失”更能反映学习过程中算法的表现:

$$\sum_{t=1}^{T} \ell(\boldsymbol{w}_t, (\boldsymbol{x}_t, y_t)) - \min_{\boldsymbol{w} \in \mathcal{W}} \sum_{t=1}^{T} \ell(\boldsymbol{w}, (\boldsymbol{x}_t, y_t)) \ . \tag{8.2}$$

注意到, (8.2) 中 $\ell(\boldsymbol{w}_t, (\boldsymbol{x}_t, y_t))$ 反映了模型 $\boldsymbol{w}_t$ 在样本 $(\boldsymbol{x}_t, y_t)$ 上的损失. 由于 $\boldsymbol{w}_t$ 的计算过程与样本 $(\boldsymbol{x}_t, y_t)$ 无关, 因此可以直接使用 $\ell(\boldsymbol{w}_t, (\boldsymbol{x}_t, y_t))$ 来衡量性能, 而不需要像 (8.1) 一样引入期望操作. 更一般而言, 在线学习可以被形式化为学习器和对手之间的博弈过程:

- 在每一轮 t, 学习器从解空间 $\mathcal{W}$ 选择决策 $\boldsymbol{w}_t$. 同时, 对手选择一个损失函数 $f_t(\cdot) : \mathcal{W} \mapsto \mathbb{R}$;
- 学习器遭受损失 $f_t(\boldsymbol{w}_t)$, 并更新模型获得 $t+1$ 轮的解 $\boldsymbol{w}_{t+1}$.

在线学习的目的是最小化累积的损失. 假设算法共执行 T 轮迭代, 那么累积损失就是 $\sum_{t=1}^{T} f_t(\boldsymbol{w}_t)$. 在线算法通常将在线损失和离线算法的最小损失进行比较, 其差值定义为**遗憾** (regret):

$$\text{regret} = \sum_{t=1}^{T} f_t(\boldsymbol{w}_t) - \min_{\boldsymbol{w} \in \mathcal{W}} \sum_{t=1}^{T} f_t(\boldsymbol{w}) \ . \tag{8.3}$$

这里 $\min_{\boldsymbol{w} \in \mathcal{W}} \sum_{t=1}^{T} f_t(\boldsymbol{w})$ 即为离线算法的最小损失, 最小化累积损失也就等价于最小化遗憾. 在线学习算法希望达到次线性的遗憾, 即当 $T \to +\infty$ 时, $\text{regret}/T \to 0$. 具备次线性遗憾的算法也称为满足 Hannan 一致性 (Hannan consistency) [Cesa-Bianchi and Lugosi, 2006].

此处的 Hannan 一致性与第 6 章一致性的不同之处在于, 此处的一致性目标 $\min_{\boldsymbol{w} \in \mathcal{W}} \sum_{t=1}^{T} f_t(\boldsymbol{w})$ 与数据集相关, 而第 6 章的一致性目标 R^* 与数据分布有关.

根据算法接收反馈的不同, 在线学习又可以进一步划分为**完全信息在线学习** (full information online learning) 和**赌博机在线学习** (bandit online learning). 对于完全信息在线学习, 学习器可以观测到完整的损失函数 $f_t(\cdot)$, 因此可以利用函数的信息 (比如梯度) 更新模型. 对于赌博机在线学习, 学习器通常只能观测到损失函数在所选决策 $\boldsymbol{w}_t$ 上的值 $f_t(\boldsymbol{w}_t)$, 不能观测到损失函数在其他决策上的值.

下面我们通过赛马和赌博机的例子来阐释两者的区别. 在赛马比赛中, 每一轮选择一匹马, 然后所有的马进行比赛; 在当前轮比赛结束之后, 不仅可以看到所选马的比赛结果, 还可以看到其他马的情况. 在这种场景下, 学习器观测到了完整的损失函数, 属于完全信息在线学习. 在使用赌博机时, 面对多个摇臂, 选择其中一个摇动; 这样只能获得所选摇臂的反馈, 无法观测其他摇臂的值. 在这种场景下, 学习器只能观测到所选决策的结果, 属于赌博机在线学习.

8.2 完全信息在线学习

注意到, 完全信息在线学习框架并未对损失函数进行任何限制. 如果考虑任意可能的函数, 无法得到有意义的遗憾界. 幸运的是, 在大多数机器学习问题中, 损失函数通常是凸的. 因此, 接下来将介绍完全信息在线学习的重要分支之一, **在线凸优化** (Online Convex Optimization, 简称 OCO). 具体而言, 在线凸优化假设所有的损失函数 $f_t(\cdot)$ 和可行域 $\mathcal{W}$ 都是凸的.

在线凸优化是非常强大的学习范式, 可以用于求解经验风险最小化问题, 降低计算复杂度. 对于所有采用凸损失函数的经验风险最小化问题, 都可以通过下面的方式进行在线求解:

- 在每一轮 t, 学习器从解空间 $\mathcal{W}$ 选择模型 $\boldsymbol{w}_t$;
- 学习器观测到样本 $(\boldsymbol{x}_t, y_t)$, 并遭受损失

因为线性模型简单, 此处以线性模型为例. 在线学习同样可以估计非线性函数, 如用于核方法.

$$f_t(\boldsymbol{w}_t) = \ell(\boldsymbol{w}_t, (\boldsymbol{x}_t, y_t)) \; ; \tag{8.4}$$

- 学习器根据损失函数更新模型 $\boldsymbol{w}_t$.

这里的损失函数 $\ell(\cdot,\cdot)$ 用来衡量预测值 $\boldsymbol{w}_t^{\mathrm{T}}\boldsymbol{x}_t$ 和真实标记 y_t 的差异. 对于分类问题, 可以选择 hinge 损失:

$$\ell_{\text{hinge}}(\boldsymbol{w}_t, (\boldsymbol{x}_t, y_t)) = \max(0, 1 - y_t\boldsymbol{w}_t^{\mathrm{T}}\boldsymbol{x}_t) \; , \tag{8.5}$$

或对率损失:

$$\ell_{\log}(\boldsymbol{w}_t, (\boldsymbol{x}_t, y_t)) = \ln(1 + \exp(-y_t\boldsymbol{w}_t^{\mathrm{T}}\boldsymbol{x}_t)) \; . \tag{8.6}$$

对于回归问题, 可以选择平方损失:

$$\ell_{\text{square}}(\boldsymbol{w}_t, (\boldsymbol{x}_t, y_t)) = (y_t - \boldsymbol{w}_t^{\mathrm{T}}\boldsymbol{x}_t)^2 \; . \tag{8.7}$$

8.2.1 在线凸优化

针对在线凸优化, 最经典的算法是 **在线梯度下降** (Online Gradient Descent, 简称 OGD). 其基本流程与第 7 章中介绍的梯度下降和随机梯度下降非常相似, 具体如下:

1: 任意初始化 $\boldsymbol{w}_1 \in \mathcal{W}$;

2: **for** $t = 1, \ldots, T$ **do**

3: 学习器从解空间 $\mathcal{W}$ 选择决策 $\boldsymbol{w}_t$; 同时, 对手选择一个损失函数 $f_t(\cdot) : \mathcal{W} \mapsto \mathbb{R}$;

4: 学习器观测到损失函数 $f_t(\cdot)$, 并遭受损失 $f_t(\boldsymbol{w}_t)$;

5: 学习器使用在线梯度下降更新决策:

$$\boldsymbol{w}_{t+1} = \Pi_{\mathcal{W}} \left(\boldsymbol{w}_t - \eta_t \nabla f_t(\boldsymbol{w}_t) \right) \ ; \tag{8.8}$$

6: **end for**

也就是说, 在每一轮迭代, 算法使用当前损失函数的梯度更新模型, 因此该算法被称为在线梯度下降.

虽然在线梯度下降非常简单, 但是对于一般的凸函数, 它可以达到 $O(\sqrt{T})$ 的遗憾界 [Zinkevich, 2003], 且被证明是最优的 [Abernethy et al., 2008]. 事实上, 对于在线梯度下降算法, 有如下的保障.

定理 8.1 在线凸优化遗憾界 假设所有在线函数是 l-Lipschitz 连续, 且可行域有界, 则对于在线凸优化问题, 在线梯度下降的遗憾界为 $O(\sqrt{T})$.

证明 令可行域 $\mathcal{W}$ 的直径为 Γ 且所有在线函数是 l-Lipschitz 连续, 即

$$\|\boldsymbol{u} - \boldsymbol{v}\| \leqslant \Gamma, \ \forall \boldsymbol{u}, \boldsymbol{v} \in \mathcal{W} \ ; \tag{8.9}$$

$$\|\nabla f_t(\boldsymbol{w})\| \leqslant l, \ \forall t \in [T], \ \boldsymbol{w} \in \mathcal{W} \ . \tag{8.10}$$

这里使用衰减的步长, 即 η_t 随 t 增加而减少. 如果总迭代轮数 T 是确定的, 也可以采用固定步长.

将步长设置为 $\eta_t = \Gamma/(l\sqrt{t})$, 并定义 $\boldsymbol{w}'_{t+1} = \boldsymbol{w}_t - \eta_t \nabla f_t(\boldsymbol{w}_t)$.

对于任意的 $\boldsymbol{w} \in \mathcal{W}$,

利用 (1.4).

利用 (7.8).

$$\begin{aligned}
f_t(\boldsymbol{w}_t) - f_t(\boldsymbol{w}) &\leqslant \langle \nabla f_t(\boldsymbol{w}_t), \boldsymbol{w}_t - \boldsymbol{w} \rangle = \frac{1}{\eta_t} \langle \boldsymbol{w}_t - \boldsymbol{w}'_{t+1}, \boldsymbol{w}_t - \boldsymbol{w} \rangle \\
&= \frac{1}{2\eta_t} \left(\|\boldsymbol{w}_t - \boldsymbol{w}\|^2 - \|\boldsymbol{w}'_{t+1} - \boldsymbol{w}\|^2 + \|\boldsymbol{w}_t - \boldsymbol{w}'_{t+1}\|^2 \right) \\
&= \frac{1}{2\eta_t} \left(\|\boldsymbol{w}_t - \boldsymbol{w}\|^2 - \|\boldsymbol{w}'_{t+1} - \boldsymbol{w}\|^2 \right) + \frac{\eta_t}{2} \|\nabla f_t(\boldsymbol{w}_t)\|^2 \\
&\leqslant \frac{1}{2\eta_t} \left(\|\boldsymbol{w}_t - \boldsymbol{w}\|^2 - \|\boldsymbol{w}_{t+1} - \boldsymbol{w}\|^2 \right) + \frac{\eta_t}{2} \|\nabla f_t(\boldsymbol{w}_t)\|^2
\end{aligned}$$

利用 (8.10).

$$\leqslant \frac{1}{2\eta_t}\left(\|\boldsymbol{w}_t-\boldsymbol{w}\|^2-\|\boldsymbol{w}_{t+1}-\boldsymbol{w}\|^2\right)+\frac{\eta_t}{2}l^2 \ . \tag{8.11}$$

对 (8.11) 从 $t=1$ 到 T 求和, 得到

$$\begin{aligned}\sum_{t=1}^{T} f_t(\boldsymbol{w}_t)-\sum_{t=1}^{T} f_t(\boldsymbol{w}) \leqslant &\frac{1}{2\eta_1}\|\boldsymbol{w}_1-\boldsymbol{w}\|^2-\frac{1}{2\eta_T}\|\boldsymbol{w}_{T+1}-\boldsymbol{w}\|^2\\ &+\frac{1}{2}\sum_{t=2}^{T}\left(\frac{1}{\eta_t}-\frac{1}{\eta_{t-1}}\right)\|\boldsymbol{w}_t-\boldsymbol{w}\|^2+\frac{l^2}{2}\sum_{t=1}^{T}\eta_t \ .\end{aligned} \tag{8.12}$$

根据 (8.9) 以及 $\eta_t<\eta_{t-1}$, (8.12) 可以进一步化简为

利用 $\sum_{t=1}^{T}\frac{1}{\sqrt{t}} \leqslant 1+\int_1^T \frac{1}{\sqrt{t}}\mathrm{d}t = 1+2\sqrt{t}\big|_1^T = 2\sqrt{T}-1$.

$$\begin{aligned}\sum_{t=1}^{T} f_t(\boldsymbol{w}_t)-\sum_{t=1}^{T} f_t(\boldsymbol{w}) &\leqslant \frac{\Gamma^2}{2\eta_1}+\frac{\Gamma^2}{2}\sum_{t=2}^{T}\left(\frac{1}{\eta_t}-\frac{1}{\eta_{t-1}}\right)+\frac{l^2}{2}\sum_{t=1}^{T}\eta_t\\ &=\frac{\Gamma^2}{2\eta_T}+\frac{l^2}{2}\sum_{t=1}^{T}\eta_t\\ &=\frac{\Gamma l\sqrt{T}}{2}+\frac{\Gamma l}{2}\sum_{t=1}^{T}\frac{1}{\sqrt{t}}\\ &\leqslant \frac{3\Gamma l}{2}\sqrt{T} \ .\end{aligned} \tag{8.13}$$

因此, 有

$$\sum_{t=1}^{T} f_t(\boldsymbol{w}_t)-\min_{\boldsymbol{w}\in\mathcal{W}}\sum_{t=1}^{T} f_t(\boldsymbol{w}) \leqslant \frac{3\Gamma l}{2}\sqrt{T}=O\left(\sqrt{T}\right) \ . \tag{8.14}$$

定理得证. □

8.2.2 在线强凸优化

强凸的定义参见 (1.6).

接下来介绍在线强凸优化, 也就是所有在线函数都是 λ-强凸的情况. 在这种情况下, 仍然采用在线梯度下降算法, 通过设定合适的步长可以达到 $O(\log T)$ 的遗憾界 [Hazan et al., 2007].

定理 8.2 在线强凸优化遗憾界 假设所有在线函数是 λ-强凸且是 l-Lipschitz 连续, 则对于在线强凸优化问题, 在线梯度下降的遗憾界为 $O\left(\frac{\log T}{\lambda}\right)$.

证明 将步长设置为 $\eta_t = 1/(\lambda t)$. 类似 (8.11), 对于任意的 $\boldsymbol{w} \in \mathcal{W}$,

利用 (1.6).

$$
\begin{aligned}
&f_t(\boldsymbol{w}_t) - f_t(\boldsymbol{w}) \\
&\quad \leqslant \langle \nabla f_t(\boldsymbol{w}_t), \boldsymbol{w}_t - \boldsymbol{w} \rangle - \frac{\lambda}{2}\|\boldsymbol{w}_t - \boldsymbol{w}\|^2 \\
&\quad \leqslant \frac{1}{2\eta_t}\left(\|\boldsymbol{w}_t - \boldsymbol{w}\|^2 - \|\boldsymbol{w}_{t+1} - \boldsymbol{w}\|^2\right) + \frac{\eta_t}{2} l^2 - \frac{\lambda}{2}\|\boldsymbol{w}_t - \boldsymbol{w}\|^2 \ . \quad (8.15)
\end{aligned}
$$

类似 (8.12) 的推导, 可得

$$
\begin{aligned}
\sum_{t=1}^{T} f_t(\boldsymbol{w}_t) - f_t(\boldsymbol{w}) \leqslant & \frac{1}{2\eta_1}\|\boldsymbol{w}_1 - \boldsymbol{w}\|^2 - \frac{\lambda}{2}\|\boldsymbol{w}_1 - \boldsymbol{w}\|^2 - \frac{1}{2\eta_T}\|\boldsymbol{w}_{T+1} - \boldsymbol{w}\|^2 \\
& + \frac{1}{2}\sum_{t=2}^{T}\left(\frac{1}{\eta_t} - \frac{1}{\eta_{t-1}} - \lambda\right)\|\boldsymbol{w}_t - \boldsymbol{w}\|^2 + \frac{l^2}{2}\sum_{t=1}^{T}\eta_t \ . \quad (8.16)
\end{aligned}
$$

将步长 $\eta_t = 1/(\lambda t)$ 代入上式, 可得

利用 $\sum_{t=1}^{T}\frac{1}{t} \leqslant 1 + \int_1^T \frac{1}{t}\mathrm{d}t = 1 + \ln t\big|_1^T = 1 + \ln T$.

$$
\begin{aligned}
\sum_{t=1}^{T} f_t(\boldsymbol{w}_t) - f_t(\boldsymbol{w}) &\leqslant \frac{l^2}{2\lambda}\sum_{t=1}^{T}\frac{1}{t} \\
&\leqslant \frac{l^2}{2\lambda}(\ln T + 1) \ . \quad (8.17)
\end{aligned}
$$

因此, 有

$$
\sum_{t=1}^{T} f_t(\boldsymbol{w}_t) - \min_{\boldsymbol{w}\in\mathcal{W}}\sum_{t=1}^{T} f_t(\boldsymbol{w}) \leqslant \frac{l^2}{2\lambda}(\ln T + 1) = O\left(\frac{\log T}{\lambda}\right) \ . \quad (8.18)
$$

定理得证. □

8.2.3 在线凸优化的拓展

在线学习可以求解随机优化问题, 被称为在线学习到批量学习的转换 (online-to-batch conversion). 假设在线函数 $f_1(\cdot), \ldots, f_T(\cdot)$ 是从同一分布 $\mathcal{D}$ 独立采样得到, 定义期望函数

$$
F(\cdot) = \mathbb{E}_{f\sim\mathcal{D}}[f(\cdot)] \ . \quad (8.19)
$$

优化目标是找到一个解 $\bar{\boldsymbol{w}}$ 来最小化期望函数 $F(\cdot)$.

首先, 利用在线学习算法 (如在线梯度下降), 能够得到如下形式的遗憾界

这里 $\boldsymbol{w}$ 为可行域内任意的点.

$$\sum_{t=1}^{T} f_t(\boldsymbol{w}_t) - \sum_{t=1}^{T} f_t(\boldsymbol{w}) \leqslant c \ , \tag{8.20}$$

其中 c 的取值依赖于具体的算法和函数类型. 对上式两边求期望可得

根据在线学习的过程, f_t 和 $\boldsymbol{w}_t$ 无关, 因此 $\mathbb{E}[f_t(\boldsymbol{w}_t)] = \mathbb{E}[F(\boldsymbol{w}_t)]$.

$$\mathbb{E}\left[\sum_{t=1}^{T} F(\boldsymbol{w}_t)\right] - TF(\boldsymbol{w}) \leqslant c \ . \tag{8.21}$$

定义 $\bar{\boldsymbol{w}} = \frac{1}{T}\sum_{t=1}^{T} \boldsymbol{w}_t$, 根据 Jensen 不等式 (1.11) 可得

$$\mathbb{E}\left[F(\bar{\boldsymbol{w}})\right] - F(\boldsymbol{w}) \leqslant \frac{1}{T}\left(\mathbb{E}\left[\sum_{t=1}^{T} F(\boldsymbol{w}_t)\right] - TF(\boldsymbol{w})\right) \leqslant \frac{c}{T} \ . \tag{8.22}$$

在线函数为凸函数、算法为在线梯度下降时, 通过定理 8.1 可得

$$\mathbb{E}\left[F(\bar{\boldsymbol{w}})\right] - F(\boldsymbol{w}) \leqslant \frac{3\Gamma l}{2\sqrt{T}} = O\left(\frac{1}{\sqrt{T}}\right) \ . \tag{8.23}$$

上式表明, 算法从期望意义上取得了 $O(1/\sqrt{T})$ 的收敛率, 这与定理 7.4 中随机梯度下降的收敛率是一致的. 可以证明 $O(1/\sqrt{T})$ 的收敛率以大概率成立 [Cesa-bianchi et al., 2002].

在线函数为 λ-强凸、算法为在线梯度下降时, 通过定理 8.2 可得

$$\mathbb{E}\left[F(\bar{\boldsymbol{w}})\right] - F(\boldsymbol{w}) \leqslant \frac{l^2}{2\lambda T}(\ln T + 1) = O\left(\frac{\log T}{\lambda T}\right) \ . \tag{8.24}$$

上式表明, 算法从期望意义上取得了 $O(\log T/[\lambda T])$ 的收敛率. 同样, 也可以证明该收敛率以大概率成立 [Kakade and Tewari, 2009]. 但是, 这个收敛率比定理 7.7 中 Epoch-GD 的 $O(1/[\lambda T])$ 收敛率慢. 这表明虽然在线学习可以用来求解随机优化, 但结果未必是最优的, 也意味着在线学习比随机优化更加困难.

除了前面介绍的在线凸优化和在线强凸优化之外, 在线学习也存在许多拓展, 从而得到更紧的遗憾界以及可以处理更加困难的问题. 例如, 对在线函数光滑的情况 [Srebro et al., 2010], 当最优损失很小时, 可以得到比 $O(\sqrt{T})$ 更紧的遗憾界. 具体而言, 通过设置合适的步长, 在线梯度下降可以取得如下遗憾界:

$$\sum_{t=1}^{T} f_t(\boldsymbol{w}_t) - \min_{\boldsymbol{w}\in\mathcal{W}} \sum_{t=1}^{T} f_t(\boldsymbol{w}) = O(1+\sqrt{f^*}) , \tag{8.25}$$

其中 $f^* = \min_{\boldsymbol{w}\in\mathcal{W}} \sum_{t=1}^{T} f_t(\boldsymbol{w})$ 是最优的离线损失. 当最优损失 f^* 和 T 呈次线性关系时, 即 $f^* = o(T)$, 上述遗憾界比一般凸函数的 $O(\sqrt{T})$ 遗憾界更紧. 在 $f^* = O(T)$ 的最差情况下, 仍然具备 $O(\sqrt{T})$ 的遗憾界.

最后, 注意到前面介绍的在线梯度下降算法缺乏普适性. 这是由于该算法只能处理一种函数类型, 并且在面临强凸函数时, 还需要知道强凸的参数. 因此, 将在线学习付诸实践时, 通常需要领域专家来选择算法和设置参数, 这在一定程度上制约了在线学习的普及. 最近提出的普适性在线学习算法能够同时处理多种类型的函数, 并自动选择合适的参数 [Wang et al., 2019].

8.3 赌博机在线学习

在赌博机在线学习中, 学习器只能观测到损失函数的部分信息, 如函数值. 这类问题之所以被称为赌博机在线学习, 是因为其最早被用来建模赌场中的**多臂赌博机** (Multi-Armed Bandits, 简称 MAB) [Robbins, 1952].

8.1 节通过赛马和赌博机的例子阐释了完全信息在线学习和赌博机在线学习. 下面再用机器学习领域常见的多分类问题来介绍它们的区别. 对于多分类问题, 在每一轮迭代中, 学习器观测到一个样本然后预测其标记. 在预测之后, 如果学习器能观测到正确的标记, 那么这个问题就属于完全信息在线学习; 如果学习器只被告知预测结果是否正确, 那么这个问题就属于赌博机在线学习. 其区别在于, 在赌博机设定下, 学习器预测错误之后并不知道正确答案.

与完全信息在线学习相比, 赌博机在线学习的信息反馈更少, 因而更加困难. 在设计和分析赌博机在线学习算法时, 需要对学习过程进行统计假设. 首先, 对手可以分为随机的 (stochastic) 和对抗的 (adversarial) 这两种类型. 在随机类型中, 损失函数是从同一个分布中独立采样得到, 这类问题相对容易. 对抗类型又可以进一步分为健忘的 (oblivious) 和非健忘的 (nonoblivious) 两种. 在健忘设定中, 损失函数 $f_1, \ldots, f_T$ 和学习器的决策无关, 可以认为是固定的函数序列. 而在非健忘设定中, 损失函数 f_t 可以依赖于学习器之前的决策 $\boldsymbol{w}_1, \ldots, \boldsymbol{w}_{t-1}$. 由于存在复杂的依赖关系, 非健忘类型的问题最为困难.

接下来, 将分别介绍多臂赌博机、线性赌博机、凸赌博机三种常见的赌博机学习问题.

8.3.1 多臂赌博机

在多臂赌博机问题中, 学习器面对 K 个摇臂. 在每一轮迭代, 学习器需要从 K 个摇臂中选择 1 个摇动并获得对应的奖励. 学习器的目的是最大化 T 轮迭代的累积收益.

本节考虑随机情况下的多臂赌博机, 假设每一个摇臂在各轮中的奖励是独立同分布的 [Auer et al., 2002]. 将第 i 个摇臂的奖励均值记为 μ_i, 将学习器在第 t 轮选择的摇臂记为 i_t. 学习器的遗憾定义为

此处遗憾的定义与 (8.3) 中遗憾的定义稍有不同, 区别在于多臂赌博机中每个摇臂所对应奖励的随机性通过求期望的方式消除.

$$\text{regret} = T \max_{i \in [K]} \mu_i - \sum_{t=1}^{T} \mu_{i_t} \ . \tag{8.26}$$

探索和利用的折中问题在强化学习中也存在.

由于观测信息不充分, 学习器面临 **探索** (exploration) 和 **利用** (exploitation) 之间的折中. 一方面, 为了准确地估计每个摇臂的奖励均值, 学习器需要尝试不同的摇臂; 而另一方面, 为了最小化遗憾, 学习器又倾向于选择能得到最大收益的摇臂. 对于随机设定, 解决探索和利用折中的典型算法是置信上界 (Upper Confidence Bound, 简称 UCB). 其核心思想是为每一个摇臂 i 维持一个置信上界 $\hat{\mu}_i$, 并以大概率保证均值 $\mu_i \leqslant \hat{\mu}_i$. 然后, 算法通过选择具有最大置信上界的摇臂自动在探索和利用之间折中.

每个摇臂的奖励是独立同分布的, 因此可以利用集中不等式构造置信上界. 令 $X_1, X_2, \ldots, X_n$ 为取值在 $[0,1]$ 之间的随机变量, 并且 $\mathbb{E}[X_i | X_1, \ldots, X_{i-1}] = \mu$. 根据 Chernoff 不等式 (1.30), 对于任意的 $t \geqslant 0$ 有

$$P\left(\sum_{i=1}^{n} X_i \geqslant n\mu + t\right) \leqslant \exp\left(-\frac{2t^2}{n}\right) \ , \tag{8.27}$$

$$P\left(\sum_{i=1}^{n} X_i \leqslant n\mu - t\right) \leqslant \exp\left(-\frac{2t^2}{n}\right) \ . \tag{8.28}$$

假设第 i 个摇臂的奖励取值范围为 $[0,1]$, 并且算法按下了该摇臂 n_i 次. 将 n_i 次奖励的均值记为 $\bar{\mu}_i$, 将置信上界定义为:

$$\hat{\mu}_i = \bar{\mu}_i + \sqrt{\frac{2 \ln \alpha}{n_i}} \ . \tag{8.29}$$

将 $t = \sqrt{2 n_i \ln \alpha}$, $n = n_i$ 代入 (8.28) 即可.

根据 (8.28), 以至少 $1 - \alpha^{-4}$ 的概率有 $\mu_i \leqslant \hat{\mu}_i$. 从 (8.29) 可以看出, 置信上界 $\hat{\mu}_i$ 是由两部分组成: 样本均值 $\bar{\mu}_i$ 和区间宽度 $\sqrt{\frac{2\ln\alpha}{n_i}}$. 在这里, 样本均值反映了

学习器当前的知识, 而区间宽度则反映了知识的不确定性. 置信上界取值大, 要么是因为样本均值大, 对应于利用; 要么是因为区间宽度大, 对应于探索. 因此, 依据置信上界来选择摇臂, 就可以自动在探索和利用之间取得平衡.

基于置信上界的随机多臂赌博机算法的整体流程如下:

1: **for** $t = 1, 2, \ldots, K$ **do**

2: 摇动第 t 个摇臂, 并观测到奖励 X_t^t;

3: **end for**

4: 初始化每个摇臂被选择的次数: $n_i^K = 1,\ i = 1, \ldots, K$;

5: 初始化每个摇臂的样本均值: $\bar{\mu}_i(n_i^K) = X_i^i,\ i = 1, \ldots, K$;

6: **for** $t = K+1, K+2, \ldots, T$ **do**

7: 摇动摇臂

$$i_t = \underset{i \in [K]}{\arg\max}\ \bar{\mu}_i(n_i^{t-1}) + \sqrt{\frac{2\ln(t-1)}{n_i^{t-1}}}\ , \tag{8.30}$$

并且观测到奖励 $X_{i_t}^t$;

8: 更新每个摇臂被摇动的次数:

$$n_{i_t}^t = n_{i_t}^{t-1} + 1, \quad n_i^t = n_i^{t-1},\ i \neq i_t\ ; \tag{8.31}$$

9: 更新摇臂 i_t 的样本均值:

$$\bar{\mu}_{i_t}(n_{i_t}^t) = \frac{n_{i_t}^{t-1} \times \bar{\mu}_{i_t}(n_{i_t}^{t-1}) + X_{i_t}^t}{n_{i_t}^t}\ ; \tag{8.32}$$

10: **end for**

X_i^t 表示在第 t 轮摇动摇臂 i 得到的奖励.

n_i^t 表示在截止到第 t 轮摇臂 i 被选择的次数, $\bar{\mu}_i(n)$ 表示摇臂 i 摇动 n 次后得到的样本均值.

依据置信上界摇动摇臂.

由于没有先验知识, 算法的前 K 轮是纯粹的探索阶段, 摇动每个摇臂 1 次. 从 $K+1$ 轮开始, 算法依据置信上界选择摇臂. 对于随机多臂赌博机, 可以证明置信上界算法在期望意义上的遗憾界为 $O(K \log T)$ [Auer et al., 2002, 定理 1].

定理 8.3 随机多臂赌博机遗憾界 假设每一个摇臂的奖励属于区间 $[0, 1]$, 并且每一个摇臂的奖励是独立同分布的, 那么置信上界算法满足

$$T \max_{i \in [K]} \mu_i - \mathbb{E}\left[\sum_{t=1}^{T} \mu_{i_t}\right] = O\left(K \log T\right)\ . \tag{8.33}$$

证明 将最优摇臂的索引记为 $*$, 即 $* = \arg\max_{i \in [K]} \mu_i$. 令 $\Delta_i = \mu_* - \mu_i$,

根据遗憾的定义 (8.26) 可得

$$\begin{aligned}\text{regret} =& T\max_{i\in[K]}\mu_i - \sum_{t=1}^{T}\mu_{i_t} = T\mu_* - \sum_{t=1}^{T}\mu_{i_t} \\ =& \sum_{i\neq *}(\mu_* - \mu_i)n_i^T = \sum_{i\neq *}\Delta_i n_i^T \ .\end{aligned} \tag{8.34}$$

(8.34) 表明, 通过计算第 i 个摇臂在 T 轮迭代中被摇动的次数 n_i^T, 就可以得到遗憾的上界. 为了更好地理解证明思路, 先给出如下事实: 对于事件 A, B

(1) 如果由事件 A 成立可以推知事件 B 成立, 则有 $\mathbb{I}(A) \leqslant \mathbb{I}(B)$;

(2) $\mathbb{I}(A_1 \text{ or } A_2 \text{ or} \ldots \text{or } A_n) \leqslant \mathbb{I}(A_1) + \mathbb{I}(A_2) + \ldots + \mathbb{I}(A_n)$;

(3) $\mathbb{I}(A) \leqslant \mathbb{I}(A,B) + \mathbb{I}(A,\neg B)$.

根据事实 (3) 可得

$$\begin{aligned}n_i^T =& 1 + \sum_{t=K+1}^{T}\mathbb{I}\left(i_t = i\right) \\ \leqslant& 1 + \sum_{t=K+1}^{T}\mathbb{I}\left(i_t = i, n_i^{t-1} < \ell\right) + \sum_{t=K+1}^{T}\mathbb{I}\left(i_t = i, n_i^{t-1} \geqslant \ell\right) \ .\end{aligned} \tag{8.35}$$

显然

$$\sum_{t=K+1}^{T}\mathbb{I}\left(i_t = i, n_i^{t-1} < \ell\right) \leqslant \ell - 1 \ . \tag{8.36}$$

由 (8.35) 和 (8.36) 可得,

$$n_i^T \leqslant \ell + \sum_{t=K+1}^{T}\mathbb{I}\left(i_t = i, n_i^{t-1} \geqslant \ell\right) \ . \tag{8.37}$$

根据置信上界算法选择摇臂的原则 (算法第 7 步), 可知

$$i_t = i \Rightarrow \bar{\mu}_*(n_*^{t-1}) + \sqrt{\frac{2\ln(t-1)}{n_*^{t-1}}} \leqslant \bar{\mu}_i(n_i^{t-1}) + \sqrt{\frac{2\ln(t-1)}{n_i^{t-1}}} \ . \tag{8.38}$$

结合事实 (1), 得到

$$
\begin{aligned}
&\mathbb{I}\left(i_t=i, n_i^{t-1} \geqslant \ell\right) \\
&\leqslant \mathbb{I}\left(\bar{\mu}_*(n_*^{t-1})+\sqrt{\frac{2\ln(t-1)}{n_*^{t-1}}} \leqslant \bar{\mu}_i(n_i^{t-1})+\sqrt{\frac{2\ln(t-1)}{n_i^{t-1}}}, n_i^{t-1} \geqslant \ell\right) .
\end{aligned} \tag{8.39}
$$

进一步利用事实 (1) 和事实 (2), 可得

$$
\begin{aligned}
&\mathbb{I}\left(\bar{\mu}_*(n_*^{t-1})+\sqrt{\frac{2\ln(t-1)}{n_*^{t-1}}} \leqslant \bar{\mu}_i(n_i^{t-1})+\sqrt{\frac{2\ln(t-1)}{n_i^{t-1}}}, n_i^{t-1} \geqslant \ell\right) \\
&\quad\leqslant \mathbb{I}\left(\min_{0<p<t} \bar{\mu}_*(p)+\sqrt{\frac{2\ln(t-1)}{p}} \leqslant \max_{\ell\leqslant q<t} \bar{\mu}_i(q)+\sqrt{\frac{2\ln(t-1)}{q}}\right) \\
&\quad\leqslant \sum_{p=1}^{t-1}\sum_{q=\ell}^{t-1} \mathbb{I}\left(\bar{\mu}_*(p)+\sqrt{\frac{2\ln(t-1)}{p}} \leqslant \bar{\mu}_i(q)+\sqrt{\frac{2\ln(t-1)}{q}}\right) .
\end{aligned} \tag{8.40}
$$

综合 (8.37)、(8.39)、(8.40), 得到

$$
\begin{aligned}
n_i^T &\leqslant \ell+\sum_{t=K+1}^{T}\sum_{p=1}^{t-1}\sum_{q=\ell}^{t-1} \mathbb{I}\left(\bar{\mu}_*(p)+\sqrt{\frac{2\ln(t-1)}{p}} \leqslant \bar{\mu}_i(q)+\sqrt{\frac{2\ln(t-1)}{q}}\right) \\
&\leqslant \ell+\sum_{t=1}^{T-1}\sum_{p=1}^{t-1}\sum_{q=\ell}^{t-1} \mathbb{I}\left(\bar{\mu}_*(p)+\sqrt{\frac{2\ln t}{p}} \leqslant \bar{\mu}_i(q)+\sqrt{\frac{2\ln t}{q}}\right) .
\end{aligned} \tag{8.41}
$$

可以通过反证法来证明该结论. 如果 $\bar{\mu}_*(p)+\sqrt{\frac{2\ln t}{p}}>\mu_*$, $\mu_*>\mu_i+2\sqrt{\frac{2\ln t}{q}}$, 且 $\mu_i+\sqrt{\frac{2\ln t}{q}}>\bar{\mu}_i(q)$, 那么 $\bar{\mu}_*(p)+\sqrt{\frac{2\ln t}{p}}>\bar{\mu}_i(q)+\sqrt{\frac{2\ln t}{q}}$ 成立.

当 $\bar{\mu}_*(p)+\sqrt{\frac{2\ln t}{p}} \leqslant \bar{\mu}_i(q)+\sqrt{\frac{2\ln t}{q}}$ 成立时, 下面三个事件中必有一个成立

$$
\bar{\mu}_*(p)+\sqrt{\frac{2\ln t}{p}} \leqslant \mu_*,\ \mu_* \leqslant \mu_i+2\sqrt{\frac{2\ln t}{q}},\ \mu_i+\sqrt{\frac{2\ln t}{q}} \leqslant \bar{\mu}_i(q) . \tag{8.42}
$$

利用事实 (1) 和 (2), (8.41) 可以化简为

$$
\begin{aligned}
n_i^T \leqslant \ell+\sum_{t=1}^{T-1}\sum_{p=1}^{t-1}\sum_{q=\ell}^{t-1}&\left(\mathbb{I}\left(\bar{\mu}_*(p)+\sqrt{\frac{2\ln t}{p}} \leqslant \mu_*\right)\right. \\
&\left.+\mathbb{I}\left(\mu_* \leqslant \mu_i+2\sqrt{\frac{2\ln t}{q}}\right)+\mathbb{I}\left(\mu_i+\sqrt{\frac{2\ln t}{q}} \leqslant \bar{\mu}_i(q)\right)\right) .
\end{aligned} \tag{8.43}
$$

然后, 对 (8.43) 求期望, 得到

$$\begin{aligned}\mathbb{E}[n_i^T] \leqslant \ell + \sum_{t=1}^{T-1}\sum_{p=1}^{t-1}\sum_{q=\ell}^{t-1}\Bigg(P\left(\bar{\mu}_*(p)+\sqrt{\frac{2\ln t}{p}}\leqslant \mu_*\right)\\ +P\left(\mu_*\leqslant \mu_i+2\sqrt{\frac{2\ln t}{q}}\right)+P\left(\mu_i+\sqrt{\frac{2\ln t}{q}}\leqslant \bar{\mu}_i(q)\right)\Bigg)\\ \leqslant \ell + \sum_{t=1}^{T-1}\sum_{p=1}^{t-1}\sum_{q=\ell}^{t-1}\left(t^{-4}+P\left(\mu_*\leqslant \mu_i+2\sqrt{\frac{2\ln t}{q}}\right)+t^{-4}\right)\ . \end{aligned} \tag{8.44}$$

将 $n=p$, $t=\sqrt{2p\ln t}$ 代入 (8.28), 同时将 $n=q$, $t=\sqrt{2q\ln t}$ 代入 (8.27).

令 $\ell=\lceil(8\ln T)/\Delta_i^2\rceil$, 可以使

$$P\left(\mu_*\leqslant \mu_i+2\sqrt{\frac{2\ln t}{q}}\right)=0,\ q\geqslant \ell\ . \tag{8.45}$$

因此, 有

$$\begin{aligned}\mathbb{E}[n_i^T] &\leqslant \left\lceil\frac{8\ln T}{\Delta_i^2}\right\rceil + 2\sum_{t=1}^{\infty}\sum_{p=1}^{t-1}\sum_{q=\lceil 8\ln T/\Delta_i^2\rceil}^{t-1} t^{-4}\\ &\leqslant \frac{8\ln T}{\Delta_i^2}+1+2\sum_{t=1}^{\infty}t^{-2}\\ &\leqslant \frac{8\ln T}{\Delta_i^2}+1+\frac{\pi^2}{3}\ . \end{aligned} \tag{8.46}$$

利用 $\sum_{t=1}^{\infty}t^{-2}=\frac{\pi^2}{6}$.

最后, 得到

$$\begin{aligned}\mathbb{E}\left[\text{regret}\right] &= \sum_{i\neq *}\Delta_i\mathbb{E}\left[n_i^T\right]\\ &\leqslant 8\sum_{i\neq *}\frac{\ln T}{\Delta_i}+\left(1+\frac{\pi^2}{3}\right)\sum_{i\neq *}\Delta_i = O\left(K\log T\right)\ . \end{aligned} \tag{8.47}$$

定理得证. □

定理 8.3 表明, 在期望意义上, 随机多臂赌博机具备 $O(K\log T)$ 的遗憾界. 同时, 也可以证明该遗憾界以大概率成立 [Abbasi-yadkori et al., 2011]. 从遗憾界的具体形式可以看出, 遗憾界的取值依赖于 Δ_i, 即不同摇臂均值之差. 如果最优摇臂和次优摇臂之间的差值很小, 遗憾界中的常数会很大.

8.3.2 线性赌博机

上节介绍的多臂赌博机可以用于在线商品推荐: 将商品建模为摇臂, 每轮向用户推荐 1 个商品等价于选择 1 个摇臂; 用户对商品的反馈对应于奖励. 利用置信上界法, 在随机情况下可以得到 $O(K\log T)$ 的遗憾界. 虽然该遗憾界随迭代轮数 T 增长非常缓慢, 但是它和摇臂的个数 K 呈线性关系. 因此, 当商品的数量特别大时, 多臂赌博机的遗憾界会很大, 算法的实际效果未必理想.

随机多臂赌博机将摇臂建模为抽象的概念, 没有利用摇臂之间的关联, 因此其遗憾界和摇臂个数成线性关系. 而在实际应用中, 摇臂是有物理意义的, 往往存在辅助信息可以用来估计摇臂的奖励. 比如, 对于每一个商品, 可以利用商品描述、用户评价等信息得到一个 d 维的向量来表达该商品. 这样, 每一个摇臂就变成了一个 d 维空间内的向量, 而奖励可以建模为该向量的函数. 对于摇臂 $\boldsymbol{x}\in\mathbb{R}^d$, 随机线性赌博机假设其奖励均值 $\mu_{\boldsymbol{x}}$ 是 $\boldsymbol{x}$ 的线性函数, 即

$$\mu_{\boldsymbol{x}}=\boldsymbol{x}^{\mathrm{T}}\boldsymbol{w}^* \ , \tag{8.48}$$

其中 $\boldsymbol{w}^*\in\mathbb{R}^d$ 是未知的参数. 通过这样的假设, 不同的摇臂共享同一组参数 $\boldsymbol{w}^*$, 从而建立起摇臂之间的关联. 当学习器选择摇臂 $\boldsymbol{x}$ 后, 观测到奖励

$$y=\boldsymbol{x}^{\mathrm{T}}\boldsymbol{w}^*+\epsilon \ , \tag{8.49}$$

其中 ϵ 为均值为 0 的随机噪声. 令 $\mathcal{X}\subseteq\mathbb{R}^d$ 表示摇臂组成的集合, 遗憾定义为:

$$\mathrm{regret}=T\max_{\boldsymbol{x}\in\mathcal{X}}\boldsymbol{x}^{\mathrm{T}}\boldsymbol{w}^*-\sum_{t=1}^{T}\boldsymbol{x}_t^{\mathrm{T}}\boldsymbol{w}^* \ , \tag{8.50}$$

其中 $\boldsymbol{x}_t\in\mathcal{X}$ 表示学习器在第 t 轮选择的摇臂.

对于随机线性赌博机, 同样可以利用置信上界法求解. 通过前面的描述可以知道, 如果学习器能够估计参数 $\boldsymbol{w}^*$, 也就可以估计每一个摇臂 $\boldsymbol{x}$ 的奖励均值 $\mu_{\boldsymbol{x}}$. 假设可以证明以很大的概率 $\boldsymbol{w}^*\in\mathcal{R}$, 其中 $\mathcal{R}$ 表示置信区域. 那么对于每一个摇臂 $\boldsymbol{x}$, 可以构造置信上界

$$\hat{\mu}_{\boldsymbol{x}}=\max_{\boldsymbol{w}\in\mathcal{R}_t}\boldsymbol{x}^{\mathrm{T}}\boldsymbol{w} \ , \tag{8.51}$$

并且以很大的概率 $\mu_{\boldsymbol{x}}=\boldsymbol{x}^{\mathrm{T}}\boldsymbol{w}^*\leqslant\hat{\mu}_{\boldsymbol{x}}$. 接下来, 算法就可以依据置信上界 $\hat{\mu}_{\boldsymbol{x}}$ 来选择最优的摇臂, 得到奖励后更新置信区域.

假设算法已经运行了 t 轮, 学习器选择了摇臂 $\boldsymbol{x}_1,\ldots,\boldsymbol{x}_t$, 并观测到奖励 $y_1,\ldots,y_t$. 注意到 $y_t=\boldsymbol{x}_t^{\mathrm{T}}\boldsymbol{w}^*+\epsilon_t$, 其中 ϵ_t 为均值为 0 的随机噪声. 因此, 基于现有的 t 轮观测数据, 可以通过求解岭回归问题来估计参数 $\boldsymbol{w}^*$:

$$\boldsymbol{w}_t=\underset{\boldsymbol{w}\in\mathbb{R}^d}{\arg\min}\ \sum_{i=1}^{t}\left(y_i-\boldsymbol{x}_i^{\mathrm{T}}\boldsymbol{w}\right)^2+\lambda\|\boldsymbol{w}\|^2\ . \tag{8.52}$$

上述优化问题有如下闭式解:

$$\boldsymbol{w}_t=\left(\lambda\mathbf{I}+\sum_{i=1}^{t}\boldsymbol{x}_i\boldsymbol{x}_i^{\mathrm{T}}\right)^{-1}\left(\sum_{i=1}^{t}y_i\boldsymbol{x}_i\right)\ . \tag{8.53}$$

根据 Sherman-Morrison-Woodbury 公式 [Golub and Loan, 1996]

$$\left(\mathbf{A}+\mathbf{U}\mathbf{V}^{\mathrm{T}}\right)^{-1}=\mathbf{A}^{-1}-\mathbf{A}^{-1}\mathbf{U}\left(\mathbf{I}+\mathbf{V}^{\mathrm{T}}\mathbf{A}^{-1}\mathbf{U}\right)^{-1}\mathbf{V}^{\mathrm{T}}\mathbf{A}^{-1}\ , \tag{8.54}$$

学习算法可以在线地计算 $\boldsymbol{w}_t$:

$$\begin{aligned}\boldsymbol{w}_t&=\left(\mathbf{Z}_{t-1}^{-1}-\frac{\mathbf{Z}_{t-1}^{-1}\boldsymbol{x}_t\boldsymbol{x}_t^{\mathrm{T}}\mathbf{Z}_{t-1}^{-1}}{1+\boldsymbol{x}_t^{\mathrm{T}}\mathbf{Z}_{t-1}^{-1}\boldsymbol{x}_t}\right)(\boldsymbol{z}_{t-1}+y_t\boldsymbol{x}_t)\\&=\boldsymbol{w}_{t-1}+\left(y_t-\frac{\boldsymbol{x}_t^{\mathrm{T}}\mathbf{Z}_{t-1}^{-1}\boldsymbol{z}_t}{1+\boldsymbol{x}_t^{\mathrm{T}}\mathbf{Z}_{t-1}^{-1}\boldsymbol{x}_t}\right)\mathbf{Z}_{t-1}^{-1}\boldsymbol{x}_t\ ,\end{aligned} \tag{8.55}$$

$$\mathbf{Z}_t^{-1}=\mathbf{Z}_{t-1}^{-1}-\frac{\mathbf{Z}_{t-1}^{-1}\boldsymbol{x}_t\boldsymbol{x}_t^{\mathrm{T}}\mathbf{Z}_{t-1}^{-1}}{1+\boldsymbol{x}_t^{\mathrm{T}}\mathbf{Z}_{t-1}^{-1}\boldsymbol{x}_t}\ , \tag{8.56}$$

$$\boldsymbol{z}_t=\boldsymbol{z}_{t-1}+y_t\boldsymbol{x}_t\ , \tag{8.57}$$

其中 $\mathbf{Z}_{t-1}=\lambda\mathbf{I}+\sum_{i=1}^{t-1}\boldsymbol{x}_i\boldsymbol{x}_i^{\mathrm{T}}$ 且 $\boldsymbol{z}_{t-1}=\sum_{i=1}^{t-1}y_i\boldsymbol{x}_i$. 这样, 学习器就不需要保存历史数据 $(\boldsymbol{x}_1,y_1),\ldots,(\boldsymbol{x}_t,y_t)$, 只需要在线维护 $\boldsymbol{z}_t$, $\mathbf{Z}_t^{-1}$ 和 $\boldsymbol{w}_t$ 即可.

基于 $\boldsymbol{w}_t$, 可以利用集中不等式构造参数 $\boldsymbol{w}^*$ 的置信区域.

证明可参阅 [Abbasi-yadkori et al., 2011] 定理 2.

引理 8.1 假设观测数据满足

$$y_t=\boldsymbol{x}_t^{\mathrm{T}}\boldsymbol{w}^*+\epsilon_t\ , \tag{8.58}$$

其中噪声 ϵ_t 均值为 0, 并且是条件 μ-次高斯 (conditionally μ-sub-Gaussian), 即

$$\mathbb{E}_t\left[e^{\lambda\epsilon_t}\right]\leqslant\exp\left(\frac{\lambda^2\mu^2}{2}\right),\ \forall\lambda\in\mathbb{R}\ . \tag{8.59}$$

若 $\|\boldsymbol{w}^*\| \leqslant \Lambda$, 并且 $\|\boldsymbol{x}_t\| \leqslant r, \forall t \in [T]$, 则以至少 $1-\delta$ 的概率有

$\|\boldsymbol{x}\|_{\mathbf{A}} = \sqrt{\boldsymbol{x}^{\mathrm{T}}\mathbf{A}\boldsymbol{x}}$.

$$\boldsymbol{w}^* \in \mathcal{R}_t = \left\{\boldsymbol{w} \in \mathbb{R}^d \mid \|\boldsymbol{w} - \boldsymbol{w}_t\|_{\mathbf{Z}_t} \leqslant \mu\sqrt{2\ln\frac{1}{\delta} + d\ln\left(1 + \frac{tr^2}{\lambda d}\right)} + \Lambda\sqrt{\lambda}\right\} , \tag{8.60}$$

其中 $\mathbf{Z}_t = \lambda\mathbf{I} + \sum_{i=1}^{t} \boldsymbol{x}_i\boldsymbol{x}_i^{\mathrm{T}}$.

引理 8.1 表明, $\boldsymbol{w}^*$ 以大概率位于一个中心为 $\boldsymbol{w}_t$ 的椭圆 $\mathcal{R}_t$ 内.

基于置信上界的随机线性赌博机算法的整体流程如下:

1: **for** $t = 1, 2, \ldots, T$ **do**

2: 根据置信上界选择选择摇臂

$$\boldsymbol{x}_t = \underset{\boldsymbol{x} \in \mathcal{X}}{\arg\max} \max_{\boldsymbol{w} \in \mathcal{R}_{t-1}} \boldsymbol{x}^{\mathrm{T}}\boldsymbol{w} , \tag{8.61}$$

并观测到奖励 y_t;

3: 依据 (8.55) 计算 $\boldsymbol{w}_t$, 并依据 (8.60) 更新置信区域 $\mathcal{R}_t$;

4: **end for**

算法的主要计算代价在于选择摇臂的过程, 该优化问题等价于

$$\max_{(\boldsymbol{x},\boldsymbol{w}) \in \mathcal{X} \times \mathcal{R}_{t-1}} \boldsymbol{x}^{\mathrm{T}}\boldsymbol{w} . \tag{8.62}$$

当 $\mathcal{X}$ 包含有限个摇臂时, 可以通过枚举所有的摇臂来求解上述问题. 当 $\mathcal{X}$ 包含无穷多个摇臂时, 该问题非常难求解, 在某些情况下甚至是 $\mathcal{NP}$-难的. 对于特殊的形式 (比如 $\mathcal{X}$ 是球体), 可以在多项式时间内求解 [Zhang et al., 2016].

$\widetilde{O}(\cdot)$ 表示忽略了常数项和对数项.

对于随机线性赌博机, 可以证明置信上界算法的遗憾界为 $\widetilde{O}(d\sqrt{T})$ [Abbasi-yadkori et al., 2011, 定理 3].

定理 8.4 随机线性赌博机遗憾界 假设引理 8.1 的前提条件成立, 那么以大概率置信上界算法满足

$$T\max_{\boldsymbol{x} \in \mathcal{X}} \boldsymbol{x}^{\mathrm{T}}\boldsymbol{w}^* - \sum_{t=1}^{T} \boldsymbol{x}_t^{\mathrm{T}}\boldsymbol{w}^* = \widetilde{O}\left(d\sqrt{T}\right) .$$

证明 为了简化分析, 我们假设 $-1 \leqslant \boldsymbol{x}^{\mathrm{T}}\boldsymbol{w}^* \leqslant 1, \forall \boldsymbol{x} \in \mathcal{X}$. 令 $\boldsymbol{x}^* = \arg\max_{\boldsymbol{x} \in \mathcal{X}} \boldsymbol{x}^{\mathrm{T}}\boldsymbol{w}^*$. 算法在第 t 轮的遗憾为

$$r_t = (\boldsymbol{x}^*)^{\mathrm{T}}\boldsymbol{w}^* - \boldsymbol{x}_t^{\mathrm{T}}\boldsymbol{w}^* \ . \tag{8.63}$$

令 $(\boldsymbol{x}_t, \widetilde{\boldsymbol{w}}_t) = \arg\max_{(\boldsymbol{x},\boldsymbol{w})\in\mathcal{X}\times\mathcal{R}_{t-1}} \boldsymbol{x}^{\mathrm{T}}\boldsymbol{w}$, 以 $1-\delta$ 的概率有

$$\boldsymbol{w}^* \in \mathcal{R}_{t-1} \Rightarrow (\boldsymbol{x}^*)^{\mathrm{T}}\boldsymbol{w}^* \leqslant \boldsymbol{x}_t^{\mathrm{T}}\widetilde{\boldsymbol{w}}_t \ . \tag{8.64}$$

因此, 以 $1-\delta$ 的概率有

$$r_t \leqslant \boldsymbol{x}_t^{\mathrm{T}}\widetilde{\boldsymbol{w}}_t - \boldsymbol{x}_t^{\mathrm{T}}\boldsymbol{w}^* = \boldsymbol{x}_t^{\mathrm{T}}(\widetilde{\boldsymbol{w}}_t - \boldsymbol{w}^*) = \boldsymbol{x}_t^{\mathrm{T}}(\widetilde{\boldsymbol{w}}_t - \boldsymbol{w}_{t-1}) + \boldsymbol{x}_t^{\mathrm{T}}(\boldsymbol{w}_{t-1} - \boldsymbol{w}^*) \ . \tag{8.65}$$

根据 Cauchy-Schwarz 不等式 (1.15),

$$r_t \leqslant \|\widetilde{\boldsymbol{w}}_t - \boldsymbol{w}_{t-1}\|_{\mathbf{Z}_{t-1}} \|\boldsymbol{x}_t\|_{\mathbf{Z}_{t-1}^{-1}} + \|\boldsymbol{w}_{t-1} - \boldsymbol{w}^*\|_{\mathbf{Z}_{t-1}} \|\boldsymbol{x}_t\|_{\mathbf{Z}_{t-1}^{-1}} \ . \tag{8.66}$$

根据引理 8.1, 可以进一步得到

$$r_t \leqslant 2\gamma_{t-1}\|\boldsymbol{x}_t\|_{\mathbf{Z}_{t-1}^{-1}} \tag{8.67}$$

其中

$$\gamma_t = \mu\sqrt{2\ln\frac{1}{\delta} + d\ln\left(1 + \frac{tr^2}{\lambda d}\right)} + \Lambda\sqrt{\lambda} \ . \tag{8.68}$$

根据条件 $-1 \leqslant \boldsymbol{x}^{\mathrm{T}}\boldsymbol{w}^* \leqslant 1$, 可知 $r_t \leqslant 2$. 结合 (8.67) 可得

$$r_t \leqslant 2\min\left(\gamma_{t-1}\|\boldsymbol{x}_t\|_{\mathbf{Z}_{t-1}^{-1}}, 1\right) \ . \tag{8.69}$$

因此, 以 $1-\delta$ 的概率有

$$\begin{aligned} T\max_{\boldsymbol{x}\in\mathcal{X}} \boldsymbol{x}^{\mathrm{T}}\boldsymbol{w}^* - \sum_{t=1}^{T} \boldsymbol{x}_t^{\mathrm{T}}\boldsymbol{w}^* &= \sum_{t=1}^{T} r_t \\ &\leqslant \sqrt{T\sum_{t=1}^{T} r_t^2} \leqslant 2\sqrt{T\sum_{t=1}^{T}\min\left(\gamma_{t-1}^2\|\boldsymbol{x}_t\|_{\mathbf{Z}_{t-1}^{-1}}^2, 1\right)} \\ &\leqslant 2\sqrt{T\sum_{t=1}^{T}\min\left(\gamma_T^2\|\boldsymbol{x}_t\|_{\mathbf{Z}_{t-1}^{-1}}^2, 1\right)} \\ &\leqslant 2\gamma_T\sqrt{T\sum_{t=1}^{T}\min\left(\|\boldsymbol{x}_t\|_{\mathbf{Z}_{t-1}^{-1}}^2, 1\right)} \ . \end{aligned} \tag{8.70}$$

γ_t 随 t 增加而增大.

为简化符号, 假设 T 足够大使得 $\gamma_T \geqslant 1$.

根据 $\mathbf{Z}_{t-1} = \lambda\mathbf{I} + \sum_{i=1}^{t-1} \boldsymbol{x}_i \boldsymbol{x}_i^{\mathrm{T}}$ 的表达式, 可以证明

证明可参阅 [Abbasi-yadkori et al., 2011] 中的引理 11.

$$\sum_{t=1}^{T} \min\left(\|\boldsymbol{x}_t\|_{\mathbf{Z}_{t-1}^{-1}}^2, 1\right) \leqslant 2\ln\frac{\det(\mathbf{Z}_T)}{\det(\lambda\mathbf{I})} \leqslant 2d\ln\left(1+\frac{Tr^2}{\lambda d}\right) . \tag{8.71}$$

将上式代入 (8.70) 可知, 以 $1-\delta$ 的概率有

$$\begin{aligned} & T\max_{\boldsymbol{x}\in\mathcal{X}} \boldsymbol{x}^{\mathrm{T}}\boldsymbol{w}^* - \sum_{t=1}^{T} \boldsymbol{x}_t^{\mathrm{T}}\boldsymbol{w}^* \\ \leqslant & 2\sqrt{2Td\ln\left(1+\frac{Tr^2}{\lambda d}\right)}\left(\mu\sqrt{2\ln\frac{1}{\delta}+d\ln\left(1+\frac{Tr^2}{\lambda d}\right)}+\Lambda\sqrt{\lambda}\right) \\ = & \widetilde{O}\left(d\sqrt{T}\right) . \end{aligned} \tag{8.72}$$

定理得证. □

8.3.3 凸赌博机

本节研究赌博机设定下的在线凸优化问题 [Flaxman et al., 2005]. 对于在线凸优化, 解空间 $\mathcal{W}$ 以及所有的损失函数 $f_t(\cdot): \mathcal{W} \mapsto \mathbb{R}$ 都是凸的. 8.2 节讨论了完全信息设定下的在线凸优化问题, 并介绍了在线梯度下降算法. 完全信息设定下, 学习器可以观测到完整的损失函数, 因此可以求梯度. 但是在赌博机设定下, 学习器只能观测到损失函数 $f_t(\cdot)$ 在决策 $\boldsymbol{w}_t$ 上的值 $f_t(\boldsymbol{w}_t)$, 因此无法直接应用在线梯度下降算法. 针对这一问题, 需要引入从函数值估计梯度的技术.

首先, 定义单位球体 $\mathbb{B}$ 和单位球面 $\mathbb{S}$:

$$\mathbb{B} = \left\{\boldsymbol{w}\in\mathbb{R}^d \mid \|\boldsymbol{w}\| \leqslant 1\right\},\ \mathbb{S} = \left\{\boldsymbol{w}\in\mathbb{R}^d \mid \|\boldsymbol{w}\| = 1\right\} . \tag{8.73}$$

令 $\boldsymbol{v}$ 表示均匀分布在单位球体 $\mathbb{B}$ 内的随机变量, 对给定函数 $f(\cdot)$, 定义

$$\hat{f}(\boldsymbol{w}) = \mathbb{E}_{\boldsymbol{v}\in\mathbb{B}}\left[f(\boldsymbol{w}+\delta\boldsymbol{v})\right] , \tag{8.74}$$

其中 $\delta > 0$ 为参数. $\hat{f}(\cdot)$ 可以当作函数 $f(\cdot)$ 的光滑近似, 当 δ 很小时, $\hat{f}(\cdot)$ 和 $f(\cdot)$ 非常接近. 函数 $\hat{f}(\cdot)$ 具备一个非常重要的性质——可以通过采样获得它的随机梯度.

证明可参阅 [Flaxman et al., 2005] 引理 2.1.

引理 8.2 令 $\boldsymbol{u}$ 表示均匀分布在单位球面 $\mathbb{S}$ 内的随机变量, 有

$$\mathbb{E}_{\boldsymbol{u}\in\mathbb{S}}\left[f(\boldsymbol{w}+\delta\boldsymbol{u})\boldsymbol{u}\right]=\frac{\delta}{d}\nabla\hat{f}(\boldsymbol{w}) . \tag{8.75}$$

依据引理 8.2, 可知 $\frac{d}{\delta}f(\boldsymbol{w}+\delta\boldsymbol{u})\boldsymbol{u}$ 是函数 $\hat{f}(\cdot)$ 在 $\boldsymbol{w}$ 处的随机梯度. 同时, 当 δ 很小时, $\hat{f}(\boldsymbol{w})\approx f(\boldsymbol{w})$, 从而可以用 $\frac{d}{\delta}f(\boldsymbol{w}+\delta\boldsymbol{u})\boldsymbol{u}$ 来近似函数 $f(\cdot)$ 在 $\boldsymbol{w}$ 处的梯度, 也就可以执行梯度下降算法.

依据上述思路设计的在线算法流程如下:

假设 0 包含在 $\mathcal{W}$ 内.

1: 初始化 $\boldsymbol{z}_1=0\in\mathcal{W}$
2: **for** $t=1,2,\ldots,T$ **do**
3: 学习器随机选择一个单位向量 $\boldsymbol{u}_t\in\mathbb{R}^d$;
4: 学习器选择决策 $\boldsymbol{w}_t=\boldsymbol{z}_t+\delta\boldsymbol{u}_t\in\mathcal{W}$; 同时, 对手选择一个损失函数 $f_t(\cdot):\mathcal{W}\mapsto\mathbb{R}$;
5: 学习器遭受损失 $f_t(\boldsymbol{w}_t)$, 并更新 $\boldsymbol{z}_t$:

$$\boldsymbol{z}_{t+1}=\Pi_{(1-\alpha)\mathcal{W}}\left(\boldsymbol{z}_t-\eta f_t(\boldsymbol{w}_t)\boldsymbol{u}_t\right) ; \tag{8.76}$$

6: **end for**

根据 (8.74), 定义

$$\hat{f}_t(\boldsymbol{w})=\mathbb{E}_{\boldsymbol{v}\in\mathbb{B}}\left[f_t(\boldsymbol{w}+\delta\boldsymbol{v})\right] . \tag{8.77}$$

对上面的算法, 有几点说明:

(1) 首先, 算法引入了一个辅助向量序列 $\boldsymbol{z}_1,\boldsymbol{z}_2,\ldots$, 并且最后在变量 $\boldsymbol{z}_t$ 上执行在线梯度下降. 这是因为根据引理 8.2, $\frac{d}{\delta}f_t(\boldsymbol{w}_t)\boldsymbol{u}_t$ 是 $\hat{f}_t(\cdot)$ 在 $\boldsymbol{z}_t$ 处的随机梯度, 并不是在 $\boldsymbol{w}_t$ 处的随机梯度.

(2) 在最后执行投影操作时, 算法将中间解投影到了 $(1-\alpha)\mathcal{W}$, 而不是 $\mathcal{W}$. 这样做的目的是使得 $\boldsymbol{z}_{t+1}$ 处于可行域 $\mathcal{W}$ 的内部, 从而保证 $\boldsymbol{w}_{t+1}=\boldsymbol{z}_{t+1}+\delta\boldsymbol{u}_{t+1}$ 依然处于可行域 $\mathcal{W}$ 内.

下面将投影到 $(1-\alpha)\mathcal{W}$ 称为缩减投影.

在健忘设定下, 即函数序列 $f_1,\ldots,f_T$ 和学习器的决策无关时, 可以证明上述算法从期望意义上达到了 $O(T^{3/4})$ 的遗憾界 [Flaxman et al., 2005].

注意到, 由算法中的更新方式 (8.76) 以及引理 8.2, 可知算法本质上是在对 $\hat{f}_t(\cdot)$ 进行随机版本的在线梯度下降. 因此需要引入下述引理, 给出随机版本在线梯度下降的期望遗憾界.

为方便分析, 这里选取的是固定步长版本的在线梯度下降, 区别于定理 8.1 中完全信息在线学习所采取的衰减步长.

引理 8.3 随机版本在线梯度下降 考虑如下的随机版本在线梯度下降, 任意初始化 $\boldsymbol{w}_1 \in \mathcal{W}$, 每轮更新公式为

$$\boldsymbol{w}_{t+1} = \Pi_{\mathcal{W}}(\boldsymbol{w}_t - \eta g_t) \ , \tag{8.78}$$

证明可参阅 [Flaxman et al., 2005] 引理 3.1.

其中 $\mathbb{E}[g_t|\boldsymbol{w}_t] = \nabla f_t(\boldsymbol{w}_t)$, 且满足 $\|g_t\| \leqslant l$. 假设 $\mathcal{W} \subseteq \Lambda\mathbb{B}$, 采用步长 $\eta = \Lambda/(l\sqrt{T})$的随机版本在线梯度下降满足

$$\mathbb{E}\left[\sum_{t=1}^{T} f_t(\boldsymbol{w}_t)\right] - \min_{\boldsymbol{w}\in\mathcal{W}} \sum_{t=1}^{T} f_t(\boldsymbol{w}) \leqslant l\Lambda\sqrt{T} \ . \tag{8.79}$$

此外, 还将利用以下引理, 刻画缩减投影引入的误差.

证明可参阅 [Flaxman et al., 2005] 观察 3.1.

引理 8.4 缩减投影的误差 若函数序列 $f_1, \ldots, f_T$ 满足 $|f_i(\boldsymbol{w})| \leqslant c, \forall \boldsymbol{w} \in \mathcal{W}, i \in [T]$, 则有如下不等式成立

$$\min_{\boldsymbol{w}\in(1-\alpha)\mathcal{W}} \sum_{t=1}^{T} f_t(\boldsymbol{w}) - \min_{\boldsymbol{w}\in\mathcal{W}} \sum_{t=1}^{T} f_t(\boldsymbol{w}) \leqslant 2\alpha c T \ . \tag{8.80}$$

定理 8.5 凸赌博机遗憾界 对于固定的函数序列 $f_1, \ldots, f_T : \mathcal{W} \mapsto [-c, c]$, 若每一个损失函数 $f_t(\cdot)$ 都是 l-Lipschitz 连续的, 则

$$\mathbb{E}\left[\sum_{t=1}^{T} f_t(\boldsymbol{w}_t)\right] - \min_{\boldsymbol{w}\in\mathcal{W}} \sum_{t=1}^{T} f_t(\boldsymbol{w}) = O(T^{3/4}) \ . \tag{8.81}$$

证明 假设可行域 $\mathcal{W}$ 满足 $\Lambda_1\mathbb{B} \subseteq \mathcal{W} \subseteq \Lambda_2\mathbb{B}$. 令 $\eta = \frac{\Lambda_2}{c\sqrt{T}}$, $\alpha = \frac{\delta}{\Lambda_1}$, $\delta = T^{-1/4}\sqrt{\frac{dc\Lambda_1\Lambda_2}{3(l\Lambda_1+c)}}$.

定义 $\widehat{\boldsymbol{w}}^* = \arg\min_{\boldsymbol{w}\in(1-\alpha)\mathcal{W}} \sum_{t=1}^{T} f_t(\boldsymbol{w})$. 首先, 对期望的遗憾进行改写:

$$\begin{aligned}
&\mathbb{E}\left[\sum_{t=1}^{T} f_t(\boldsymbol{w}_t)\right] - \min_{\boldsymbol{w}\in\mathcal{W}} \sum_{t=1}^{T} f_t(\boldsymbol{w}) \\
&= \mathbb{E}\left[\sum_{t=1}^{T} f_t(\boldsymbol{w}_t)\right] - \min_{\boldsymbol{w}\in(1-\alpha)\mathcal{W}} \sum_{t=1}^{T} f_t(\boldsymbol{w}) + \min_{\boldsymbol{w}\in(1-\alpha)\mathcal{W}} \sum_{t=1}^{T} f_t(\boldsymbol{w}) - \min_{\boldsymbol{w}\in\mathcal{W}} \sum_{t=1}^{T} f_t(\boldsymbol{w})
\end{aligned}$$

利用引理 8.4.

$$
\begin{aligned}
&\leqslant \mathbb{E}\left[\sum_{t=1}^{T} f_t(\boldsymbol{w}_t)\right] - \sum_{t=1}^{T} f_t(\widehat{\boldsymbol{w}}^*) + 2\alpha c T \\
&= \mathbb{E}\left[\sum_{t=1}^{T} \hat{f}_t(\boldsymbol{z}_t)\right] - \sum_{t=1}^{T} \hat{f}_t(\widehat{\boldsymbol{w}}^*) + \mathbb{E}\left[\sum_{t=1}^{T} f_t(\boldsymbol{w}_t) - \hat{f}_t(\boldsymbol{z}_t)\right] \\
&\quad + \left[\sum_{t=1}^{T} \hat{f}_t(\widehat{\boldsymbol{w}}^*) - f_t(\widehat{\boldsymbol{w}}^*)\right] + 2\alpha c T \ .
\end{aligned} \tag{8.82}
$$

根据 $\hat{f}_t(\cdot)$ 的定义 (8.77), 以及 $f_t(\cdot)$ 为 l-Lipschitz 连续的假设, 可得

$$
|\hat{f}_t(\widehat{\boldsymbol{w}}^*) - f_t(\widehat{\boldsymbol{w}}^*)| \leqslant l\delta, \tag{8.83}
$$

$$
|\hat{f}_t(\boldsymbol{z}_t) - f_t(\boldsymbol{z}_t)| \leqslant l\delta,\ \forall t \in [T] \ . \tag{8.84}
$$

此外, 根据 $\boldsymbol{w}_t$ 的定义, 有

$$
|f_t(\boldsymbol{w}_t) - f_t(\boldsymbol{z}_t)| = |f_t(\boldsymbol{z}_t + \delta \boldsymbol{u}_t) - f_t(\boldsymbol{z}_t)| \leqslant l\delta,\ \forall t \in [T] \ . \tag{8.85}
$$

进而

第二个不等式利用 (8.84) 和 (8.85).

$$
|f_t(\boldsymbol{w}_t) - \hat{f}_t(\boldsymbol{z}_t)| \leqslant |f_t(\boldsymbol{w}_t) - f_t(\boldsymbol{z}_t)| + |f_t(\boldsymbol{z}_t) - \hat{f}_t(\boldsymbol{z}_t)| \leqslant 2l\delta,\ \forall t \in [T] \ . \tag{8.86}
$$

结合 (8.82)、(8.83)、(8.86), 得到

$$
\begin{aligned}
&\mathbb{E}\left[\sum_{t=1}^{T} f_t(\boldsymbol{w}_t)\right] - \min_{\boldsymbol{w}\in\mathcal{W}} \sum_{t=1}^{T} f_t(\boldsymbol{w}) \\
&\qquad \leqslant \mathbb{E}\left[\sum_{t=1}^{T} \hat{f}_t(\boldsymbol{z}_t)\right] - \min_{\boldsymbol{w}\in(1-\alpha)\mathcal{W}} \sum_{t=1}^{T} \hat{f}_t(\boldsymbol{w}) + 3l\delta T + 2\alpha c T \ .
\end{aligned} \tag{8.87}
$$

设置步长 $\eta = \frac{\Lambda_2}{c\sqrt{T}}$ 能够为使用引理 8.3 创造条件.

根据更新公式 (8.76) 以及步长的设置, 可得

$$
\boldsymbol{z}_{t+1} = \Pi_{(1-\alpha)\mathcal{W}}\left(\boldsymbol{z}_t - \frac{\Lambda_2}{(dc/\delta)\sqrt{T}} \frac{d}{\delta} f_t(\boldsymbol{w}_t)\boldsymbol{u}_t\right) \ . \tag{8.88}
$$

依据引理 8.2, 可知上述更新算法本质上是在对 $\hat{f}_t(\cdot)$ 进行随机版本的在线梯度下降, 其中随机梯度为 $\frac{d}{\delta} f_t(\boldsymbol{w}_t)\boldsymbol{u}_t$, 可行域为 $(1-\alpha)\mathcal{W}$. 注意到 $(1-\alpha)\mathcal{W} \subseteq$

$\mathcal{W} \subseteq \Lambda_2\mathbb{B}$, 随机梯度的上界为

$$\left\|\frac{d}{\delta}f_t(\boldsymbol{w}_t)\boldsymbol{u}_t\right\| \leqslant \frac{dc}{\delta} \ . \tag{8.89}$$

因此, (8.88) 满足引理 8.3 的前提条件, 可得

$$\mathbb{E}\left[\sum_{t=1}^{T}\hat{f}_t(\boldsymbol{z}_t)\right] - \min_{\boldsymbol{w}\in(1-\alpha)\mathcal{W}}\sum_{t=1}^{T}\hat{f}_t(\boldsymbol{w}) \leqslant \frac{dc}{\delta}\Lambda_2\sqrt{T} \ . \tag{8.90}$$

把 (8.90) 代入 (8.87), 得到

$$\begin{aligned}
&\mathbb{E}\left[\sum_{t=1}^{T}f_t(\boldsymbol{w}_t)\right] - \min_{\boldsymbol{w}\in\mathcal{W}}\sum_{t=1}^{T}f_t(\boldsymbol{w}) \\
&\leqslant \frac{dc\Lambda_2\sqrt{T}}{\delta} + 3l\delta T + 2\alpha cT = \frac{dc\Lambda_2\sqrt{T}}{\delta} + \left(3l + \frac{2c}{\Lambda_1}\right)\delta T \\
&\leqslant \frac{dc\Lambda_2\sqrt{T}}{\delta} + \frac{3(l\Lambda_1 + c)}{\Lambda_1}\delta T \\
&= 2\sqrt{\frac{3dc\Lambda_2(l\Lambda_1 + c)}{\Lambda_1}}T^{3/4} = O\left(T^{3/4}\right) \ .
\end{aligned} \tag{8.91}$$

$\alpha = \frac{\delta}{\Lambda_1}$ 可以保证 $\boldsymbol{w}_t \in \mathcal{W}$, 参阅 [Flaxman et al., 2005] 观察 3.2.

$\delta = T^{-1/4}\sqrt{\frac{dc\Lambda_1\Lambda_2}{3(l\Lambda_1+c)}}$ 能够最小化右边的式子.

定理得证. □

8.4 分析实例

本节介绍完全信息在线学习和赌博机在线学习的两个典型应用情景: 利用完全信息在线学习求解支持向量机, 利用赌博机在线学习求解对率赌博机.

8.4.1 支持向量机

首先讨论如何利用完全信息在线学习求解支持向量机. 其学习流程如下:

- 每一轮 t, 学习器选择分类面 $\boldsymbol{w}_t \in \mathbb{R}^d$;
- 学习器观测到样本 $(\boldsymbol{x}_t, y_t)$, 并遭受损失

$$f_t(\boldsymbol{w}_t) = \max(0, 1 - y_t\boldsymbol{w}_t^{\mathrm{T}}\boldsymbol{x}_t) + \frac{\lambda}{2}\|\boldsymbol{w}_t\|^2 \ , \tag{8.92}$$

其中 $\lambda > 0$ 是正则化参数.

注意到损失函数 (8.92) 是 λ-强凸的, 因此采用 8.2.2 节介绍的在线梯度下降, 依据定理 8.2 设置步长为 $\eta_t = 1/(\lambda t)$. 其算法整体流程如下:

1: 初始化 $\boldsymbol{w}_1 = 0$;
2: **for** $t = 1, \ldots, T$ **do**
3: 　设置步长 $\eta_t = 1/(\lambda t)$;
4: 　计算梯度

$$\nabla f_t(\boldsymbol{w}_t) = \begin{cases} -y_t \boldsymbol{x}_t + \lambda \boldsymbol{w}_t, & y_t \boldsymbol{w}_t^{\mathrm{T}} \boldsymbol{x}_t \leqslant 1 \ ; \\ \lambda \boldsymbol{w}_t, & y_t \boldsymbol{w}_t^{\mathrm{T}} \boldsymbol{x}_t > 1 \ . \end{cases} \tag{8.93}$$

5: 　学习器依照在线梯度下降更新决策:

$$\boldsymbol{w}_{t+1} = \boldsymbol{w}_t - \eta_t \nabla f_t(\boldsymbol{w}_t) \ ; \tag{8.94}$$

6: **end for**

注意到这里没有进行投影操作, 因为分类面 $\boldsymbol{w}_t$ 的可行域为 $\mathbb{R}^d$.

定理 8.6 在线支持向量机遗憾界 对于支持向量机的在线优化问题, 在线梯度下降算法的遗憾界为

$$\sum_{t=1}^{T} f_t(\boldsymbol{w}_t) - \min_{\boldsymbol{w} \in \mathbb{R}^d} \sum_{t=1}^{T} f_t(\boldsymbol{w}) = O(\log T) \ . \tag{8.95}$$

证明 假设 $\|\boldsymbol{x}_t\| \leqslant r$, $t \in [T]$. 首先, 为了应用定理 8.2, 需要知道每一轮梯度的上界 l. 通过梯度的表达公式, 可以看出

$$\|\nabla f_t(\boldsymbol{w}_t)\| \leqslant \|\boldsymbol{x}_t\| + \lambda \|\boldsymbol{w}_t\| \leqslant r + \lambda \|\boldsymbol{w}_t\| \ . \tag{8.96}$$

因此, 只需要计算 $\|\boldsymbol{w}_t\|$ 的上界. 接下来, 通过数学归纳法证明

$$\|\boldsymbol{w}_t\| \leqslant \frac{r}{\lambda}, \ \forall t \in [T] \ . \tag{8.97}$$

根据算法设置, 可知 $\|\boldsymbol{w}_1\| = 0 \leqslant r/\lambda$. 假设对某正整数 $k \geqslant 1$, $\|\boldsymbol{w}_k\| \leqslant r/\lambda$. 根据在线梯度下降的更新公式,

$$\begin{aligned} \boldsymbol{w}_{k+1} = \boldsymbol{w}_k - \eta_k \nabla f_k(\boldsymbol{w}_k) &= \left(1 - \frac{1}{k}\right) \boldsymbol{w}_k + \frac{y_k}{\lambda k} \boldsymbol{x}_k \mathbb{I}(y_k \boldsymbol{w}_k^{\mathrm{T}} \boldsymbol{x}_k \leqslant 1) \\ &= \frac{k-1}{k} \boldsymbol{w}_k + \frac{y_k}{\lambda k} \boldsymbol{x}_k \mathbb{I}(y_k \boldsymbol{w}_k^{\mathrm{T}} \boldsymbol{x}_k \leqslant 1) \ . \end{aligned} \tag{8.98}$$

可得

$$\|\boldsymbol{w}_{k+1}\| \leqslant \frac{k-1}{k}\|\boldsymbol{w}_k\| + \frac{1}{\lambda k}\|\boldsymbol{x}_k\| \leqslant \frac{k-1}{k}\frac{r}{\lambda} + \frac{r}{\lambda k} = \frac{r}{\lambda} \ . \tag{8.99}$$

根据数学归纳法, (8.97) 成立.

最后, 得到 $\|\nabla f_t(\boldsymbol{w}_t)\| \leqslant 2r, \forall t \in [T]$. 根据定理 8.2, 可得

$$\sum_{t=1}^{T} f_t(\boldsymbol{w}_t) - \min_{\boldsymbol{w}\in\mathbb{R}^d} \sum_{t=1}^{T} f_t(\boldsymbol{w}) \leqslant \frac{2r^2}{\lambda}(\ln T + 1) = O(\log T) \ . \tag{8.100}$$

定理得证. □

8.4.2 对率赌博机

布尔反馈指赌博机的反馈为 0 或 1.

下面介绍布尔反馈下的对率赌博机, 并给出在线学习算法. 对率模型是针对布尔反馈的常用观测模型, 具体而言, 当学习器选择决策 $\boldsymbol{x}_t$ 之后, 奖励 y_t 由下面的随机观测模型生成

$$P(y_t = \pm 1|\boldsymbol{x}_t) = \frac{1}{1+\exp(-y_t\boldsymbol{x}_t^{\mathrm{T}}\boldsymbol{w}^*)} \ . \tag{8.101}$$

换言之, y_t 以 $1/(1+\exp(-\boldsymbol{x}_t^{\mathrm{T}}\boldsymbol{w}^*))$ 的概率为 1, 以 $1/(1+\exp(\boldsymbol{x}_t^{\mathrm{T}}\boldsymbol{w}^*))$ 的概率为 -1. 不失一般性, 假设我们希望收到反馈 1, 那么做出决策 $\boldsymbol{x}_t$ 后的奖励 r_t 为

$$r_t = \frac{1}{1+\exp(-\boldsymbol{x}_t^{\mathrm{T}}\boldsymbol{w}^*)} = \frac{\exp(\boldsymbol{x}_t^{\mathrm{T}}\boldsymbol{w}^*)}{1+\exp(\boldsymbol{x}_t^{\mathrm{T}}\boldsymbol{w}^*)} \ . \tag{8.102}$$

此时的遗憾可以定义为:

$$\mathrm{regret} = T\max_{\boldsymbol{x}\in\mathcal{X}} \frac{\exp(\boldsymbol{x}^{\mathrm{T}}\boldsymbol{w}^*)}{1+\exp(\boldsymbol{x}^{\mathrm{T}}\boldsymbol{w}^*)} - \sum_{t=1}^{T}\frac{\exp(\boldsymbol{x}_t^{\mathrm{T}}\boldsymbol{w}^*)}{1+\exp(\boldsymbol{x}_t^{\mathrm{T}}\boldsymbol{w}^*)} \ . \tag{8.103}$$

参阅 [Zhang et al., 2016] 引理 1.

上述非线性遗憾 (8.103) 与线性遗憾 (8.50) 从量级上相同, 因此可以仿照线性赌博机的思路解决该布尔反馈问题. 假设算法选取的决策是 $\boldsymbol{x}_1,\ldots,\boldsymbol{x}_t$, 接收的布尔反馈分别为 $y_1,\ldots,y_t$, 为了使遗憾尽可能小, 需要根据历史数据准确地估计参数 $\boldsymbol{w}^*$. 在第 t 轮时, 真实参数 $\boldsymbol{w}^*$ 以大概率落在置信区域

$$\mathcal{R}_t = \{\boldsymbol{w} : \|\boldsymbol{w}-\boldsymbol{w}_t\|_{\mathbf{Z}_t} \leqslant \sqrt{\gamma_t}\} \ , \tag{8.104}$$

参阅 [Zhang et al., 2016] 定理 1.

其中 γ_t 为置信半径, 矩阵 $\mathbf{Z}_t$ 的定义见 (8.108). 算法根据

$$(\boldsymbol{x}_t, \hat{\boldsymbol{w}}_t) = \underset{\boldsymbol{x}\in\mathcal{X}, \boldsymbol{w}\in\mathcal{R}_t}{\arg\max}\ \boldsymbol{x}^{\mathrm{T}}\boldsymbol{w} \tag{8.105}$$

选取决策 $\boldsymbol{x}_t$ 后接收到反馈 y_t. 由于每个决策的预计奖励不仅与当前的参数 $\boldsymbol{w}_t$ 有关, 还与置信区域的大小参数 γ_t 有关, 所以 (8.105) 在探索和利用之间进行了折中. 由 $\boldsymbol{x}_t$ 和 y_t 在当前参数 $\boldsymbol{w}_t$ 造成的对率损失为:

$$f_t(\boldsymbol{w}_t) = \ln(1 + \exp(-y_t \boldsymbol{x}_t^{\mathrm{T}} \boldsymbol{w}_t)) \ . \tag{8.106}$$

指数凹是一种弱于强凸性质、强于凸性质的约束. 定义为: 对于凸集合 $\mathcal{D} \subseteq \mathbb{R}^n$, 函数 $f: \mathcal{D} \mapsto \mathbb{R}$ 和实数 $\alpha > 0$, 如果 $\exp(-\alpha f(x))$ 是凹的, 那么 f 是 α- 指数凹. 梯度有界的强凸函数一定是指数凹, 但是指数凹函数未必是强凸. 指数凹性质将在习题 8.2 中进一步探索.

注意到对率损失函数 $f_t(\boldsymbol{w})$ 在有界域上是指数凹的, 因此可以利用一种类似在线牛顿法的策略来不断更新参数 $\boldsymbol{w}_t$ [Zhang et al., 2016], 即在第 t 轮求解:

$$\boldsymbol{w}_{t+1} = \underset{\|\boldsymbol{w}\|\leqslant\Lambda}{\arg\min} \frac{\|\boldsymbol{w} - \boldsymbol{w}_t\|^2_{\mathbf{Z}_{t+1}}}{2} + (\boldsymbol{w} - \boldsymbol{w}_t)^{\mathrm{T}} \nabla f_t(\boldsymbol{w}_t) \ , \tag{8.107}$$

其中 Λ 为 $\|\boldsymbol{w}^*\|$ 的上界,

$\beta = \frac{1}{2(1+\exp(\Lambda))}$, 参阅 [Zhang et al., 2016] 定理 1.

$$\mathbf{Z}_{t+1} = \mathbf{Z}_t + \frac{\beta}{2} \boldsymbol{x}_t \boldsymbol{x}_t^{\mathrm{T}}, \quad \mathbf{Z}_1 = \lambda \mathbf{I} \ . \tag{8.108}$$

然后, 根据 $\boldsymbol{w}_{t+1}$ 重新设定置信区域, 并重复上述过程. 该赌博机算法的具体流程如下:

1: 初始化 $\boldsymbol{w}_1 = 0, \mathbf{Z}_1 = \lambda\mathbf{I}$;
2: **for** $t = 1, \ldots, T$ **do**
3: 设定置信区域 $\mathcal{R}_t = \{\boldsymbol{w} : \|\boldsymbol{w} - \boldsymbol{w}_t\| \leqslant \sqrt{\gamma_t}\}$;
4: 根据 (8.105) 选择摇臂 $\boldsymbol{x}_t$ 并观测到奖励 y_t;
5: 学习器依照优化问题 (8.107) 计算 $\boldsymbol{w}_{t+1}$;
6: **end for**

上述算法的流程与 8.3.2 节的线性赌博机相似, 在每一轮, 首先设置目标参数 $\boldsymbol{w}^*$ 的置信区域 (第 3 步), 然后通过求解优化问题来选择当前估计下的最优决策 (第 4 步), 最后根据本轮决策获得的反馈更新参数 (第 5 步). 利用与线性赌博机相似的分析可以证明, 非线性遗憾 (8.103) 的量级为 $\widetilde{O}(d\sqrt{T})$:

进一步的内容可参阅 [Zhang et al., 2016].

定理 8.7 对率赌博机遗憾界 对于布尔反馈下的对率赌博机, 本节介绍的算法满足

$$\mathrm{regret} = T \max_{\boldsymbol{x}\in\mathcal{X}} \frac{\exp(\boldsymbol{x}^{\mathrm{T}}\boldsymbol{w}^*)}{1 + \exp(\boldsymbol{x}^{\mathrm{T}}\boldsymbol{w}^*)} - \sum_{t=1}^{T} \frac{\exp(\boldsymbol{x}_t^{\mathrm{T}}\boldsymbol{w}^*)}{1 + \exp(\boldsymbol{x}_t^{\mathrm{T}}\boldsymbol{w}^*)} = \widetilde{O}(d\sqrt{T}) \ . \tag{8.109}$$

8.5 阅读材料

Zinkevich [2003] 首次提出在线凸优化模型, 引发了一系列研究工作. 本章介绍了在线凸优化中的重要算法——在线梯度下降, 并重点分析了该算法在凸函数和强凸函数上的应用. Hazan et al. [2007] 提出的用于处理指数凹函数的在线牛顿法 (Online Newton Step, 简称 ONS) 进一步拓展了在线凸优化的应用场景. 之前介绍的对率损失 (8.6)、平方损失 (8.7) 虽然不是强凸函数, 但它们都是指数凹的. 对于指数凹函数, 可以把它当作凸函数, 利用在线梯度下降得到 $O(\sqrt{T})$ 的遗憾界. 但是, 这样的结果对 T 的依赖不是最优的, 而在线牛顿法能够达到 $O(d\log T)$ 的遗憾界. 此外, 针对动态变化的环境, 研究人员提出了新的度量准则, 包括动态遗憾 (dynamic regret) [Zhang et al., 2018] 和自适应遗憾 (adaptive regret) [Zhang et al., 2019].

赌博机在线学习最早可以追溯到 Thompson 采样算法 [Thompson, 1933]. 后续在序贯实验设计 (sequential design of experiments) 方面的研究进一步推动了赌博机在线学习的进展, 并提出了遗憾这一在线学习算法的性能评价准则 [Robbins, 1952]. 面对赌博机在线学习中的探索–利用困境, Lai and Robbins [1985] 首次引入置信区间并提出乐观面对不确定性 (optimism in face of uncertainty) 的准则. 本章介绍的随机多臂赌博机的置信上界算法是 Auer et al. [2002] 提出的 UCB1 算法.

线性赌博机作为随机多臂赌博机的变体, Auer [2002] 首次提出基于置信上界的赌博机算法, 但仅考虑了有限个摇臂的场景. 后续的研究通过设计椭圆置信区域来分析无限个摇臂的线性赌博机. 本章介绍的线性赌博机算法可以处理无限个摇臂的场景, 且可以得到 $O(d\sqrt{T})$ 的遗憾界 [Abbasi-yadkori et al., 2011]. 此外, 线性赌博机假设用户的反馈是实数值, 然而实际应用中的反馈往往是 1 位的 (二值的), 比如是否购买、是否喜欢、是否点击等, Zhang et al. [2016] 对这种布尔反馈下的赌博机在线学习进行了研究.

凸赌博机在线学习方面, 本章介绍的是 Flaxman et al. [2005] 提出的经典算法, 对于 Lipschitz 连续的凸函数可以得到 $O(T^{3/4})$ 的遗憾界. 最近的一些研究表明, 可以利用核方法提升梯度估计的质量, 并通过高级的分析技术得到 $O(\text{ploy}(\log T)\sqrt{T})$ 的遗憾界, 不过目前结果对维度 d 的依赖都比较大 [Bubeck et al., 2017].

习题

8.1 考虑有约束的在线最小二乘回归问题, 其基本流程如下所示

- 每一轮 t, 学习器选择系数 $\boldsymbol{w}_t \in \{\boldsymbol{w} \mid \|\boldsymbol{w}\| \leqslant \Lambda\} \subseteq \mathbb{R}^d$;
- 然后, 学习器观测到样本 $(\boldsymbol{x}_t, y_t)$, 并遭受损失

$$f_t(\boldsymbol{w}_t) = (y_t - \boldsymbol{x}_t^{\mathrm{T}} \boldsymbol{w}_t)^2 \tag{8.110}$$

其中 $\|\boldsymbol{x}_t\| \leqslant r$, $|y_t| \leqslant \Lambda r$.

(1) 试分析应该采用什么算法更新系数 $\boldsymbol{w}_t$?

(2) 采用上述算法之后, 学习器的遗憾是多少?

在线牛顿法可参阅 [Hazan et al., 2007].

8.2 对于习题 8.1 中提到的有约束的在线最小二乘回归问题, 考虑到损失函数 $f_t(\cdot)$ 为指数凹, 所以也可以采用在线牛顿法求解.

(1) 请给出学习器采用在线牛顿法后 $\boldsymbol{w}_t$ 的更新方式.

(2) 采用上述算法之后, 学习器的遗憾是多少?

8.3 考虑在线岭回归, 其基本流程如下所示

- 每一轮 t, 学习器选择系数 $\boldsymbol{w}_t \in \{\boldsymbol{w} \mid \|\boldsymbol{w}\| \leqslant \Lambda\} \subseteq \mathbb{R}^d$;
- 然后, 学习器观测到样本 $(\boldsymbol{x}_t, y_t)$, 并遭受损失

$$f_t(\boldsymbol{w}_t) = (y_t - \boldsymbol{w}_t^{\mathrm{T}} \boldsymbol{x}_t)^2 + \frac{\lambda}{2}\|\boldsymbol{w}_t\|^2 \tag{8.111}$$

其中 $\lambda > 0$ 是正则化参数, $\|\boldsymbol{x}_t\| \leqslant r$, $|y_t| \leqslant \Lambda r$.

(1) 试分析应该采用什么算法更新系数 $\boldsymbol{w}_t$?

(2) 采用上述算法之后, 学习器的遗憾是多少?

8.4 对于在线凸优化问题, 假设 $f_1, \ldots, f_T$ 是从同一分布 $\mathcal{D}$ 独立采样得到. 假设随机函数 $f_1, \ldots, f_T$ 为凸, 其可行域 $\mathcal{W}$ 直径小于 Γ, 梯度的范数小于 l. 根据定理 8.1, 在线梯度下降有如下遗憾界:

$$\sum_{t=1}^{T} f_t(\boldsymbol{w}_t) - \sum_{t=1}^{T} f_t(\boldsymbol{w}) \leqslant \frac{3\Gamma l}{2}\sqrt{T}\ . \tag{8.112}$$

令 $\bar{\boldsymbol{w}} = \frac{1}{T}\sum_{t=1}^{T} \boldsymbol{w}_t$, $F(\cdot) = \mathbb{E}_{f\sim\mathcal{D}}[f(\cdot)]$. 在上述遗憾界的基础上, 试证

假设随机函数 $f(\cdot)$ 有界，然后利用针对鞅差序列的 Azuma 不等式 (1.40).

明以大概率有

$$F(\bar{\boldsymbol{w}}) - F(\boldsymbol{w}) = O\left(\frac{1}{\sqrt{T}}\right) . \tag{8.113}$$

参考文献

Abbasi-yadkori, Y., D. Pál, and C. Szepesvári. (2011), "Improved algorithms for linear stochastic bandits." In *Advances in Neural Information Processing Systems 24* (J. Shawe-Taylor, R. S. Zemel, P. L. Bartlett, F. Pereira, and K. Q. Weinberger, eds.), pp. 2312–2320, Curran Associates, Inc., Red Hook, NY.

Abernethy, J., P. L. Bartlett, A. Rakhlin, and A. Tewari. (2008), "Optimal stragies and minimax lower bounds for online convex games." In *Proceedings of the 21st Annual Conference on Learning Theory (COLT)*, pp. 415–423, Helsinki, Finland.

Auer, P. (2002). "Using confidence bounds for exploitation-exploration trade-offs." *Journal of Machine Learning Research*, 3:397–422.

Auer, P., N. Cesa-Bianchi, and P. Fischer. (2002). "Finite-time analysis of the multiarmed bandit problem." *Machine Learning*, 47(2-3):235–256.

Bubeck, S., Y. T. Lee, and R. Eldan. (2017), "Kernel-based methods for bandit convex optimization." In *Proceedings of the 49th Annual ACM SIGACT Symposium on Theory of Computing (STOC)*, pp. 72–85, Montreal, Canada.

Cesa-bianchi, N., A. Conconi, and C. Gentile. (2002), "On the generalization ability of on-line learning algorithms." In *Advances in Neural Information Processing Systems 14* (T. G. Dietterich, S. Becker, and Z. Ghahramani, eds.), pp. 359–366, MIT Press, Cambridge, MA.

Cesa-Bianchi, N. and G. Lugosi. (2006). *Prediction, Learning, and Games.* Cambridge University Press, Cambridge, UK.

Flaxman, A. D., A. Ta. Kalai, and H. B. McMahan. (2005), "Online convex optimization in the bandit setting: Gradient descent without a gradient." In *Proceedings of the 16th Annual ACM-SIAM Symposium on Discrete Algorithms (SODA)*, pp. 385–394, Arilington,Virginia.

Golub, G. H. and C. F. Van Loan. (1996). *Matrix Computations.* Johns Hopkins University Press, Baltimore, MD.

Hazan, E., A. Agarwal, and S. Kale. (2007). "Logarithmic regret algorithms for online convex optimization." *Machine Learning*, 69(2-3):169–192.

Kakade, S. M. and A. Tewari. (2009), "On the generalization ability of online strongly convex programming algorithms." In *Advances in Neural Information Processing Systems 21* (D. Koller, D. Schuurmans, Y. Bengio, and L. Bottou, eds.), pp. 801–808, Curran Associates, Inc., Red Hook, NY.

Lai, T. L. and H. Robbins. (1985). "Asymptotically efficient adaptive allocation rules." *Advances in Applied Mathematics*, 6(1):4–22.

Robbins, H. (1952). "Some aspects of the sequential design of experiments." *Bulletin of the American Mathematical Society*, 58(5):527–535.

Srebro, N., K. Sridharan, and A. Tewari. (2010), "Smoothness, low-noise and fast rates." In *Advances in Neural Information Processing Systems 23* (J. D. Lafferty, C. K. I. Williams, J. Shawe-Taylor, R. S. Zemel, and A. Culotta, eds.), pp. 2199–2207, Curran Associates, Inc., Red Hook, NY.

Thompson, W. (1933). "On the likelihood that one unknown probability exceeds another in view of the evidence of two samples." *Biometrika*, 25(3-4): 285–294.

Wang, G., S. Lu, and L. Zhang. (2019), "Adaptivity and optimality: A universal algorithm for online convex optimization." In *Proceedings of the 35th Conference on Uncertainty in Artificial Intelligence (UAI)*, Tel Aviv-Yafo, Israel.

Zhang, L., T.-Y. Liu, and Z.-H. Zhou. (2019), "Adaptive regret of convex and smooth functions." In *Proceedings of the 36th International Conference on Machine Learning (ICML)*, pp. 7414–7423, Long Beach, CA.

Zhang, L., S. Lu, and Z.-H. Zhou. (2018), "Adaptive online learning in dynamic environments." In *Advances in Neural Information Processing Systems 31* (S. Bengio, H. Wallach, H. Larochelle, K. Grauman, N. Cesa-Bianchi, and R. Garnett, eds.), pp. 1323–1333, Curran Associates, Inc., Red Hook, NY.

Zhang, L., T. Yang, R. Jin, Y. Xiao, and Z.-H. Zhou. (2016), "Online stochastic linear optimization under one-bit feedback." In *Proceedings of the 33rd International Conference on Machine Learning (ICML)*, pp. 392–401, New York, NY.

Zinkevich, M. (2003), "Online convex programming and generalized infinitesimal gradient ascent." In *Proceedings of the 20th International Conference on Machine Learning (ICML)*, pp. 928–936, Washington, DC.

索　　引